Basiswissen Angewandte Mathematik

Mathematik lernen
die Grundlagen | für die Praxis | Schritt für Schritt

Burkhard Lenze
Basiswissen Analysis

Burkhard Lenze
Basiswissen Lineare Algebra

Jürgen Klüver, Christina Stoica, Jörn Schmidt
Mathematisch-logische Grundlagen der Informatik

Udo Schweitzer
Basiswissen Statistik

IT lernen
die Grundlagen | für die Praxis | Schritt für Schritt

Heide Balzert
UML 2 in 5 Tagen
Der schnelle Einstieg in die Objektorientierung

Ergänzend zu vielen dieser Bände gibt es »Quick Reference Maps« zum Nachschlagen und Wiederholen:
HTML & XHTML, CSS, JSP, SQL, UML 2.

Zu vielen dieser Bände gibt es »E-Learning-Zertifikatskurse« unter www.W3L.de.

Burkhard Lenze

Basiswissen Angewandte Mathematik

W3L-Verlag | Herdecke | Witten

Autor:
Prof. Dr. Burkhard Lenze
E-Mail: lenze@fh-dortmund.de

Bibliografische Information Der Deutschen Bibliothek:
Die Deutsche Bibliothek verzeichnet diese Publikation in der Deutschen Nationalbibliografie. Detaillierte bibliografische Daten sind im Internet über http://dnb.ddb.de/ abrufbar.

Der Verlag und der Autor haben alle Sorgfalt walten lassen, um vollständige und akkurate Informationen in diesem Buch und den Programmen zu publizieren. Der Verlag übernimmt weder Garantie noch die juristische Verantwortung oder irgendeine Haftung für die Nutzung dieser Informationen, für deren Wirtschaftlichkeit oder fehlerfreie Funktion für einen bestimmten Zweck. Ferner kann der Verlag für Schäden, die auf einer Fehlfunktion von Programmen oder ähnliches zurückzuführen sind, nicht haftbar gemacht werden. Auch nicht für die Verletzung von Patent- und anderen Rechten Dritter, die daraus resultieren. Eine telefonische oder schriftliche Beratung durch den Verlag über den Einsatz der Programme ist nicht möglich. Der Verlag übernimmt keine Gewähr dafür, dass die beschriebenen Verfahren, Programme usw. frei von Schutzrechten Dritter sind. Die Wiedergabe von Gebrauchsnamen, Handelsnamen, Warenbezeichnungen usw. in diesem Buch berechtigt auch ohne besondere Kennzeichnung nicht zu der Annahme, dass solche Namen im Sinne der Warenzeichen- und Markenschutz-Gesetzgebung als frei zu betrachten wären und daher von jedermann benutzt werden dürften.

© 2007 W3L GmbH | Herdecke | Witten | ISBN 978-3-937137-82-7

Alle Rechte, insbesondere die der Übersetzung in fremde Sprachen, sind vorbehalten. Kein Teil des Buches darf ohne schriftliche Genehmigung des Verlages fotokopiert oder in irgendeiner anderen Form reproduziert oder in eine von Maschinen verwendbare Form übertragen oder übersetzt werden. Es konnten nicht sämtliche Rechteinhaber von Abbildungen ermittelt werden. Wird gegenüber dem Verlag die Rechtsinhaberschaft nachgewiesen, dann wird nachträglich das branchenübliche Honorar gezahlt.

Gesamtgestaltung: Prof. Dr. Heide Balzert, Herdecke

Herstellung: M.Sc. Kerstin Kohl, M.A. Andrea Krengel, Witten

Satz: Das Buch wurde aus der E-Learning-Plattform W3L automatisch generiert. Der Satz erfolgte aus der Lucida, Lucida sans und Lucida casual.

Druck und Verarbeitung: buch bücher dd ag, Birkach

Vorwort

In vielen praktischen Gebieten und Anwendungen kommt der **Mathematik**, speziell der **angewandten Mathematik**, als Grundlagentechnik im weitesten Sinne eine tragende Rolle zu. Im vorliegenden Buch werden aus drei ausgewählten Bereichen der Mathematik wichtige Techniken dieses Typs detaillierter vorgestellt.

Angewandte Mathematik

Dabei handelt es sich konkret um die **numerische Mathematik** (Entwicklung und Analyse effizienter Algorithmen zur Lösung mathematischer Probleme), die **Computer-Grafik** (Generierung und Implementierung realitätsnaher geometrischer Formen und Modelle) sowie die **Kryptografie** (Entwurf schneller diskreter Verfahren zum Ver- und Entschlüsseln von Informationen).

Numerik, Grafik, Kryptik

Dass diese Anwendungsfelder für die Praxis von zentraler Relevanz sind, bedarf wohl keiner weiteren Erklärungen. Natürlich hätte man im Rahmen eines Buchs über angewandte Mathematik auch durchaus andere Schwerpunkte setzen können (Differentialgleichungen, Differentialgleichungssysteme, Optimierung, Grafentheorie und Netzwerktechnik, Codierungstechnik, analoge und digitale Signalverarbeitung bzw. Fourier-Techniken etc.), so dass die getroffene Auswahl etwas willkürlich erscheinen mag. Das entscheidende Kriterium für die Festlegung auf die genannten Bereiche war die so ins Auge fallende **Breite der angewandten Mathematik** und die damit verbundene Hoffnung, eine gewisse Begeisterung für dieses abwechslungsreiche und anwendungsorientierte Feld der Mathematik zu erzeugen.

Anwendungsaspekte

Im Folgenden einige Hinweise zur generellen **Konzeption** des Buchs: Um Ihnen das Lernen zu erleichtern, wurde für die Bücher der Buchreihe »Mathematik lernen« eine neue

neue Didaktik

Didaktik entwickelt. Anstelle umfangreicher Kapitel besteht das Buch aus kleinen Wissensbausteinen, von denen jeder ein abgeschlossenes Thema behandelt. Der Buchaufbau und die didaktischen Elemente sind auf der vorderen Buchinnenseite beschrieben. Es wurde versucht, die einzelnen Wissensbausteine so autonom und unabhängig von anderen Wissensbausteinen zu gestalten, wie eben möglich. Das hat den Vorteil, dass der Lesefluss nur in Ausnahmefällen von Verweisen auf andere Teile des Buchs unterbrochen wird und man das Buch bei entsprechenden Vorkenntnissen auch weitgehend *nicht* linear studieren kann, d.h. selektiv diejenigen Wissensbausteine auswählen kann, die von eigenem Interesse sind. Diese übersichtliche und möglichst autarke Konzeption der einzelnen Wissensbausteine stellt im Vergleich zu den zahlreichen anderen guten Lehrbüchern zur angewandten Mathematik (vgl. dazu auch das Literaturverzeichnis) das **Alleinstellungsmerkmal** dieses Buchs dar: Jeder Wissensbaustein kommt so schnell wie möglich und mit möglichst wenig Referenzen auf bereits bearbeitete Wissensbausteine auf den Punkt, wobei neben den in der Mathematik unverzichtbaren Definitionen, Sätzen und Beweisen besonders viel Wert auf konkrete, jeweils bis zum Ende durchgerechnete Beispiele gelegt wird. Das Buch orientiert sich also an der Maxime, **in schlanker und transparenter Form Basiswissen in angewandter Mathematik zu vermitteln** und nicht etwa am Anspruch, ein auf angehende Mathematikerinnen und Mathematiker zugeschnittenes Werk mit einem weitgehend vollständigen Kanon der vorgestellten Bereiche zu präsentieren.

kostenloser E-Learning Kurs
Ergänzend zu diesem Buch gibt es den kostenlosen E-Learning-Kurs »Schnelleinstieg: Subdivision & Schattierung«. Sie finden den Kurs auf der E-Learning-Plattform www.W3L.de. Bitte klicken Sie auf den Reiter Online-Kurse und gehen Sie bei Erst-Kunde? auf den Link Zur W3L-Registrierung.

Vorwort

Gehen Sie nach der Registrierung auf TAN einlösen und geben Sie folgende Transaktionsnummer (TAN) ein: 1810258130.

Zusätzlich gibt es zu diesem Buch einen umfassenden, gleichnamigen Online-Kurs mit Mentor-/Tutorunterstützung, der zusätzlich zahlreiche interaktive Übungen, Tests und Aufgaben enthält, und der mit qualifizierten Zertifikaten abschließt. Sie finden ihn ebenfalls unter www.W3L.de.

kostenpflichtiger E-Learning-Kurs

Analog wie Buch und Kurs zum **Basiswissen Angewandte Mathematik** aufgebaut sind, sind auch die Bücher und Kurse zum **Basiswissen Analysis** und **Basiswissen Lineare Algebra** konzipiert und gestaltet.

Analysis und Lineare Algebra

Zum Abschluss möchte ich es nicht versäumen, dem gesamten W3L-Team für die stets professionelle Unterstützung und angenehme Zusammenarbeit während der Erstellung dieses Buchs zusammen mit dem parallel entwickelten E-Learning-Kurs ganz herzlich zu danken. Ohne das beeindruckende Engagement des W3L-Teams wäre das Buch und der E-Learning-Kurs sicher nicht so schnell fertiggestellt worden. Unabhängig davon ist natürlich ausschließlich der Autor für möglicherweise noch vorhandene Fehler inhaltlicher oder schreibtechnischer Art verantwortlich, die trotz größter Sorgfalt bei der Erstellung nie ganz auszuschließen sind. In jedem Fall sind konstruktive Kritik und Verbesserungsvorschläge immer herzlich willkommen.

Danksagung

Viel Spaß und Erfolg beim Studium des Buchs!

Ihr

Burkhard Lenze

Inhaltsverzeichnis

1	**Aufbau, Gliederung & Voraussetzungen ***	1
2	**Zahldarstellungen und Fehleranalyse ***	5
2.1	Zahldarstellungen und Maschinenzahlen *	7
2.2	Fehlerarten und ihre Kontrolle *	15
3	**Numerische Näherungsverfahren ***	21
3.1	Banachscher Fixpunktsatz in R *	27
3.2	Newton-Verfahren *	33
3.3	Heron-Verfahren *	37
3.4	Sekanten-Verfahren *	42
3.5	Abstieg-Verfahren *	46
3.6	Dividierte-Differenzen-Verfahren *	53
3.7	Trapez- und Simpson-Regel *	60
3.8	Iterierte Trapez- und Simpson-Regel *	65
3.9	Normen und Folgen in R^n **	69
3.10	Banachscher Fixpunktsatz in R^n **	74
3.11	Gesamtschritt-Verfahren **	76
3.12	Einzelschritt-Verfahren **	83
3.13	SOR-Verfahren **	88
3.14	Von-Mises-Geiringer-Verfahren **	90
4	**Grafische Visualisierungsmethoden ***	95
4.1	Polynomiale Interpolation mit Monomen *	101
4.2	Polynomiale Interpolation nach Lagrange *	105
4.3	Polynomiale Interpolation nach Newton *	111
4.4	Polynomiale Interpolation nach Aitken-Neville *	120
4.5	Polynomiale Approximation nach de Casteljau *	126
4.6	Interpolierende Subdivision nach Dubuc **	134
4.7	Approximierende Subdivision nach Chaikin **	140
4.8	Bilineare Interpolation über Rechtecken *	147
4.9	Gouraud-Schattierung über Rechtecken *	149
4.10	Phong-Schattierung über Rechtecken *	153
4.11	Transfinite Interpolation über Rechtecken **	157
4.12	Polynomiale Approximation über Rechtecken **	163

Inhaltsverzeichnis

4.13 Lineare Interpolation über Dreiecken * 168
4.14 Gouraud-Schattierung über Dreiecken * 171
4.15 Phong-Schattierung über Dreiecken * 174
4.16 Transfinite Interpolation über Dreiecken ** 177
4.17 Polynomiale Approximation über Dreiecken ** 183
5 Kryptografische Basistechniken ** 189
5.1 Gruppen * 195
5.2 Ringe * 198
5.3 Körper * 202
5.4 Galois-Feld GF(2)=Z_2 * 206
5.5 Galois-Feld GF(4) ** 209
5.6 Galois-Feld GF(8) *** 216
5.7 Galois-Feld GF(16) *** 220
5.8 Satz von Fermat und Euler ** 223
5.9 Euklidischer Algorithmus ** 228
5.10 Einwegfunktionen * 237
5.11 Einwegfunktionen mit Falltür * 240
5.12 Diffie-Hellman-Verfahren * 244
5.13 RSA-Verfahren ** 247
5.14 Vernam-Verfahren * 251
5.15 DES-Verfahren ** 254
5.16 AES-Verfahren *** 259
5.17 Elliptische Kurven (char K > 3) *** 271
5.18 EC-Diffie-Hellman-Verfahren (char K > 3) ** 279
5.19 Elliptische Kurven (char K = 2) *** 282
5.20 EC-Diffie-Hellman-Verfahren (char K = 2) ** 287
Glossar 293
Literatur 309
Namens- und Organisationsindex 312
Sachindex 314

1 Aufbau, Gliederung und Voraussetzungen *

Das Buch zerfällt in natürlicher Weise in fünf Teilbereiche, wobei die ersten beiden lediglich vorbereitenden Charakter besitzen. Im Detail ist das Buch folgendermaßen gegliedert:

- »Aufbau, Gliederung & Voraussetzungen« (S. 1)
- »Zahldarstellungen und Fehleranalyse« (S. 5)
- »Numerische Näherungsverfahren« (S. 21)
- »Grafische Visualisierungsmethoden« (S. 95)
- »Kryptografische Basistechniken« (S. 189)

Aufbau

Gliederung

Die ersten beiden Gliederungspunkte geben zunächst einen Überblick über den Inhalt des Buchs. Anschließend geht es darum, die für die Implementierung wichtigen Zahldarstellungen zu erarbeiten und auf die Auswirkungen hinzuweisen, die die Benutzung dieser Zahlen bei Berechnungen auf dem Computer nach sich ziehen. Die dabei entstehenden und in gewisser Hinsicht unvermeidlichen Fehler werden dann analysiert sowie Handlungsanweisungen gegeben, um diese Fehler zu kontrollieren.

Einstieg

Der dritte Teil bildet den ersten Schwerpunkt des Buchs und beschäftigt sich mit der **numerischen Mathematik**, kurz **Numerik**, im weitesten Sinne. Hierbei geht es um die Entwicklung von schnellen Algorithmen, die zur näherungsweisen Lösung mathematischer Probleme aus der Analysis und der linearen Algebra herangezogen werden können. Verfahren dieses Typs spielen eine zentrale Rolle in vielen anspruchsvollen Anwendungsprogrammen (Ingenieurwissenschaften, Wirtschaftswissenschaften, Sozialwissenschaften etc.) und sollten zumindest in Teilen bekannt sein.

Numerik

Basistext

1 Aufbau, Gliederung & Voraussetzungen *

Grafik
: Der vierte Teil des Buchs hat Aspekte der **Computer-Grafik**, kurz **Grafik**, zum Gegenstand und hier speziell mathematische Konzepte zur Generierung elementarer, realitätsnaher geometrischer Objekte. Während die prozessornahen und direkt bildschirmorientierten Techniken im Bereich der Computer-Grafik nach wie vor ständigen Innovationen unterworfen sind, hat sich die auf klassischen Interpolations- und Approximationsmethoden basierende Strategie zur Visualisierung von Kurven und Flächen inzwischen als Quasi-Standard etabliert. Es ist deshalb sinnvoll, sich im Rahmen eines Buchs über angewandte Mathematik mit diesen wichtigen grundlegenden Strategien auseinander zu setzen und sie zumindest partiell zu beherrschen.

Kryptik
: Im fünften und letzten Teil des Buchs geht es um die **Kryptografie**, kurz und prägnant mit dem Kunstwort **Kryptik** bezeichnet, und die dort benötigten mathematischen Grundlagen. Hier werden einige der wichtigsten Verfahren im Detail vorgestellt und einfache, auf ihnen basierende Beispiele durchgerechnet. Da der Sicherheitsaspekt bei aktuellen Anwendungen im Bereich der Informationsverarbeitung eine immer größere Rolle spielt, sollten für diese ausgewählten Verfahren zumindest die wesentlichen mathematischen Konzepte bekannt sein, so dass man mit diesem Wissen in die Lage versetzt wird, derartige Techniken gezielter einsetzen und besser beurteilen zu können.

Voraussetzungen
: Insgesamt gilt, dass das Buch *ohne* Zusatzliteratur studiert werden kann, sofern man über solides Grundwissen aus dem Bereich der Analysis und der linearen Algebra verfügt, etwa im Umfang der in dieser Reihe zu den genannten Themen erschienenen Bücher /Lenze 06a/ und /Lenze 06b/.

Möchte man über das Buch hinausgehende Informationen zu den einzelnen besprochenen Bereichen, so findet man im Literaturverzeichnis sowie in den einleitenden Passagen der einzelnen Wissensbausteine entsprechende Anregungen.

Basistext

Grundsätzlich bleibt es aber dabei: Mit soliden mathematischen Grundkenntnissen lässt sich das vorliegende Buch ohne weitere Zusatzliteratur bearbeiten!

Dazu viel Erfolg!

Basistext

1 Aufbau, Gliederung & Voraussetzungen *

Basistext

2 Zahldarstellungen und Fehleranalyse *

Im Rahmen der **angewandten Mathematik** wird, und das sollte nicht wirklich überraschen, der Computer als eines der zentralen Hilfsmittel eingesetzt und ist bei anspruchsvollen und umfangreichen Berechnungen schlicht unersetzlich (vgl. Abb. 2.0-1).

Angewandte Mathematik

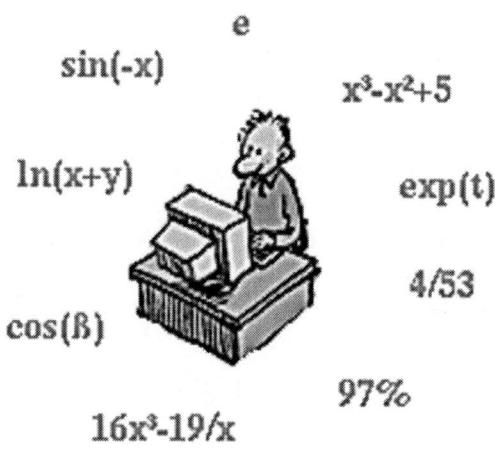

Abb. 2.0-1: Mathematik auf dem Computer.

Dabei gilt es prinzipiell zwischen mindestens zwei völlig unterschiedlichen Randbedingungen zu unterscheiden: Einerseits gibt es Probleme, deren Implementierungen ausschließlich unter Zugriff auf Variablen oder Felder vom Typ boolean oder integer realisiert werden können und somit i. Allg. **exakt** auf dem Computer darstellbar sind. Als Bei-

Basistext

spiele seien Anwendungen aus den Bereichen Logik, Grafentheorie oder Kryptografie genannt. Andererseits gibt es Probleme, deren Implementierungen auch des Zugriffs auf Variablen oder Felder vom Typ `float` oder `double` bedürfen und somit i. Allg. **nicht exakt** auf dem Computer darstellbar sind. Als Beispiele seien Anwendungen aus den Bereichen Analysis, Differential- und Integralgleichungen oder Optimierung genannt. Die Anwendungen des zuletzt genannten Typs ordnet man im engeren Sinne der sogenannten numerischen Mathematik zu.

Numerische Mathematik

Im Folgenden soll also zunächst etwas präzisiert werden, was man sich unter **numerischer Mathematik** vorzustellen hat. In erster Näherung lässt sich diese Frage etwa wie folgt beantworten.

Konvention

> **Numerische Mathematik:** Unter numerischer Mathematik versteht man die konstruktive algorithmische Umsetzung mathematischer Lösungsstrategien unter Zugriff auf Zahlen vom `float`- und/oder `double`-Typ unter den Aspekten: Implementierbarkeit, Flexibilität, Effizienz, Komplexität, Stabilität, Robustheit, Fehlertoleranz, Fehlerkontrolle.

Während die meisten der oben genannten Qualitätskriterien einer detaillierten Analyse des jeweiligen numerischen Lösungsverfahrens bedürfen und nicht Gegenstand dieses einführenden Buchs sein sollen, gibt es jedoch mindestens zwei grundsätzliche Fragen, deren Beantwortung zum Verständnis der folgenden Wissensbausteine auf jeden Fall erforderlich ist, und zwar:

Wie werden die bei der numerischen Rechnung auftauchenden **Zahlen** ganz allgemein auf dem Computer dargestellt?

■ »Zahldarstellungen und Maschinenzahlen« (S. 7)

Basistext

2.1 Zahldarstellungen und Maschinenzahlen *

Wieso kommt es bei Rechnungen mit Zahlen vom float- oder double-Typ zu **Fehlern** und wie kann man diese zumindest kontrollieren?

■ »Fehlerarten und ihre Kontrolle« (S. 15)

Die Bearbeitung dieser Wissensbausteine setzt die Vertrautheit mit dem Funktionsbegriff sowie den sicheren Umgang mit Folgen und Reihen voraus, so wie dies etwa in /Lenze 06a/ erarbeitet wird.

Voraussetzungen

Als ergänzende Literatur zu Zahldarstellungen und Fehlerproblematik werden ferner /Hermann 01/, /Huckle 02/, /Knorrenschild 03/, /Locher 93/ oder /Stoer 05a/ empfohlen.

Literatur

2.1 Zahldarstellungen und Maschinenzahlen *

Unter den Zahldarstellungen versteht man spezielle Konventionen zur Repräsentation beliebiger reeller Zahlen in Bezug auf eine fest vorgegebene Basis $b \in \mathbb{N}^*$, $b \geq 2$, auch **b-adische Darstellungen** oder, nach geeigneter Normierung, auch **normalisierte Gleitpunktdarstellungen** zur Basis $b \in \mathbb{N}^*$, $b \geq 2$, genannt. Bei den Maschinenzahlen handelt es sich um die Repräsentation endlich vieler rationaler Zahlen in Bezug auf eine fest vorgegebene Basis $b \in \mathbb{N}^*$, $b \geq 2$, sowie beschränkter Mantissen- und Exponentengrößen. Die verbreiteteste Darstellung dieses Typs ist die auf der normalisierten Gleitpunktdarstellung beruhende.

Bei der Durchführung nicht-ganzzahliger **arithmetischer Operationen** auf dem Computer stehen i. Allg. nur endlich viele Zahlen zur Verfügung und es kann auch lediglich

arithmetische Operationen

Basistext

2 Zahldarstellungen und Fehleranalyse *

mit endlicher Genauigkeit gerechnet werden. Die in diesem Zusammenhang wesentlichsten Begriffe sind die b-adischen Zahldarstellungen, die normalisierte Gleitpunktdarstellung, die Maschinenzahlen und die Maschinengenauigkeit. Um das allgemeine Vorgehen zu motivieren, wird mit einem Beispiel begonnen, wobei beim Aufschrieb von Zahlen durchgängig die Punkt-Notation und nicht die Komma-Notation benutzt wird.

Beispiel Gegeben sei die Zahl $x := 12.85$. Gesucht wird eine Darstellung von x als eine Summe von Potenzen der Basis $b := 2$. Dazu berechnet man zunächst die eindeutig bestimmte Zahl $k \in \mathbf{Z}$ mit $2^k \leq x < 2^{k+1}$. Dies ist genau die größte ganze Zahl k mit $2^k \leq x$ bzw. $k \leq \ln(x)/\ln(2)$. Man erhält in diesem Fall $k = 3$. Damit ergibt sich durch sukzessives Teilen mit Rest durch $8 = 2^3, 4 = 2^2, \ldots, 0.25 = 2^{-2}, 0.125 = 2^{-3}$ etc.:

$$12.85 : 8 = 1 \text{ Rest } 4.85,$$
$$4.85 : 4 = 1 \text{ Rest } 0.85,$$
$$0.85 : 2 = 0 \text{ Rest } 0.85,$$
$$0.85 : 1 = 0 \text{ Rest } 0.85,$$
$$0.85 : 0.5 = 1 \text{ Rest } 0.35,$$
$$0.35 : 0.25 = 1 \text{ Rest } 0.10,$$
$$0.10 : 0.125 = 0 \text{ Rest } 0.10,$$
$$0.10 : 0.0625 = 1 \text{ Rest } 0.0375,$$
$$0.0375 : 0.03125 = 1 \text{ Rest } 0.00625.$$

Also lässt sich 12.85 schreiben als

$$12.85 = 1 \cdot 2^3 + 1 \cdot 2^2 + 0 \cdot 2^1 + 0 \cdot 2^0 + 1 \cdot 2^{-1} + 1 \cdot 2^{-2}$$
$$+ 0 \cdot 2^{-3} + 1 \cdot 2^{-4} + 1 \cdot 2^{-5} + \cdots$$

bzw. nach Ausklammern der maximalen Potenz 2^3 und richtiger Interpretation des Trennungspunkts als

$$12.85 = 1.10011011 \cdots \cdot 2^3.$$

Basistext

2.1 Zahldarstellungen und Maschinenzahlen *

Rundet man nun z.B. auf die sechste Stelle nach dem Trennungspunkt, dann ergibt sich als Näherung für 12.85 die Zahl

$$Z_{12.85} = 1.100111 \cdot 2^3 \, .$$

Das obige Beispiel gibt Anlass zu folgendem allgemeinen Vorgehen: Zunächst kann jede Zahl $x \in \mathbf{R}^* := \mathbf{R} \setminus \{0\}$ in Bezug auf eine vorgegebene **Basis** $b \in \mathbf{N}$, $b \geq 2$, in einer speziellen **Zahldarstellung**, nämlich der sogenannten **b-adischen Zahldarstellung**

b-adische Darstellung

$$x = \operatorname{sign}(x) \sum_{n=0}^{\infty} z_n b^{k-n}$$

geschrieben werden. Dabei liefert die **Vorzeichenfunktion** $\operatorname{sign}(x)$ eine 1, falls $x > 0$ gilt, und eine -1, falls $x < 0$ gilt. Ferner ist $k \in \mathbf{Z}$ die eindeutig bestimmte Zahl mit $b^k \leq |x| < b^{k+1}$ und für die Ziffern z_n gelten die Bedingungen

$$z_n \in \{0, 1, \ldots, b-1\} \, , \quad n \in \mathbf{N} \, ,$$

sowie zusätzlich für $n = 0$ die Bedingung $z_0 \neq 0$ aufgrund der speziellen Wahl von k. Die konkreten Ziffern erhält man wieder durch sukzessives Abdividieren mit Rest von b^k, b^{k-1}, b^{k-2} etc..

Klammert man in der obigen Reihe die Potenz b^k aus, so ergibt sich eine der wichtigsten Zahldarstellungen, nämlich die sogenannte **normalisierte Gleitpunktdarstellung** zur Basis $b \in \mathbf{N}^*$, $b \geq 2$, genauer

normalisierte Gleitpunktdarstellung

$$x = \operatorname{sign}(x) \left(\sum_{n=0}^{\infty} z_n b^{-n} \right) \cdot b^k$$

oder, mit der Konvention, dass der Punkt genau die mit dem Faktor b^k zu multiplizierende Ziffer z_0 von der mit b^{k-1} zu multiplizierenden Ziffer z_1 trennt, die Darstellung

$$x = \operatorname{sign}(x) \, z_0 \, . \, z_1 \, z_2 \, z_3 \, \cdots \, b^k \, .$$

Basistext

Die Konvergenz der so entstehenden Reihen zeigt man leicht mit dem Wurzelkriterium. Ihre Konvergenz gegen x ergibt sich aus ihrer speziellen Konstruktion. Bevor diese Konstruktion in einem weiteren Beispiel und dann allgemein beschrieben wird, werden abschließend noch die Maschinenzahlen eingeführt.

Maschinenzahlen

Die **Maschinenzahlen** entstehen einfach aus der normalisierten Gleitpunktdarstellung, indem man für k nicht alle ganzen Zahlen zulässt, sondern nur $k_{min} \leq k \leq k_{max}$ als mögliche **Exponenten** k erlaubt und ebenfalls für n nicht alle natürlichen Zahlen gestattet, sondern nur mit einer sogenannten endlichen **Mantisse** arbeitet, also $0 \leq n < n_{max}$ fordert. Damit ergibt sich die endliche Menge aller Maschinenzahlen durch Vorgabe des minimalen Exponenten k_{min} und des maximalen Exponenten k_{max} mit $k_{min} < k_{max}$ sowie der Mantissenlänge n_{max} als

$$Z_x = \pm z_0 . z_1 z_2 \cdots z_{n_{max}-1} \cdot b^k \, , \quad k_{min} \leq k \leq k_{max}$$

mit $z_n \in \{0, 1, \ldots, b-1\}$ für $n \in \{0, 1, \ldots, n_{max}-1\}$ und $z_0 \neq 0$. Schließlich bezeichnet man mit $\mu := b^{1-n_{max}}$ die sogenannte **Maschinengenauigkeit**, die ein Maß für die kleinste Differenz zweier Zahlen darstellt, die bei gegebenem Exponenten $k = 0$ noch als verschieden codiert werden können. Gängige Größen für die Wahl von b, n_{max}, k_{min} und k_{max} sind z.B. $b := 2$, $n_{max} := 24$, $k_{min} := -126$ und $k_{max} := 127$ bei den mit 32 Bits codierten Maschinenzahlen des Datentyps float in C/C++ oder Java oder $b := 2$, $n_{max} := 53$, $k_{min} := -1022$ und $k_{max} := 1023$ bei den mit 64 Bits codierten Maschinenzahlen des Datentyps double in C/C++ oder Java. Dabei ist zu beachten, dass in diesem Fall ja stets $z_0 = 1$ gilt (außer im Fall $x = 0$, der, gemeinsam mit weiteren Sonderfällen, einer speziellen Codierung bedarf), diese Information also nicht abgespeichert werden muss und statt dessen in diesem Bit das Vorzeichen von x gehalten wird (hinsichtlich der Details sei auf den *IEEE Standard for Binary Floating-Point Arithmetic*,

Basistext

2.1 Zahldarstellungen und Maschinenzahlen *

ANSI/IEEE Std. 754-1985, verwiesen). In den folgenden beiden Tabellen werden die bisherigen Überlegungen nochmals zusammengefasst.

Zunächst ergibt sich bezüglich der **normalisierten Gleitpunktdarstellung** für eine beliebige Zahl $x \in \mathbf{R}^*$ das prinzipielle Vorgehen

normalisierte Gleitpunktdarstellung

Zahl x :	$x \in \mathbf{R}^*$, beliebig gegeben
Basis b :	$b \in \mathbf{N}$, $b \geq 2$, fest vorgegeben
zulässige Ziffern z_n :	$z_n \in \{0, 1, \ldots, b-1\}$, $n \in \mathbf{N}$,
zulässige Exponenten k :	$k \in \mathbf{Z}$
nor. Gleitpunktdar. von x :	$x = \mathrm{sign}(x) z_0.z_1 z_2 z_3 \cdots b^k$ mit $z_0 \neq 0$

Entsprechend erhält man für die näherungsweise Realisierung einer geeigneten Zahl $x \in \mathbf{R}^*$ als **Maschinenzahl** Z_x **in normalisierter Gleitpunktdarstellung** die Systematik

Maschinenzahl

Mantissenlänge n_{max} :	$n_{max} \in \mathbf{N}^*$, fest vorgegeben
minimaler Exponent k_{min} :	$k_{min} \in \mathbf{Z}$, fest vorgegeben
maximaler Exponent k_{max} :	$k_{max} \in \mathbf{Z}$, fest vorgegeben
zulässige Exponenten k :	$k \in \{k_{min}, k_{min}+1, \ldots, k_{max}\}$
Maschinenzahl Z_x :	$Z_x = \mathrm{sign}(x) z_0.z_1 z_2 \cdots z_{n_{max}-1} \cdot b^k$ mit $z_0 \neq 0$
Maschinengenauigkeit μ :	$\mu = b^{1-n_{max}}$

Natürlich kann einer beliebigen Zahl $x \in \mathbf{R}^*$ nur dann eine sinnvolle Maschinenzahl Z_x zugeordnet werden, wenn für den Exponenten k von x in der normalisierten Gleitpunktdarstellung die Bedingung $k_{min} \leq k \leq k_{max}$ erfüllt ist. Die Ziffer $z_{n_{max}-1}$, sowie durch Überlauf eventuell noch weitere Ziffern, werden dann noch wie üblich durch Rundung optimiert (auf die Beschreibung der Details wird hier verzichtet).

Für einige Basen sind in der Literatur im Zusammenhang mit der normalisierten Gleitpunktdarstellung und/oder den

spezielle Bezeichnungen

Basistext

2 Zahldarstellungen und Fehleranalyse *

Maschinenzahlen spezielle Namen eingeführt worden, die im Folgenden kurz angegeben werden sollen. Im bereits ausführlich diskutierten Fall $b = 2$ spricht man von der **Dualdarstellung** oder der **dyadischen Darstellung**, im Fall $b = 8$ von der **Oktaldarstellung**, im Fall $b = 10$ von der vertrauten **Dezimaldarstellung** und schließlich im Fall $b = 16$ von der **Hexadezimaldarstellung**. Im letzten Fall hat man zusätzlich noch, um die Ziffern eindeutig und einfach unterscheiden zu können, folgende Abkürzungen eingeführt: $10 =: A$, $11 =: B$, $12 =: C$, $13 =: D$, $14 =: E$ und $15 =: F$.

Beispiel

Gegeben sei erneut die Zahl $x := 12.85$. Gesucht wird eine Darstellung von x als eine Summe von Potenzen der Basis $b := 16$, also eine **Hexadezimaldarstellung**. Dazu berechnet man zunächst die eindeutig bestimmte Zahl $k \in \mathbf{Z}$ mit $16^k \leq x < 16^{k+1}$. Dies ist genau die größte ganze Zahl k mit $16^k \leq x$ bzw. $k \leq \ln(x)/\ln(16)$. Man erhält ist diesem Fall $k = 0$. Damit ergibt sich durch sukzessives Teilen mit Rest durch $1 = 16^0$, $0.0625 = 16^{-1}$, $0.00390625 = 16^{-2}$ etc.:

$$12.85 : 1 = 12 \text{ Rest } 0.85 \,,$$
$$0.85 : 0.0625 = 13 \text{ Rest } 0.0375 \,,$$
$$0.0375 : 0.00390625 = 9 \text{ Rest } 0.00234375 \,.$$

Also lässt sich 12.85 in 16-adischer Darstellung schreiben als

$$12.85 = \mathbf{C} \cdot 16^0 + \mathbf{D} \cdot 16^{-1} + 9 \cdot 16^{-2} + \cdots$$

bzw. nach Ausklammern der maximalen Potenz 16^0 und richtiger Interpretation des Trennungspunkts in hexadezimaler normalisierter Gleitpunktdarstellung als

$$12.85 = C.D9 \cdots 16^0 \,.$$

Basistext

Rundet man nun z.B. auf die erste Stelle nach dem Trennungspunkt, dann ergibt sich als Näherung für 12.85 die Maschinenzahl

$$Z_{12.85} = C.E \cdot 16^0$$

in hexadezimaler normalisierter Gleitpunktdarstellung mit der Mantissenlänge $n_{max} = 2$.

Um das obige Vorgehen zu automatisieren, kann man z.B. den folgenden einfachen Java-Code heranziehen, in dem allerdings direkt davon ausgegangen wird, dass die gegebene Zahl x positiv ist.

```
n=n_max;
k=(int)(Math.log(x)/Math.log(b));
do
{
   teil=(int)(x/Math.pow(b,k)); rest=x%Math.pow(b,k);
   System.out.print(" "+teil+" ");
   if(n==n_max) {System.out.print(".");}
   x=rest; k=k-1; n=n-1;
}
while (n>0);
System.out.println(" mal ("+b+" hoch "+(n_max+k)+")");
```

Zwei weitere Beispiele ohne detaillierte Rechnung schließen den Wissensbaustein ab.

Zunächst ergibt sich bezüglich der normalisierten Gleitpunktdarstellung für die Zahl $x := -134.68$ das Schema

Beispiel

Zahl x :	$x := -134.68$
Basis b :	$b := 10$
zulässige Ziffern z_n :	$z_n \in \{0, 1, \ldots, 9\}$, $n \in \mathbf{N}$,
nor. Gleitpunktdar. von x :	$x = -1.3468000000 \cdots 10^2$

Daraus erhält man für die hier sogar exakt mögliche Realisierung von x als Maschinenzahl Z_x in dezimaler normali-

Basistext

sierter Gleitpunktdarstellung mit genau vorgegebenen Parametern die Ergebnisse

Mantissenlänge n_{max} :	$n_{max} := 8$
minimaler Exponent k_{min} :	$k_{min} := -5$
maximaler Exponent k_{max} :	$k_{max} := 5$
zulässige Exponenten k :	$k \in \{-5, -4, \ldots, 5\}$
Maschinenzahl Z_x :	$Z_x = -1.3468000 \cdot 10^2$
Maschinengenauigkeit μ :	$\mu = 10^{-7}$

Beispiel

Zunächst ergibt sich bezüglich der normalisierten Gleitpunktdarstellung für die Zahl $x := -16.342$ das Schema

Zahl x :	$x := -16.342$
Basis b :	$b := 16$
zulässige Ziffern z_n :	$z_n \in \{0, 1, \ldots, D, E, F\}$, $n \in \mathbf{N}$
nor. Gleitpunktdar. von x :	$x = -1.0578D4 \cdots 16^1$

Daraus erhält man für die näherungsweise Realisierung von x als Maschinenzahl Z_x in hexadezimaler normalisierter Gleitpunktdarstellung mit genau vorgegebenen Parametern die Ergebnisse

Mantissenlänge n_{max} :	$n_{max} := 4$
minimaler Exponent k_{min} :	$k_{min} := -3$
maximaler Exponent k_{max} :	$k_{max} := 3$
zulässige Exponenten k :	$k \in \{-3, -2, \ldots, 3\}$
Maschinenzahl Z_x :	$Z_x = -1.058 \cdot 16^1$
Maschinengenauigkeit μ :	$\mu = 16^{-3}$

Basistext

2.2 Fehlerarten und ihre Kontrolle *

Die wichtigsten Fehlerarten beim Umgang und Rechnen mit Zahlen auf dem Computer sind die Eingabefehler, die Formelfehler sowie die Rundungsfehler. Durch geeignete Maßnahmen wird erreicht, diese Fehler in Grenzen zu halten bzw. zu kontrollieren (z.B. durch Erhöhung der Mantissenlänge, Optimierung der mathematischen Funktionsaufrufe, numerische Fehlerfortpflanzungsanalyse).

Zur Einstimmung in die Problematik wird zunächst ein kleines Beispiel angegeben, wobei hier der Einfachheit halber die Dezimaldarstellung und nicht die Dualdarstellung zur Veranschaulichung herangezogen wird. In diesem Beispiel tauchen die wesentlichen **Fehlerarten** auf, die es im Rahmen der numerischen Mathematik zu berücksichtigen gibt.

Fehlerarten

Es möge die Zahl e^π oder mindestens eine gute Näherung für diese Zahl zu berechnen sein. Da die irrationale Zahl π keine Maschinenzahl ist, muss diese zunächst angenähert werden. Benutzt man dazu die Dezimaldarstellung mit einer Mantissenlänge von drei Ziffern, so erhält man die Näherung $\pi \approx 3.14$. Dies bedingt den sogenannten **Eingangsfehler**. Da die Exponentialfunktion als Reihe definiert ist,

$$e^x = \sum_{k=0}^{\infty} \frac{x^k}{k!}, \quad x \in \mathbf{R},$$

auf dem Computer aber nur endlich viele Operationen zulässig sind, muss man die Reihe abbrechen, z.B. nach vier Summanden. Man erhält so die Näherung

$$e^\pi \approx \sum_{k=0}^{3} \frac{(3.14)^k}{k!},$$

Beispiel

Basistext

und verursacht neben dem Eingangsfehler auch noch den sogenannten **Formelfehler**. Setzt man nun voraus, dass die endgültige Rechnung nur Maschinenzahlen mit einer Mantissenlänge von fünf Ziffern liefern darf, so führen unter dieser Prämisse Eingangsfehler und Formelfehler zu

$$e^\pi \approx \sum_{k=0}^{3} \frac{(3.14)^k}{k!} = 1 + 3.14 + \frac{(3.14)^2}{2} + \frac{(3.14)^3}{6}$$
$$= 1 + 3.14 + 4.9298 + 5.1598\underline{573}$$
$$= 14.2296\underline{573} \approx 1.4230 \cdot 10^1 \ .$$

Die Näherung in diesem letzten Schritt bezeichnet man dann als **Rundungsfehler**. Die Aufgabe des Numerikers besteht nun darin zu entscheiden, ob die erhaltene endgültige Näherung gut genug ist und, wenn nicht, wie man sie möglichst effizient verbessern kann. Zieht man hier als Referenz zur Beurteilung des Ergebnisses das Resultat laut Taschenrechner zu Rate, $e^\pi \approx 23.1406$, dann muss man feststellen: Die durch die obigen Näherungen erhaltene Lösung ist schlecht! Man findet dabei schnell heraus, dass hier die größte Fehlerquelle der Formelfehler ist. Daher ist es naheliegend, zunächst beim Formelfehler anzusetzen und diesen zu verringern. In der Tat liefert die Berücksichtigung von insgesamt sieben Summanden der Exponentialreihe die Näherung

$$e^\pi \approx \sum_{k=0}^{6} \frac{(3.14)^k}{k!} \approx 2.2155 \cdot 10^1 \ ,$$

und diese ist offenbar schon erkennbar besser.

Das obige Beispiel macht prinzipiell deutlich, mit welchen Fragestellungen man es im Rahmen numerischer Rechnungen mit Maschinenzahlen zu tun hat. Generell muss bei nicht befriedigenden Endresultaten entschieden werden, an

Basistext

2.2 Fehlerarten und ihre Kontrolle *

welcher Stelle man ansetzt und zusätzliche Ressourcen investiert, um zu **besseren Ergebnissen** zu kommen:

- Soll man die Genauigkeit der Eingabe erhöhen, um den Eingangsfehler zu verringern?
- Soll man nach besseren Formeln für die auftauchenden Funktionen suchen, um den Formelfehler zu reduzieren?
- Soll man die Mantissen- und ggf. auch die Exponentenbereiche vergrößern, um den Rundungsfehlereinfluss zu senken?

Fehlerreduktion

Diese Fragen sollen im Rahmen dieses Buchs nicht weiter vertieft werden, sondern lediglich im Überblick nochmals festgehalten werden, welche Fehler es warum gibt und wie man sie **in Grenzen halten** kann:

- **Eingangsfehler:** Messfehler, Eingabefehler (menschlicher Irrtum), Beschränkung auf die Maschinenzahlen des Computers
  Kontrolle: genauere Messungen, Sorgfalt, Plausibilitätstests, doppelte oder erweiterte Genauigkeit durch Vergrößerung von Mantisse und Exponent, rein ganzzahlige oder rationale Eingaben, Einsatz von Computeralgebrasystemen zur exakten Eingabe rationaler Zahlen
- **Formelfehler:** n-tes Glied einer Folge statt Grenzwert der Folge, n-te Partialsumme einer Reihe statt Grenzwert der Reihe, Differenzenquotient statt Ableitung, Riemannsche Summe statt Integral
  Kontrolle: Herleitung von Fehlerabschätzungen, Suche nach der best-nähernden Formel, Optimierung bekannter Formeln
- **Rundungsfehler:** Beschränkung auf die Maschinenzahlen des Computers, Zwang zur Rundung bis hin zur rein ganzzahligen Rechnung bei speziellen zeitkritischen Anwendungen

Fehlerkontrolle

Basistext

2 Zahldarstellungen und Fehleranalyse *

Kontrolle: doppelte oder erweiterte Genauigkeit durch Vergrößerung von Mantisse und Exponent, rein ganzzahlige oder rationale Rechnungen, Einsatz von Computeralgebrasystemen zur exakten Rechnung mit rationalen Zahlen, Rundungsfehlerfortpflanzungsanalyse (numerische Stabilität von Algorithmen)

Die obigen Ausführungen mögen an dieser Stelle genügen und hoffentlich dazu beitragen, dass man beim Umgang mit Maschinenzahlen auf dem Computer sensibel und kritisch ist und nicht unreflektiert die erhaltenen Ergebnisse akzeptiert. Eine detailliertere Analyse der auftauchenden Probleme und weitere theoretische Betrachtungen bleiben speziellen Büchern über numerische Mathematik vorbehalten wie z.B. /Hermann 01/, /Huckle 02/, /Knorrenschild 03/, /Locher 93/ oder /Stoer 05a/. Der Wissensbaustein wird mit einem abschließenden Beispiel zur angerissenen Problematik beendet.

Beispiel

Gegeben sei die Funktion $f : [1, \infty) \to \mathbb{R}$ mit

$$f(x) := x + \sqrt{x^2 - 1}, \quad x \geq 1.$$

Diese Funktion nimmt für große Argumente x als Funktionswert näherungsweise stets den Wert $2x$ an, da $x^2 - 1$ in diesem Fall ungefähr gleich x^2 ist. Ferner lässt sich leicht zeigen, dass f alternativ berechnet werden kann gemäß

$$f(x) = \left(x - \sqrt{x^2 - 1}\right)^{-1}, \quad x \geq 1.$$

Dies ergibt sich unmittelbar aus der Identität

$$f(x) = x + \sqrt{x^2 - 1} = \frac{(x+\sqrt{x^2-1})(x-\sqrt{x^2-1})}{(x-\sqrt{x^2-1})} = \frac{1}{x-\sqrt{x^2-1}}.$$

Damit stehen für die Implementierung dieser Funktion potentiell zwei Varianten zur Verfügung, von denen nun die numerisch geeignetere ermittelt werden soll. Dazu werden

Basistext

2.2 Fehlerarten und ihre Kontrolle *

die Funktionswerte $f(k \cdot 10^7)$ für $k = 1, 2, \ldots, 6$ in einem kleinen Java-Programm (Java Version 1.5.0, Datentyp `double`) einmal gemäß der ersten, dann gemäß der zweiten Vorschrift berechnet und tabellarisch festgehalten:

x	$x + \sqrt{x^2 - 1}$	$(x - \sqrt{x^2 - 1})^{-1}$
$1 \cdot 10^7$	$1.9999999999999948 \cdot 10^7$	$1.988410785185185 \cdot 10^7$
$2 \cdot 10^7$	$3.999999999999997 \cdot 10^7$	$3.834792228571428 \cdot 10^7$
$3 \cdot 10^7$	$5.9999999999999985 \cdot 10^7$	$6.7108864 \cdot 10^7$
$4 \cdot 10^7$	$7.999999999999999 \cdot 10^7$	$6.7108864 \cdot 10^7$
$5 \cdot 10^7$	$1.0 \cdot 10^8$	$1.34217728 \cdot 10^8$
$6 \cdot 10^7$	$1.2 \cdot 10^8$	$1.34217728 \cdot 10^8$

Die Resultate unter Benutzung der zweiten Berechnungsvorschrift für f werden auffallend schlecht (für andere Programmierumgebungen und andere Datentypen taucht das Problem i. Allg. für andere Zahlen auf, die man durch Ausprobieren finden kann). Die Ursache ist darin zu suchen, dass bei Anwendung dieser Berechnungsformel zwei nahezu gleich große Zahlen subtrahiert werden, deren signifikanter Unterschied im Rahmen der zu Verfügung stehenden Mantissenziffern nicht mehr korrekt dargestellt werden kann. Man spricht in diesem Fall von einem sogenannten **Auslöschungseffekt**. Anhand einer kleinen Zusatzüberlegung kann man sich dieses Phänomen leicht klar machen: Bei Rundung auf fünf Mantissenziffern ergibt sich z.B. anstelle des korrekten Ergebnisses

$$\frac{1}{1.0002 - 1.000149999} = 19999.6000\ldots$$

das deprimierend falsche Ergebnis

$$\frac{1}{1.0002 - 1.0001} = 10000.$$

Das aus diesen Beobachtungen zu ziehende Fazit lautet also: Man vermeide beim Umgang mit Maschinenzahlen die Subtraktion zweier nahezu gleich großer Zahlen!

Basistext

3 Numerische Näherungsverfahren *

Bei den meisten numerischen Näherungsverfahren handelt es sich um sogenannte **Iterationsverfahren**. Unter diesen Verfahren versteht man Vorgehensweisen, mit denen man die näherungsweise Lösung eines gegebenen Problems mit Hilfe speziell konstruierter konvergenter Folgen angeht. Vielfach tauchen derartige Probleme im Zusammenhang mit der Suche nach einem sogenannten **Fixpunkt** einer geeignet definierten Funktion auf und der Grenzwert der Folge der Iterationswerte liefert genau diesen gesuchten Fixpunkt. Um ein konkretes Beispiel vor Augen zu haben, betrachte man das folgende, stark vereinfachte **Räuber-Beute-Modell** (vgl. Abb. 3.0-1).

Iterationsverfahren

Abb. 3.0-1: Räuber-Beute-Modell.

Basistext

Räuber-Beute-Modell

In einem See leben Hechte und Forellen. Sind zu Beginn nur einige Hechte im See und hinreichend viele Forellen, dann steht den Hechten ein praktisch unbegrenzter Vorrat an nachwachsenden Forellen zur Verfügung. Die Hechte vermehren sich aufgrund der guten Versorgungslage also sehr schnell. Das hat zur Folge, dass sich die Zahl der Forellen dadurch natürlich erheblich vermindert. Auf diese Art zerstören die Hechte ihre wesentliche Lebensgrundlage, nämlich ihre Hauptnahrungsquelle. Jetzt dezimiert also die Übervölkerung der Hechte ihren eigenen Bestand und bedroht ihre Population. Da die Population der Hechte stark abgenommen hat, vermehren sich die Forellen allmählich von neuem und ihre Zahl wächst stetig. Dem stark reduzierten Hechtbestand geht es nun wieder gut. Er besitzt reichlich Futter und kann sich so wieder vergrößern.

Modellbildung

Es entsteht auf diese Art eine Dynamik zwischen der Zahl der Hechte und der Zahl der Forellen, also zwischen Raubtier und Beute. Will man diese Dynamik beschreiben, so bietet sich als erstes einfaches Modell folgendes Vorgehen an. Man bezeichnet die Menge an Hechten zu einem diskreten Zeitpunkt $k \in \mathbf{N}$ mit $x_k \in [0,1]$. Dabei bedeutet $x_k = 0$, dass die Hechte ausgestorben sind und damit die Forellen ihre maximale Population annehmen können, und $x_k = 1$, dass es nur noch Hechte gibt und keine Forellen mehr im See sind. Geht man also stark vereinfachend davon aus, dass die Gesamtzahl von Hechten und Forellen im See zu jedem Zeitpunkt gleich 1 ist, dann beschreibt die Größe $1 - x_k$ genau die Forellenpopulation zum Zeitpunkt $k \in \mathbf{N}$. Zum Zeitpunkt $k+1$ ist nun die Hechtpopulation x_{k+1} einerseits proportional zu x_k (je mehr Hechte es gab, umso mehr Hechte konnten geboren werden), anderseits aber auch proportional zu $1 - x_k$ (je mehr Forellen es gab, umso mehr Hechte konnten satt werden). Bezeichnet man die Proportionalitätkonstante mit $\alpha \in (0, \infty)$, dann ergibt sich folgender Zusammenhang

Basistext

$$x_{k+1} = \alpha x_k(1-x_k)\,,\quad k \in \mathbf{N}\,,$$

der auch als die **logistische Wachstumsgleichung** bezeichnet wird. Auf der rechten Seite dieser Gleichung stehen zwei miteinander konkurrierende Faktoren. Wird x_k größer, so wird $1-x_k$ kleiner und umgekehrt. Die Faktoren beschränken also wechselseitig das Wachstum von x_k. Der Parameter α ist ein Steuerungsparameter, der das qualitative Verhalten der Populationsfolge $(x_k)_{k \in \mathbf{N}}$ entscheidend beeinflusst und z.B. Konvergenz oder Divergenz der Folge implizieren kann. Im Fall des Hecht-Forelle-Modells könnte er näherungsweise durch Messung bestimmt werden, wenn man zu gewissen Zeitpunkten $k \in \mathbf{N}$ die Anzahl von Hechten und Forellen im See kennen würde. Nimmt man also z.B. an, dass $\alpha = 2.5$ ist und die Hechtpopulation zu Beginn $x_0 = 0.35$ beträgt, so ergeben sich folgende Populationszahlen:

k	0	1	2	$\cdots$	1000	$\cdots$	$\to \infty$
x_k	0.35	0.56875	0.61318...	$\cdots$	0.60000...	$\cdots$	$\frac{3}{5}$

Die Hechtpopulation und damit natürlich auch die Forellenpopulation münden also unter den angenommenen Anfangsbedingungen in einen stabilen Zustand, denn die Folge $(x_k)_{k \in \mathbf{N}}$ konvergiert gegen $x^* = 0.6$: Es wird 60% Hechte und 40% Forellen im See geben. Zu diesem Ergebnis hätte man aber auch auf einem völlig anderen Weg kommen können: Betrachtet man die Funktion $\Phi : \mathbf{R} \to \mathbf{R}$,

$$\Phi(x) := \alpha x(1-x)\,,\quad x \in \mathbf{R}\,,$$

so bedeutet ein stabiler Zustand $x^* \in \mathbf{R}$ im Sinne des Räuber-Beute-Modells, dass er die sogenannte **Fixpunktgleichung**

$$\Phi(x^*) = x^*$$

erfüllen muss, also ein sogenannter **Fixpunkt der Modellfunktion** Φ ist. Diesen Fixpunkt kann man im vorliegenden einfachen Fall nicht nur als Grenzwert der Iterationsfolge

$$x_{k+1} = \Phi(x_k)\,,\quad k \in \mathbf{N}\,,$$

Basistext

bestimmen (wie oben vorgeführt), sondern auch durch Auflösung der Fixpunktgleichung direkt berechnen (als Übung empfohlen).

allgemeineres Modell

In einem weiteren Schritt soll das betrachtete Populationsproblem dahingehend verallgemeinert werden, dass sich die Hecht- und Forellenbestände etwas unabhängiger voneinander entwickeln dürfen. Man bezeichnet die Menge an Hechten zu einem diskreten Zeitpunkt $k \in \mathbb{N}$ wieder mit $x_k \in [0,1]$ und die der Forellen mit $y_k \in [0,1]$. Nimmt man nun an, dass die Hechtpopulation x_{k+1} zum Zeitpunkt $k+1 \in \mathbb{N}$ positiv durch den Hecht- und Forellenbestand zum Zeitpunkt $k \in \mathbb{N}$ bestimmt wird gemäß

$$x_{k+1} = 0.6 x_k + 0.6 y_k \,, \quad k \in \mathbb{N} \,,$$

und dass die Forellenpopulation y_{k+1} zum Zeitpunkt $k+1 \in \mathbb{N}$ negativ durch den Hecht- und positiv durch den Forellenbestand zum Zeitpunkt $k \in \mathbb{N}$ bestimmt wird gemäß

$$y_{k+1} = -0.2 x_k + 1.3 y_k \,, \quad k \in \mathbb{N} \,,$$

dann erhält man zusammen mit der Normierung auf Gesamtpopulation 1 für alle $k \in \mathbb{N}$ die Iterationsvorschrift

$$\tilde{x}_{k+1} = 0.6 x_k + 0.6 y_k \,,$$
$$\tilde{y}_{k+1} = -0.2 x_k + 1.3 y_k \,,$$
$$x_{k+1} = \frac{\tilde{x}_{k+1}}{\tilde{x}_{k+1} + \tilde{y}_{k+1}} \,,$$
$$y_{k+1} = \frac{\tilde{y}_{k+1}}{\tilde{x}_{k+1} + \tilde{y}_{k+1}} \,.$$

In Matrix-Vektor-Notation lässt sich das auch schreiben als

$$\begin{pmatrix} \tilde{x}_{k+1} \\ \tilde{y}_{k+1} \end{pmatrix} = \begin{pmatrix} 0.6 & 0.6 \\ -0.2 & 1.3 \end{pmatrix} \begin{pmatrix} x_k \\ y_k \end{pmatrix} \,,$$
$$\begin{pmatrix} x_{k+1} \\ y_{k+1} \end{pmatrix} = \frac{1}{\tilde{x}_{k+1} + \tilde{y}_{k+1}} \begin{pmatrix} \tilde{x}_{k+1} \\ \tilde{y}_{k+1} \end{pmatrix} \,.$$

Basistext

Man erhält also nun zu jedem Zeitpunkt $k \in \mathbf{N}$ einen **Populationsvektor** und die entstehende Folge ist eine **Folge von Vektoren**. Nimmt man z.B. wieder an, dass die Hechtpopulation zu Beginn $x_0 = 0.35$ beträgt und damit die Forellenpopulation $y_0 = 0.65$, so ergeben sich folgende Populationsvektoren:

k	0	1	2	$\cdots$	1000	$\cdots$	$\to \infty$
x_k	0.35	0.43636...	0.48175...	$\cdots$	0.59999...	$\cdots$	$\frac{3}{5}$
y_k	0.65	0.56363...	0.51824...	$\cdots$	0.40000...	$\cdots$	$\frac{2}{5}$

Die Hechtpopulation und damit natürlich auch die Forellenpopulation münden also auch in diesem Modell unter den angenommenen Anfangsbedingungen in einen stabilen Zustand, denn die Vektorfolge $((x_k, y_k)^T)_{k \in \mathbf{N}}$ konvergiert gegen den Populationsvektor $(x^*, y^*)^T = (0.6, 0.4)^T$: Es wird also auch in diesem Fall 60% Hechte und 40% Forellen im See geben. Zu diesem Ergebnis hätte man aber auch wieder auf einem völlig anderen Weg kommen können: Betrachtet man die Funktion $\Phi : \mathbf{R}^2 \to \mathbf{R}^2$,

$$\Phi((x,y)^T) := \begin{pmatrix} 0.6 & 0.6 \\ -0.2 & 1.3 \end{pmatrix} \begin{pmatrix} x \\ y \end{pmatrix},$$

so bedeutet ein stabiler **Zustandsvektor** $(x^*, y^*)^T \in \mathbf{R}^2$ im Sinne des Räuber-Beute-Modells, dass er die sogenannte **Fixpunktgleichung**

$$\Phi((x^*, y^*)^T) = (x^*, y^*)^T$$

erfüllen muss, also wieder ein **Fixpunkt der Modellfunktion** Φ ist, die hier allerdings Vektoren auf Vektoren abbildet. Diesen Fixpunkt kann man im vorliegenden einfachen Fall nicht nur als Grenzwert der Iterationsfolge der Vektoren bestimmen (wie oben vorgeführt), sondern durch Auflösung der Fixpunktgleichung auch direkt berechnen (als Übung empfohlen). Im Sinne der **linearen Algebra** hat man nämlich nichts anderes zu tun, als einen Eigenvektor der

3 Numerische Näherungsverfahren *

Iterationsmatrix zum Eigenwert 1 zu bestimmen und diesen geeignet zu normieren, also ein **Eigenwert-Eigenvektor-Problem** zu lösen.

Überblick Nachdem im Rahmen des obigen kleinen Beispiels einige erste Szenarien für **Iterationsverfahren und Fixpunktgleichungen** sowohl im ein- als auch im mehrdimensionalen Fall skizziert wurden, geht es im Folgenden um die Vorstellung ausgewählter wichtiger Verfahren dieses Typs aus dem Umfeld der numerischen Mathematik. Die ersten Wissensbausteine beschäftigen sich dabei mit Techniken aus der **Analysis** und behandeln **eindimensionale Fragestellungen**:

- »Banachscher Fixpunktsatz in R« (S. 27)
- »Newton-Verfahren« (S. 33)
- »Heron-Verfahren« (S. 37)
- »Sekanten-Verfahren« (S. 42)
- »Abstieg-Verfahren« (S. 46)
- »Dividierte-Differenzen-Verfahren« (S. 53)
- »Trapez- und Simpson-Regel« (S. 60)
- »Iterierte Trapez- und Simpson-Regel« (S. 65)

Die darauf folgenden Wissensbausteine haben Techniken aus der **linearen Algebra** zum Gegenstand und spielen sich in **höherdimensionalen Räumen** ab:

- »Normen und Folgen in R^n« (S. 69)
- »Banachscher Fixpunktsatz in R^n« (S. 74)
- »Gesamtschritt-Verfahren« (S. 76)
- »Einzelschritt-Verfahren« (S. 83)
- »SOR-Verfahren« (S. 88)
- »Von-Mises-Geiringer-Verfahren« (S. 90)

Voraussetzungen Es wird vorausgesetzt, dass man sicher im Umgang mit dem Funktionsbegriff ist sowie über Kenntnisse über Folgen und ihr Konvergenzverhalten verfügt, wie sie etwa in

Basistext

/Lenze 06a/ vermittelt werden. Für einige Wissensbausteine bedarf es ferner geeigneter Grundkenntnisse aus der linearen Algebra, die man z.B. in /Lenze 06b/ nachlesen kann.

Hinweise zu ergänzender oder weiterführender Literatur werden jeweils innerhalb der einzelnen Wissensbausteine gegeben.

Literatur

3.1 Banachscher Fixpunktsatz in R *

Der **Banachsche Fixpunktsatz in R** besagt, dass eine kontrahierende Selbstabbildung $\Phi : [a,b] \to [a,b]$ eines nichtleeren abgeschlossenen Intervalls $[a,b] \subseteq \mathbb{R}$ in sich einen Fixpunkt $x^* \in [a,b]$ besitzt, also $\Phi(x^*) = x^*$ gilt.

Der im Folgenden zu entwickelnde **Banachsche Fixpunktsatz** ist einer der wichtigsten Sätze der konstruktiven angewandten Mathematik. Er wurde im Jahre 1922 von Stefan Banach (1892-1945), einem polnischen Mathematiker, erstmals formuliert und bewiesen. Auf ihm beruhen direkt oder indirekt nahezu alle iterativen Verfahren, die als Fixpunktproblem interpretierbar sind. Er wird in diesem Wissensbaustein zunächst in seiner elementarsten Variante, nämlich für den eindimensionalen Fall, hergeleitet. Dazu müssen zu Beginn zwei grundlegende Begriffe aus dem Bereich der Funktionen bereitgestellt werden. Es handelt sich dabei um die sogenannten **Selbstabbildungen** (Urbilder und Bilder der Funktion liegen stets in ein und demselben Intervall) sowie die **kontrahierenden Abbildungen** (der Abstand zweier Bilder der Funktion ist stets echt kleiner als der Abstand der zugehörigen Urbilder, wobei noch zu präzisieren ist, was unter echt zu verstehen ist).

Basistext

3 Numerische Näherungsverfahren *

Definition **Selbstabbildung**
Es sei $[a,b] \subseteq \mathbf{R}$ ein nichtleeres abgeschlossenes Intervall und $\Phi : \mathbf{R} \to \mathbf{R}$ eine Abbildung. Dann heißt Φ **Selbstabbildung** bezüglich $[a,b]$, falls gilt

$$x \in [a,b] \implies \Phi(x) \in [a,b].$$

Beispiel Die Funktion $\Phi : \mathbf{R} \to \mathbf{R}$ mit

$$\Phi(x) := \frac{5}{2}x(1-x), \quad x \in \mathbf{R},$$

ist eine Selbstabbildung bezüglich des Intervalls $[\frac{7}{20}, \frac{13}{20}]$ (in Abb. 3.1-1 durch schwarze Balken markiert).

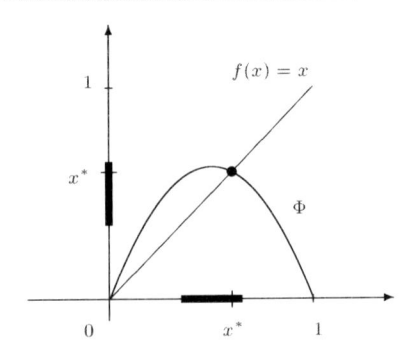

Abb. 3.1-1: Beispielfunktion mit Fixpunkt.

Als nach unten geöffnete Parabel mit Scheitelpunkt in $\frac{1}{2}$ nimmt sie nämlich ihre Extremwerte im Intervall $[\frac{7}{20}, \frac{13}{20}]$ genau an den Randpunkten $\frac{7}{20}$ und $\frac{13}{20}$ sowie am Scheitelpunkt $\frac{1}{2}$ an, und diese Funktionswerte liegen wegen $\Phi(\frac{7}{20}) = \Phi(\frac{13}{20}) = \frac{91}{160}$ sowie $\Phi(\frac{1}{2}) = \frac{5}{8}$ alle wieder im Intervall $[\frac{7}{20}, \frac{13}{20}]$.

Basistext

3.1 Banachscher Fixpunktsatz in R *

Kontrahierende Abbildung — Definition
Es sei $[a,b] \subseteq \mathbf{R}$ ein nichtleeres abgeschlossenes Intervall und $\Phi : \mathbf{R} \to \mathbf{R}$ eine Abbildung. Ferner sei $K \in [0,1)$. Dann heißt Φ **kontrahierende Abbildung** bezüglich $[a,b]$ mit **Kontraktionszahl** K, falls gilt

$$x, y \in [a,b] \implies |\Phi(x) - \Phi(y)| \leq K\,|x - y|\,.$$

Ob eine gegebene Abbildung eine Kontraktion ist, ist i. Allg. nicht einfach zu überprüfen. Falls die Abbildung jedoch differenzierbar ist und eine stetige Ableitung besitzt (eine derartige Abbildung nennt man auch kurz eine **stetig differenzierbare Funktion**), kann man eine sehr einfach zu überprüfende **hinreichende Kontraktionsbedingung** angeben.

Hinreichende Kontraktionsbedingung — Satz
Es sei $[a,b] \subseteq \mathbf{R}$ ein nichtleeres abgeschlossenes Intervall und $\Phi : \mathbf{R} \to \mathbf{R}$ eine differenzierbare Abbildung mit stetiger Ableitung auf $[a,b]$. Falls nun

$$\max\{|\Phi'(x)| \mid x \in [a,b]\} =: K < 1$$

gilt, dann ist Φ eine **kontrahierende Abbildung** bezüglich $[a,b]$ mit **Kontraktionszahl** K.

Es seien $x, y \in [a,b]$ beliebig gegeben. Da für $x = y$ die — Beweis
Kontraktionsungleichung auf jeden Fall erfüllt ist, sei nun $x \neq y$. Aufgrund des **Mittelwertsatzes der Differentialrechnung** gibt es dann einen Punkt $\xi \in [a,b]$ mit

$$\frac{\Phi(x) - \Phi(y)}{x - y} = \Phi'(\xi)\,.$$

Basistext

3 Numerische Näherungsverfahren *

Durch Übergang zum Betrag folgt daraus sofort

$$\left|\frac{\Phi(x) - \Phi(y)}{x - y}\right| = |\Phi'(\xi)| \leq \max\{|\Phi'(x)| \mid x \in [a,b]\} = K$$

und daraus die Behauptung. □

Beispiel

Die Funktion $\Phi : \mathbf{R} \to \mathbf{R}$ mit

$$\Phi(x) := \frac{5}{2}x(1 - x), \quad x \in \mathbf{R},$$

ist eine **kontrahierende Abbildung** bezüglich des Intervalls $[\frac{7}{20}, \frac{13}{20}]$. Dies folgt mit dem obigen Satz sofort aus der stetigen Differenzierbarkeit von Φ sowie der Abschätzung

$$\max\{|\Phi'(x)| \mid x \in [\frac{7}{20}, \frac{13}{20}]\} = \max\{|\frac{5}{2} - 5x| \mid x \in [\frac{7}{20}, \frac{13}{20}]\}$$
$$= \frac{3}{4} =: K < 1.$$

Mit den obigen Konzepten sind nun die Grundlagen bereitgestellt, um den **Banachschen Fixpunktsatz** formulieren und beweisen zu können.

Satz

Banachscher Fixpunktsatz
Es sei $[a,b] \subseteq \mathbf{R}$ ein nichtleeres abgeschlossenes Intervall, $\Phi : \mathbf{R} \to \mathbf{R}$ eine Abbildung und $K \in [0,1)$. Ferner sei Φ eine **kontrahierende Selbstabbildung** bezüglich $[a,b]$ mit **Kontraktionszahl** K. Dann gelten folgende Aussagen:

- Es gibt genau ein $x^* \in [a,b]$ mit $\Phi(x^*) = x^*$, d.h. die **Existenz und Eindeutigkeit eines Fixpunkts** ist gesichert.
- Für alle Startwerte $x_0 \in [a,b]$ konvergiert die durch $x_{k+1} := \Phi(x_k)$, $k \in \mathbf{N}$, generierte Folge gegen den Fixpunkt x^*, d.h. die **Konvergenz der Fixpunktiteration** ist gesichert.
- Für jede durch eine Fixpunktiteration im obigen Sinne erzeugte Folge $(x_k)_{k \in \mathbf{N}}$ gelten die beiden **a-priori- und a-posteriori-Fehlerabschätzungen**

Basistext

3.1 Banachscher Fixpunktsatz in R *

$$|x^* - x_k| \leq \frac{K^k}{1-K} |x_1 - x_0| \quad \text{(a-priori)},$$

$$|x^* - x_k| \leq \frac{K}{1-K} |x_k - x_{k-1}| \quad \text{(a-posteriori)}.$$

Für jeden Startwert $x_0 \in [a,b]$ wird durch die Fixpunktiteration $x_{k+1} := \Phi(x_k)$, $k \in \mathbf{N}$, offensichtlich eine Folge erzeugt, die aufgrund der Selbstabbildungseigenschaft von Φ bezüglich $[a,b]$ ganz in $[a,b]$ liegt, also $x_k \in [a,b]$, $k \in \mathbf{N}$. Außerdem ist die Folge eine **Cauchy-Folge**. Dies lässt sich wie folgt nachweisen: Zunächst erhält man aufgrund der **Dreiecksungleichung**, der **Kontraktionseigenschaft** von Φ bezüglich $[a,b]$ und der bekannten **Summenformel für die geometrische Reihe** für alle $k, l \in \mathbf{N}$, $l > k$, die Abschätzung

Beweis

$$\begin{aligned}|x_l - x_k| &= \left| \sum_{m=0}^{l-k-1} (x_{k+m+1} - x_{k+m}) \right| \leq \sum_{m=0}^{l-k-1} |x_{k+m+1} - x_{k+m}| \\ &\leq \sum_{m=0}^{l-k-1} K^m |x_{k+1} - x_k| \leq \frac{1}{1-K} |x_{k+1} - x_k| \\ &\leq \frac{K^k}{1-K} |x_1 - x_0| \ .\end{aligned}$$

Zum Nachweis der obigen Abschätzung wurde mehrmals ausgenutzt, dass für $k \in \mathbf{N}^*$ gilt

$$|x_{k+1} - x_k| = |\Phi(x_k) - \Phi(x_{k-1})| \leq K |x_k - x_{k-1}|.$$

Aus der Abschätzung

$$|x_l - x_k| \leq \frac{K^k}{1-K} |x_1 - x_0| \ , \quad l > k \ ,$$

folgt natürlich insbesondere, dass $(x_k)_{k \in \mathbf{N}}$ eine **Cauchy-Folge** ist, denn

$$\lim_{k \to \infty} \frac{K^k}{1-K} = 0 \ ,$$

für $K \in [0,1)$. Da wegen der **Vollständigkeit von R** jede Cauchy-Folge in R konvergiert, gibt es ein $x^* \in \mathbf{R}$ mit

$$\lim_{k \to \infty} x_k = x^* \ .$$

Basistext

Ferner überlegt man sich leicht, dass sogar $x^* \in [a,b]$ gelten muss, da – wie bereits oben erwähnt – $x_k \in [a,b]$, $k \in \mathbb{N}$, gilt. Im nächsten Schritt wird gezeigt, dass x^* ein Fixpunkt von Φ ist. Zunächst erhält man

$$0 \leq |x^* - \Phi(x^*)| \leq |x^* - x_{k+1}| + |x_{k+1} - \Phi(x^*)|$$
$$= |x^* - x_{k+1}| + |\Phi(x_k) - \Phi(x^*)| \leq |x^* - x_{k+1}| + K|x_k - x^*| \ .$$

Da die obige Ungleichung für alle $k \in \mathbb{N}$ erfüllt ist und

$$\lim_{k \to \infty} |x^* - x_{k+1}| = \lim_{k \to \infty} |x^* - x_k| = 0$$

gilt, folgt notwendigerweise

$$|x^* - \Phi(x^*)| = 0 \ .$$

Dies impliziert natürlich sofort $x^* = \Phi(x^*)$, d.h. x^* ist ein Fixpunkt von Φ. Er ist aber auch der einzige Fixpunkt von Φ in $[a,b]$, denn angenommen, es gäbe einen weiteren Fixpunkt $x_\star \in [a,b]$ von Φ mit $x_\star \neq x^*$, so hätte dies zur Folge, dass gilt

$$0 < |x_\star - x^*| = |\Phi(x_\star) - \Phi(x^*)| \leq K|x_\star - x^*| < |x_\star - x^*| \ .$$

Diese Ungleichungskette führt zum Widerspruch. Also ist x^* der einzige Fixpunkt von Φ in $[a,b]$.

Es sind nun lediglich noch die beiden Fehlerabschätzungen nachzuweisen. Dazu wird auf die zu Beginn des Beweises hergeleitete Ungleichung

$$|x_l - x_k| \leq \frac{1}{1-K}|x_{k+1} - x_k| \ , \quad l > k \ ,$$

zurückgegriffen. Mit Hilfe der Dreiecksungleichung erhält man daraus für alle $l > k$ die Abschätzung

$$|x^* - x_k| \leq |x^* - x_l| + |x_l - x_k| \leq |x^* - x_l| + \frac{1}{1-K}|x_{k+1} - x_k| \ .$$

Da diese Ungleichung für alle $l > k$ gültig ist, kann man l gegen ∞ konvergieren lassen und erhält so die **a-posteriori- und die a-priori-Abschätzungen** gemäß

$$|x^* - x_k| \leq \frac{1}{1-K}|x_{k+1} - x_k|$$

Basistext

$$\leq \frac{K}{1-K} |x_k - x_{k-1}| \quad \text{(a-posteriori)}$$

$$\leq \frac{K^k}{1-K} |x_1 - x_0| \quad \text{(a-priori).}$$

Damit ist der Satz vollständig bewiesen. □

Die Funktion $\Phi : \mathbf{R} \to \mathbf{R}$ mit

$$\Phi(x) := \frac{5}{2}x(1-x), \quad x \in \mathbf{R},$$

Beispiel

ist eine **kontrahierende Selbstabbildung** bezüglich des Intervalls $[\frac{7}{20}, \frac{13}{20}]$ mit **Kontraktionszahl** $K := \frac{3}{4}$. Ihr somit eindeutig bestimmter Fixpunkt $x^* \in [\frac{7}{20}, \frac{13}{20}]$ ist z.B. durch Auflösung der quadratischen Fixpunktgleichung berechenbar und lautet $x^* = \frac{3}{5}$. Ein einfacher Java-Code zur Berechnung von x^* ausgehend vom Startwert $x_0 := 0.35$ bis auf eine Genauigkeit von 10^{-6} unter Ausnutzung der a-posteriori Fehlerabschätzung könnte z.B. wie folgt aussehen:

```
K=0.75; x_neu=0.35; System.out.println(x_neu);
do
{
    x_alt=x_neu; x_neu=2.5*x_alt*(1-x_alt);
    System.out.println(x_neu);
}
while ((K/(1-K))*Math.abs(x_neu-x_alt)>=0.000001);
```

3.2 Newton-Verfahren *

Das **Newton-Verfahren** ist ein Iterationsverfahren zur näherungsweisen Berechnung einer Nullstelle einer differenzierbaren Funktion $f : \mathrm{R} \to \mathrm{R}$. Ausgehend von einem beliebigen Startwert $x_0 \in \mathrm{R}$ ist die Iterationsfolge des Newton-Verfahrens definiert als $x_{k+1} := x_k - \frac{f(x_k)}{f'(x_k)}$

Basistext

für alle $k \in \mathbb{N}$. **Unter gewissen Voraussetzungen konvergiert die Folge** $(x_k)_{k \in \mathbb{N}}$ **gegen eine Nullstelle der Funktion** f.

Die **Berechnung von Nullstellen** komplizierter Funktionen ist i. Allg. nicht direkt durch Auflösung erreichbar. Deshalb bedarf es intelligenter Verfahren, um die gesuchten Nullstellen iterativ anzunähern. Speziell beim **Newton-Verfahren**, welches auf Sir Isaac Newton (1643-1727) zurückgeht und somit mehr als 300 Jahre alt ist, besteht die generelle Idee aus zwei Schritten:

Newton-Verfahren

- Wähle einen Startwert x_0 in der Nähe der gesuchten Nullstelle der Funktion f, und bestimme mittels Punkt-Steigungs-Form die Tangente T_{x_0} an f durch $(x_0, f(x_0))^T$ mit Steigung $f'(x_0)$.
- Berechne die Nullstelle x_1 der **Tangente** T_{x_0}. Falls $f(x_1) = 0$ ist, dann ist eine Nullstelle von f gefunden und nichts weiter zu tun. Falls $f(x_1) \neq 0$ ist, beginne von vorne mit x_1 anstelle von x_0 ... etc.

Wie Abb. 3.2-1 zeigt, ist das Vorgehen geometrisch gesehen nichts anderes, als dass man die komplizierte Funktion f näherungsweise durch eine einfache **Gerade** ersetzt, genauer durch eine **Tangente** an f, deren Nullstelle berechnet, und dieses Vorgehen iteriert.

analytisches Vorgehen

Die explizite Berechnung der Tangenten an f sowie die Bestimmung ihrer Nullstellen ergibt sich Schritt für Schritt wie folgt:

$$T_{x_0}(x_1) := f(x_0) + f'(x_0)(x_1 - x_0) = 0 \implies x_1 = x_0 - \frac{f(x_0)}{f'(x_0)}$$

$$T_{x_1}(x_2) := f(x_1) + f'(x_1)(x_2 - x_1) = 0 \implies x_2 = x_1 - \frac{f(x_1)}{f'(x_1)}$$

$$T_{x_2}(x_3) := f(x_2) + f'(x_2)(x_3 - x_2) = 0 \implies x_3 = x_2 - \frac{f(x_2)}{f'(x_2)}$$

etc.

Basistext

3.2 Newton-Verfahren *

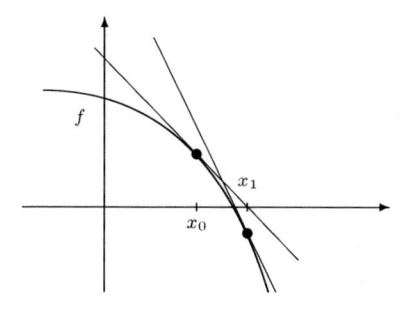

Abb. 3.2-1: Newton-Verfahren.

Zusammenfassend ergibt sich also folgender Satz für das **Newton-Verfahren**.

Newton-Verfahren Satz
Es sei $f : \mathbf{R} \to \mathbf{R}$ eine zweimal stetig differenzierbare Funktion mit $f(\xi) = 0$ und $f'(\xi) \neq 0$. Dann gibt es ein $\epsilon > 0$, so dass für jeden beliebig vorgegebenen Startwert $x_0 \in [\xi - \epsilon, \xi + \epsilon]$ die Iterationsfolge $(x_k)_{k \in \mathbf{N}}$ mit den Folgengliedern

$$x_{k+1} := x_k - \frac{f(x_k)}{f'(x_k)}, \quad k \in \mathbf{N},$$

gegen ξ konvergiert, also $\lim_{k \to \infty} x_k = \xi$ gilt.

Es wird lediglich die Beweisidee skizziert. Man betrachte die Beweis
Funktion $\Phi : \mathbf{R} \to \mathbf{R}$ mit

$$\Phi(x) := \left\{ \begin{array}{ll} x - \frac{f(x)}{f'(x)} & \text{falls} \quad f'(x) \neq 0 \\ x & \text{falls} \quad f'(x) = 0 \end{array} \right\}$$

und zeige, dass diese Funktion für eine geeignetes $\epsilon > 0$ eine **kontrahierende Selbstabbildung** bezüglich des Intervalls $[\xi - \epsilon, \xi + \epsilon]$ ist. Dann folgt die Behauptung mit Hilfe des **Banachschen Fixpunktsatzes**. Einen ausführlichen Beweis findet man z.B. in /Locher 93/ oder /Schwarz 04/. □

Basistext

3 Numerische Näherungsverfahren *

Beispiel Gesucht wird die positive Nullstelle der Funktion $f : \mathbf{R} \to \mathbf{R}$, $f(x) := x^2 - 2$. Wegen $f'(x) = 2x$ ergeben sich mit dem **Newton-Verfahren** zum Startwert $x_0 := 2$ unter Anwendung der Iterationsvorschrift

$$x_{k+1} := x_k - \frac{x_k^2 - 2}{2x_k}, \quad k \in \mathbf{N},$$

die folgenden Iterationswerte:

$$k = 0 : \quad x_1 = 2 - \frac{2^2 - 2}{2 \cdot 2} = 1.5,$$

$$k = 1 : \quad x_2 = 1.5 - \frac{1.5^2 - 2}{2 \cdot 1.5} = 1.41666666\ldots,$$

$$k = 2 : \quad x_3 = 1.414215686\ldots,$$

$$k = 3 : \quad x_4 = 1.414213562\ldots,$$

$$k = 4 : \quad x_5 = 1.414213562\ldots,$$

$$k = 5 : \quad x_6 = 1.414213562\ldots.$$

Ein einfacher Java-Code zur Implementierung des Newton-Verfahrens könnte z.B. wie folgt aussehen:

```java
double x=x_0;
while (Math.abs(f(x))>0.0000001)
{
   x=x-f(x)/f_strich(x);
   System.out.println("Nullstellennäherung:    "+x);
}
```

Bemerkung **Anwendbarkeit des Newton-Verfahrens:** Grundsätzlich ist das **Newton-Verfahren** für jede differenzierbare Funktion f mit einer Nullstelle ξ definierbar, sofern die Division durch $f'(x_k)$ immer möglich ist. Um Konvergenz zu sichern, braucht man jedoch i. Allg. Zusatzbedingungen an f. Eine relativ restriktive hinreichende Bedingung wurde im obigen Satz angegeben.

Basistext

Variante des Newton-Verfahrens: Eine Variante des Newton-Verfahrens ist das sogenannte **vereinfachte Newton-Verfahren**, bei dem stets mit einer festen Steigung, z.B. $f'(x_0)$, gearbeitet wird. Es vermeidet die permanente Neuberechnung von Ableitungswerten, ist aber i. Allg. nicht so schnell konvergent wie das echte Newton-Verfahren.

Bemerkung

3.3 Heron-Verfahren *

Das Heron-Verfahren ist ein Iterationsverfahren zur näherungsweisen Berechnung der positiven Nullstelle eines quadratischen Polynoms $p: \mathrm{R} \to \mathrm{R}$ mit $p(x) := x^2 - a$ und $a \in \mathrm{R}$, $a > 0$. Es basiert auf dem Newton-Verfahren und generiert in seiner einfachsten Variante, ausgehend von einem beliebigen Startwert $x_0 \in \mathrm{R}$, $x_0 > 0$, die Iterationsfolge als $x_{k+1} := \frac{1}{2}\left(x_k + \frac{a}{x_k}\right)$ für alle $k \in \mathrm{N}$. Die Folge $(x_k)_{k \in \mathrm{N}}$ konvergiert unter den gegebenen Bedingungen stets gegen die positive Nullstelle von p.

Mit dem sogenannten **Heron-Verfahren** (Heron von Alexandria, um 100), das auch als **babylonische Methode** bezeichnet wird, ist es möglich, näherungsweise die Quadratwurzel einer positiven reellen Zahl a zu bestimmen. Historisch gesehen ist das Heron-Verfahren wesentlich älter als das **Newton-Verfahren** (vgl. Wissensbaustein »Newton-Verfahren« (S. 33)), kann aber formal sehr elegant auf dieses zurückgeführt werden. In diesem Sinne besteht das Heron-Verfahren einfach aus der Anwendung des Newton-Verfahrens zur Nullstellenbestimmung des quadratischen Polynoms $p: \mathrm{R} \to \mathrm{R}$ mit $p(x) := x^2 - a$ und $a > 0$. Für die Suche nach der Nullstelle von p ergibt sich mit dem

Basistext

Newton-Verfahren wegen $p'(x) = 2x$ bei beliebig vorgegebenem $x_0 > 0$ nämlich das folgende algorithmische Vorgehen:

$$x_{k+1} := x_k - \frac{p(x_k)}{p'(x_k)} = x_k - \frac{x_k^2 - a}{2x_k} = \frac{1}{2}\left(x_k + \frac{a}{x_k}\right) \ , \ k \in \mathbf{N} \ .$$

Für das so entstandene **Heron-Verfahren** gilt nun der folgende Satz.

Satz **Heron-Verfahren**
Es sei $a \in \mathbf{R}$, $a > 0$, beliebig gegeben. Ferner sei der Startwert $x_0 \in \mathbf{R}$ ebenfalls positiv, d.h. $x_0 > 0$. Dann konvergiert die Iterationsfolge $(x_k)_{k \in \mathbf{N}}$ mit den Folgengliedern

$$x_{k+1} := \frac{1}{2}\left(x_k + \frac{a}{x_k}\right) \ , \ k \in \mathbf{N} \ ,$$

gegen $\sqrt{a}$, es gilt also $\lim_{k \to \infty} x_k = \sqrt{a}$.

Beweis Man betrachte die Funktion $\Phi : (0, \infty) \to (0, \infty)$ mit

$$\Phi(x) := \frac{1}{2}\left(x + \frac{a}{x}\right) \ , \ x \in (0, \infty) \ .$$

Wegen

$$\Phi'(x) = \frac{1}{2}\left(1 - \frac{a}{x^2}\right) \ , \ x \in (0, \infty) \ ,$$

ist Φ streng monoton fallend auf $(0, \sqrt{a})$ und streng monoton wachsend auf $(\sqrt{a}, \infty)$. Aus dieser Vorüberlegung folgt für alle $x_0 \in (0, \infty)$ sofort die Abschätzung

$$x_1 := \Phi(x_0) \geq \Phi(\sqrt{a}) = \frac{1}{2}\left(\sqrt{a} + \frac{a}{\sqrt{a}}\right) = \sqrt{a} \ .$$

Da ferner für alle $x_0 \in [\sqrt{a}, \infty)$ die Abschätzung

$$x_1 := \Phi(x_0) = \frac{1}{2}\left(x_0 + \frac{a}{x_0}\right) \leq \frac{1}{2}\left(x_0 + \frac{x_0^2}{x_0}\right) = x_0$$

gilt, handelt es sich bei der Iterationsfolge $(x_k)_{k \in \mathbf{N}}$ mit den Folgengliedern

$$x_{k+1} := \Phi(x_k) = \frac{1}{2}\left(x_k + \frac{a}{x_k}\right) \ , \ k \in \mathbf{N} \ ,$$

Basistext

spätestens ab Index $k = 1$ um eine monoton fallende Folge, die nach unten durch $\sqrt{a}$ beschränkt ist. Nach dem **Monotonie- und Beschränktheitskriterium** für Folgen ist somit die Konvergenz der Folge gesichert. Dass ihr Grenzwert x^* auch gleich $\sqrt{a}$ sein muss, prüft man leicht anhand der vom Grenzwert zu erfüllenden Identität $x^* = \frac{1}{2}(x^* + \frac{a}{x^*})$ nach. □

Beispiel

Gesucht wird eine Näherung für $\sqrt{2}$. Mit dem **Heron-Verfahren** zum Startwert $x_0 := 2$ ergeben sich unter Anwendung der Iterationsvorschrift

$$x_{k+1} := \frac{1}{2}\left(x_k + \frac{2}{x_k}\right), \ k \in \mathbf{N},$$

die folgenden Iterationswerte:

$$k = 0: \quad x_1 = \frac{1}{2}\left(2 + \frac{2}{2}\right) = 1.5,$$

$$k = 1: \quad x_2 = \frac{1}{2}\left(1.5 + \frac{2}{1.5}\right) = 1.41666666\ldots,$$

$$k = 2: \quad x_3 = 1.414215686\ldots,$$

$$k = 3: \quad x_4 = 1.414213562\ldots,$$

$$k = 4: \quad x_5 = 1.414213562\ldots,$$

$$k = 5: \quad x_6 = 1.414213562\ldots.$$

Ein einfacher Java-Code zur Implementierung des Heron-Verfahrens könnte z.B. wie folgt aussehen:

```
double x=x_0,a=given_number;
while (Math.abs(x*x-a)>0.0000001)
{
    x=0.5*(x+a/x);
    System.out.println("Wurzelnäherung:   "+x);
}
```

Die obige Implementierung lässt sich natürlich noch wesentlich verfeinern und effizienter gestalten. Dabei geht man

Basistext

prinzipiell wie folgt vor: Zunächst darf man voraussetzen, dass die Zahl $a \in \mathbf{R}$, $a > 0$, deren Wurzel gesucht wird, auf dem Computer als **Maschinenzahl** Z_a zur Basis $b = 2$ mit Mantissenlänge n_{max} in normalisierter Gleitpunktdarstellung vorliegt,

$$Z_a = z_0 . z_1 z_2 \cdots z_{n_{max}-1} \cdot 2^k ,$$

mit $z_n \in \{0,1\}$ für $n \in \{0,1,\ldots,n_{max}-1\}$ und $z_0 \neq 0$. Falls der Exponent k in der obigen Darstellung gerade ist, dann ist nichts weiter zu tun. Falls der Exponent k in der obigen Darstellung ungerade ist, dann denkt man sich Z_a maschinenintern dargestellt als

$$Z_a = z_0 z_1 . z_2 z_3 \cdots z_{n_{max}-1} \cdot 2^{k-1} ,$$

mit $z_n \in \{0,1\}$ für $n \in \{0,1,\ldots,n_{max}-1\}$ und $z_0 \neq 0$. Die obigen Darstellungen kann man sich nun durch Zusammenfassung von je zwei benachbarten Ziffern der Mantisse in Maschinenzahlen Z_a von a zur Basis $b = 4$ überführt denken, also

$$Z_a = y_0 . y_1 y_2 \cdots y_{m-1} \cdot 4^t ,$$

mit $y_n \in \{0,1,2,3\}$ für $n \in \{0,1,\ldots,m-1\}$ und $y_0 \neq 0$. Zieht man nun die **Wurzel** aus dieser Darstellung, so erhält man in ausgeschriebener Form

$$\sqrt{Z_a} = \sqrt{\sum_{i=0}^{m-1} y_i \cdot 4^{-i}} \cdot 2^t ,$$

d.h. die Wurzelberechnung ist reduziert auf die Berechnung der Wurzel einer Zahl

$$\alpha := \sum_{i=0}^{m-1} y_i \cdot 4^{-i} ,$$

die im Intervall $[1,4)$ liegt.

Basistext

3.3 Heron-Verfahren * 41

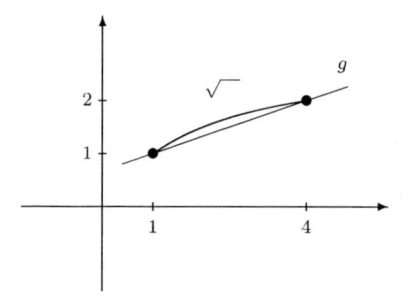

Abb. 3.3-1: Verbessertes Heron-Verfahren.

Bestimmt man nun die **Gerade** $g : \mathbf{R} \to \mathbf{R}$ durch die Punkte $(1, \sqrt{1})^T = (1,1)^T$ und $(4, \sqrt{4})^T = (4,2)^T$ (vgl. Abb. 3.3-1), also

$$g(x) := \frac{2-1}{4-1}(x-1) + 1 = \frac{1}{3}x + \frac{2}{3},$$

so ist es naheliegend, als Startnäherung für das **Heron-Verfahren** den Wert der Gerade an der Stelle α zu nehmen, also

$$x_0 := g(\alpha) = g\left(\sum_{i=0}^{m-1} y_i \cdot 4^{-i}\right).$$

Zu berechnen ist eine Näherung für $\sqrt{1001}$ gemäß obigem Vorgehen, wobei $1001 = 1.001 \cdot 10^3$ eine Zahl in Dezimaldarstellung sei: Beispiel

■ Bestimmung der Maschinenzahl in Dualdarstellung bei Vorgabe der Mantissenlänge 10:

$$Z_{1001} = 1.111101001 \cdot 2^9 = 11.11101001 \cdot 2^8.$$

■ Bestimmung der Maschinenzahl zur Basis 4:

$$Z_{1001} = 3.3221 \cdot 4^4.$$

Basistext

- Bestimmung von x_0, der Einfachheit halber in dezimaler Notation:

$$x_0 = g\left(\frac{1001}{2^8}\right) = \frac{1}{3} \cdot \frac{1001}{256} + \frac{2}{3} = \frac{1513}{768} = 1.970052\ldots\,.$$

- Berechnung einiger Iterationswerte gemäß dem **Heron-Verfahren**, ebenfalls in dezimaler Notation. Man beachte die enorm schnelle Konvergenz aufgrund der Wahl des sehr guten Startwerts:

$$x_0 = 1.970052\ldots,$$
$$x_1 = \frac{1}{2}\left(1.970052\ldots + \frac{1001}{256}\frac{1}{1.970052\ldots}\right) = 1.9774252\ldots,$$
$$x_2 = \frac{1}{2}\left(1.9774253\ldots + \frac{1001}{256}\frac{1}{1.9774253\ldots}\right) = 1.9774115\ldots,$$
$$x_3 = \frac{1}{2}\left(1.9774115\ldots + \frac{1001}{256}\frac{1}{1.9774115\ldots}\right) = 1.9774115\ldots\,.$$

- Multiplikation der letzten Iterierten mit 2^4, welches dual durch einfaches Shiften realisierbar ist:

$$\sqrt{1001} \approx 1.9774115 \cdot 2^4 = 31.638584\,.$$

3.4 Sekanten-Verfahren *

Das Sekanten-Verfahren ist ein Iterationsverfahren zur näherungsweisen Berechnung einer Nullstelle einer stetigen Funktion $f: \mathbb{R} \to \mathbb{R}$. Ausgehend von zwei beliebigen verschiedenen Startwerten $x_0, x_1 \in \mathbb{R}$ ist die Iterationsfolge des Sekanten-Verfahrens definiert als $x_{k+1} := x_k - \left(\frac{f(x_k)-f(x_{k-1})}{x_k-x_{k-1}}\right)^{-1} f(x_k)$ für alle $k \in \mathbb{N}^*$. Unter gewissen Voraussetzungen konvergiert die Folge $(x_k)_{k\in\mathbb{N}}$ gegen eine Nullstelle der Funktion f.

Der Nachteil des **Newton-Verfahrens** (vgl. Wissensbaustein »Newton-Verfahren« (S. 33)) besteht darin, dass die Funktion, deren Nullstelle gesucht wird, differenzierbar sein

3.4 Sekanten-Verfahren *

muss. Handelt es sich bei der zugrunde liegenden Funktion aber lediglich um eine stetige Funktion, muss man das Newton-Verfahren geeignet modifizieren. Eine derartige Modifikation liefert das sogenannte **Sekanten-Verfahren**. Die prinzipielle Idee dieses Verfahrens besteht aus zwei Schritten:

- Wähle zwei verschiedene Startwerte x_0 und x_1 in der Nähe der gesuchten Nullstelle der Funktion f, und bestimme mittels Punkt-Steigungs-Form die Sekante S_{x_0,x_1} an f durch $(x_0, f(x_0))^T$ und $(x_1, f(x_1))^T$.
- Berechne die Nullstelle x_2 der **Sekante** S_{x_0,x_1}. Falls $f(x_2) = 0$ ist, dann ist eine Nullstelle von f gefunden und nichts weiter zu tun. Falls $f(x_1) \neq 0$ ist, beginne von vorne mit x_1 und x_2 anstelle von x_0 und x_1 ... etc.

Sekanten-Verfahren

Wie Abb. 3.4-1 zeigt, ist das Vorgehen geometrisch gesehen nichts anderes, als dass man die komplizierte Funktion f näherungsweise durch eine einfache **Gerade** ersetzt, genauer durch eine **Sekante** an f, deren Nullstelle berechnet, und dieses Vorgehen iteriert. Arbeitet das Newton-Verfahren also mit Tangenten, so arbeitet das Sekanten-Verfahren, wie der Name bereits sagt, mit Sekanten.

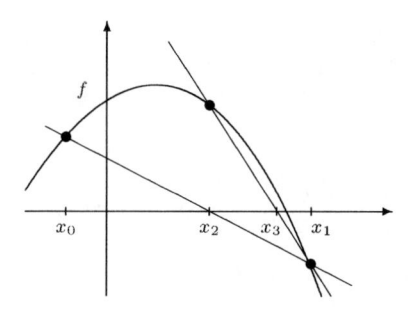

Abb. 3.4-1: Sekanten-Verfahren.

Basistext

analytisches Vorgehen
Die explizite Berechnung der Sekanten an f sowie die Bestimmung ihrer Nullstellen ergibt sich Schritt für Schritt wie folgt:

$$S_{x_0,x_1}(x_2) := f(x_1) + \frac{f(x_1) - f(x_0)}{x_1 - x_0}(x_2 - x_1) = 0,$$

also

$$x_2 = x_1 - \left(\frac{f(x_1) - f(x_0)}{x_1 - x_0}\right)^{-1} f(x_1),$$

sowie im nächsten Schritt

$$S_{x_1,x_2}(x_3) := f(x_2) + \frac{f(x_2) - f(x_1)}{x_2 - x_1}(x_3 - x_2) = 0,$$

also

$$x_3 = x_2 - \left(\frac{f(x_2) - f(x_1)}{x_2 - x_1}\right)^{-1} f(x_2), \text{ etc.}$$

Zusammenfassend ergibt sich also folgender Satz für das **Sekanten-Verfahren**. Man erkennt sehr schön, dass im Vergleich zum Newton-Verfahren (vgl. Wissensbaustein »Newton-Verfahren« (S. 33)) in jedem Schritt lediglich Ableitungen durch Differenzenquotienten ersetzt werden müssen.

Satz
Sekanten-Verfahren
Es sei $f : \mathbf{R} \to \mathbf{R}$ eine zweimal stetig differenzierbare Funktion mit $f(\xi) = 0$ und $f'(\xi) \neq 0$. Dann gibt es ein $\epsilon > 0$, so dass für alle beliebig vorgegebenen Startwerte $x_0, x_1 \in [\xi - \epsilon, \xi + \epsilon]$, $x_0 \neq x_1$, die Iterationsfolge $(x_k)_{k \in \mathbf{N}}$ mit den Folgengliedern

$$x_{k+1} := x_k - \left(\frac{f(x_k) - f(x_{k-1})}{x_k - x_{k-1}}\right)^{-1} f(x_k), \quad k \in \mathbf{N}^*,$$

gegen ξ konvergiert, also $\lim_{k \to \infty} x_k = \xi$ gilt.

Beweis
Zum Beweis sei auf /Locher 93/ oder /Stoer 05a/ verwiesen. □

Basistext

3.4 Sekanten-Verfahren *

Anwendbarkeit des Sekanten-Verfahrens: Grundsätzlich ist das **Sekanten-Verfahren** für jede stetige Funktion f mit einer Nullstelle ξ anwendbar, sofern die Division durch $\frac{f(x_k)-f(x_{k-1})}{x_k-x_{k-1}}$ immer möglich ist. Um Konvergenz zu sichern, braucht man jedoch i. Allg. Zusatzbedingungen an f. Eine relativ restriktive hinreichende Bedingung wurde im obigen Satz angegeben.

Bemerkung

Variante des Sekanten-Verfahrens: Eine Variante des Sekanten-Verfahrens ist die sogenannte **Regula Falsi**, bei der stets Sorge dafür getragen wird, dass $f(x_k) \cdot f(x_{k+1}) < 0$ gilt, d.h. die Nullstelle ξ immer von x_k und x_{k+1} eingeschlossen wird. Der Vorteil dieses Verfahrens im Vergleich zum Sekanten-Verfahren liegt in diesem schrittweisen Einschluss der gesuchten Nullstelle. Der Nachteil besteht darin, dass man eine zusätzliche Abfrage in jedem Iterationsschritt investieren muss.

Bemerkung

Gesucht wird die positive Nullstelle der Funktion $f : \mathbf{R} \to \mathbf{R}$, $f(x) := x^2 - 2$. Mit den Startwerten $x_0 := 0$ und $x_1 := 2$ ergeben sich unter Anwendung der Iterationsvorschrift des **Sekanten-Verfahrens**

$$x_{k+1} := x_k - \left(\frac{(x_k^2-2)-(x_{k-1}^2-2)}{x_k-x_{k-1}} \right)^{-1} (x_k^2-2), \quad k \in \mathbf{N}^*,$$

die folgenden Iterationswerte:

$k = 1:\ x_2 = 2 - \left(\frac{(2^2-2)-(0^2-2)}{2-0} \right)^{-1} (2^2-2) = 1,$

$k = 2:\ x_3 = 1 - \left(\frac{(1^2-2)-(2^2-2)}{1-2} \right)^{-1} (1^2-2) = 1.\overline{3},$

$k = 3:\ x_4 = 1.42857\ldots,$

$k = 4:\ x_5 = 1.41379\ldots,$

$k = 5:\ x_6 = 1.41421\ldots.$

Beispiel

Basistext

Ein einfacher Java-Code zur Implementierung des Sekanten-Verfahrens könnte z.B. wie folgt aussehen:

```
double x=x_0,xx=x_1,xxx;
while (Math.abs(f(x))>0.0000001)
{
    xxx=x-f(x)/((f(xx)-f(x))/(xx-x));
    x=xx; xx=xxx;
    System.out.println("Nullstellennäherung:   "+x);
}
```

3.5 Abstieg-Verfahren *

Das **Abstieg-Verfahren ist ein Iterationsverfahren zur näherungsweisen Berechnung eines Minimums einer differenzierbaren Funktion** $f : \mathrm{R} \to \mathrm{R}$. **Ausgehend von einem beliebigen Startwert** $x_0 \in \mathrm{R}$ **und einem beliebig gewählten Parameter** $\lambda \in \mathrm{R}, \lambda > 0,$ **ist die Iterationsfolge des Abstieg-Verfahrens definiert als** $x_{k+1} := x_k - \lambda f'(x_k)$ **für alle** $k \in \mathrm{N}.$ **Unter gewissen Voraussetzungen konvergiert die Folge** $(x_k)_{k \in \mathrm{N}}$ **gegen ein Minimum der Funktion** $f.$

Abstieg-Verfahren

Beim **Abstieg-Verfahren** handelt es sich um eine iterative Strategie zur **Berechnung eines Minimums** einer differenzierbaren Funktion. Da es sich bei diesem Verfahren wieder um ein **Fixpunkt-Verfahren** handelt, wird erwartungsgemäß der Banachsche Fixpunktsatz benutzt, um hinreichende Konvergenzbedingungen für dieses Verfahren zu formulieren (vgl. Wissensbaustein »Banachscher Fixpunktsatz in R« (S. 27)). Im Folgenden soll zunächst die Idee des Abstieg-Verfahrens motiviert werden.

Es möge $f : \mathrm{R} \to \mathrm{R}$ eine differenzierbare Funktion sein, deren lokales oder globales Minimum gesucht werde. Man stellt sich nun die Frage, was man ausgehend von einem

Basistext

3.5 Abstieg-Verfahren *

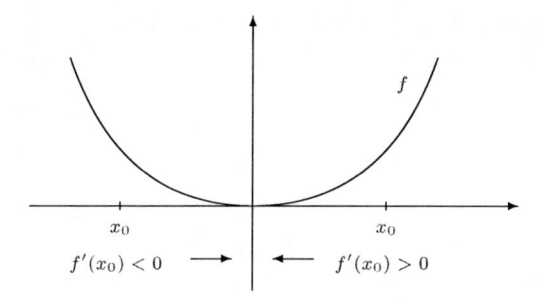

x_0 x_0
$f'(x_0) < 0$ → ← $f'(x_0) > 0$

Abb. 3.5-1: Abstieg-Verfahren.

beliebigen Startwert $x_0 \in \mathbf{R}$ tun kann, um sich in Richtung eines Minimums der gegebenen Funktion zu bewegen. Motiviert durch Abb. 3.5-1 scheint folgende Strategie plausibel zu sein: Falls die Funktion in x_0 wächst, wandere man ein Stück nach links. Falls die Funktion in x_0 fällt, wandere man ein Stück nach rechts. Grundsätzlich ist es also vernünftig, von x_0 aus immer in die Richtung fortzuschreiten, in der die Funktion abnimmt, so dass sich folgende Vorgehensweise anbietet:

- Wähle einen beliebigen Punkt $x_0 \in \mathbf{R}$.
- Falls $f'(x_0) > 0$, gehe ein Stück nach links von x_0.
- Falls $f'(x_0) < 0$, gehe ein Stück nach rechts von x_0.

Formal lässt sich diese Strategie nun wie folgt algorithmisch präzisieren: Wähle $\lambda > 0$ und $x_0 \in \mathbf{R}$ beliebig. Dann iteriere gemäß

$$x_{k+1} := x_k - \lambda f'(x_k), \quad k \in \mathbf{N}.$$

Der vor dem Start des obigen Algorithmus zu wählende Parameter λ kann als Skalierungsmaß für die Größe der jeweiligen Korrekturen der Iterationswerte verstanden werden. Ist λ sehr groß, dann wird massiv korrigiert. Ist λ sehr klein, so wird kaum noch korrigiert.

Basistext

Beispiel Es sei $f : \mathbf{R} \to \mathbf{R}$ gegeben als $f(x) := x^2$. Wegen $f'(x) = 2x$ lautet der Algorithmus des **Abstieg-Verfahrens** hier für $\lambda > 0$ fest:

$$x_0 \in \mathbf{R},$$

$$x_{k+1} := x_k - 2\lambda x_k, \quad k \in \mathbf{N}.$$

Es werden nun vier verschiedene Fälle für λ betrachtet, wobei als Startwert der Iterationsfolge stets $x_0 := -1$ gewählt wird. Im ersten Fall sei $\lambda := 2$. Man erhält dann die Iterationswerte

$$x_0 = -1,$$
$$x_1 = -1 - 2 \cdot 2 \cdot (-1) = 3,$$
$$x_2 = 3 - 2 \cdot 2 \cdot 3 = -9,$$
$$x_3 = -9 - 2 \cdot 2 \cdot (-9) = 27,$$
$$x_4 = 27 - 2 \cdot 2 \cdot 27 = -81,$$
$$\vdots$$
$$x_k = (-1)^{k+1} 3^k, \quad k \in \mathbf{N}.$$

Offenbar divergiert die Iterationsfolge unbestimmt gegen $\pm\infty$ (allgemein: für Startwerte $x_0 \in \mathbf{R} \setminus \{0\}$ unbestimmt divergierend). Es liegt also **keine Konvergenz** vor! Im zweiten Fall sei $\lambda := 1$. Hier ergibt sich

$$x_0 = -1,$$
$$x_1 = -1 - 2 \cdot 1 \cdot (-1) = 1,$$
$$x_2 = 1 - 2 \cdot 1 \cdot 1 = -1,$$
$$x_3 = -1 - 2 \cdot 1 \cdot (-1) = 1,$$
$$x_4 = 1 - 2 \cdot 1 \cdot 1 = -1,$$
$$\vdots$$
$$x_k = (-1)^{k+1}, \quad k \in \mathbf{N}.$$

Offenbar springt die Iterationsfolge zyklisch zwischen -1 und 1 hin und her (allgemein: für Startwerte $x_0 = a \in \mathbf{R} \setminus \{0\}$

Basistext

3.5 Abstieg-Verfahren *

zyklisch zwischen $-a$ und a). Es liegt also **keine Konvergenz** vor! Der nächste Fall sei durch $\lambda := \frac{1}{2}$ gegeben. Hier erhält man

$$x_0 = -1,$$
$$x_1 = -1 - (-1) = 0,$$
$$x_2 = 0 - 0 = 0,$$
$$\vdots$$
$$x_k = 0, \quad k \in \mathbf{N}^*.$$

Offenbar terminiert die Iterationsfolge nach einem Schritt auf der Lösung (allgemein: für alle Startwerte $x_0 \in \mathbf{R}$ terminierend). Es liegt also insbesondere **Konvergenz** vor! Im letzten Fall sei $\lambda := \frac{1}{4}$. Dann ergibt sich die Iterationsfolge

$$x_0 = -1,$$
$$x_1 = -1 - \frac{1}{2} \cdot (-1) = -\frac{1}{2},$$
$$x_2 = -\frac{1}{2} - \frac{1}{2} \cdot (-\frac{1}{2}) = -\frac{1}{4},$$
$$x_3 = -\frac{1}{4} - \frac{1}{2} \cdot (-\frac{1}{4}) = -\frac{1}{8},$$
$$\vdots$$
$$x_k = -\frac{1}{2^k}, \quad k \in \mathbf{N}.$$

Offenbar konvergiert die Iterationsfolge für $k \to \infty$ gegen die Lösung (allgemein: für alle Startwerte $x_0 \in \mathbf{R}$ konvergierend). Es liegt also **Konvergenz** vor!

Schon das obige sehr einfache Beispiel zeigt, dass der Algorithmus mit einiger Vorsicht zu genießen ist. Ehe eine auf dem **Banachschen Fixpunktsatz** beruhende **hinreichende Konvergenzbedingung** angegeben wird, soll nach der vollständigen Definition des **Abstieg-Verfahrens** im anschließenden Satz zunächst allgemein festgehalten

Basistext

werden, welche Konsequenzen die Konvergenz der Iterationsfolge des Abstieg-Verfahrens hat.

Definition **Abstieg-Verfahren**
Es sei $f : \mathbf{R} \to \mathbf{R}$ eine differenzierbare Funktion mit stetiger Ableitung. Ferner möge f ein (lokales) Minimum besitzen und $\lambda > 0$ beliebig und fest gegeben sein. Dann nennt man das der Minimum-Suche dienende Vorgehen

$$x_0 \in \mathbf{R} \quad \text{beliebig gewählt,}$$
$$x_{k+1} := x_k - \lambda f'(x_k) \,, \quad k \in \mathbf{N} \,,$$

ein **Abstieg-Verfahren**.

Satz **Eigenschaften des Abstieg-Verfahrens**
Es sei $f : \mathbf{R} \to \mathbf{R}$ eine differenzierbare Funktion mit stetiger Ableitung sowie $(x_k)_{k \in \mathbf{N}}$ eine Iterationsfolge, die durch ein Abstieg-Verfahren zum Parameter $\lambda > 0$ und Startwert $x_0 \in \mathbf{R}$ generiert wurde. Dann gelten die folgenden beiden Aussagen:

■ Wenn das Abstieg-Verfahren eine konvergente Folge $(x_k)_{k \in \mathbf{N}}$ liefert, dann ist ihr Grenzwert $x^* \in \mathbf{R}$ ein Punkt mit $f'(x^*) = 0$.
■ Wenn das Abstieg-Verfahren eine konvergente Folge $(x_k)_{k \in \mathbf{N}}$ mit Grenzwert $x^* \in \mathbf{R}$ liefert und f genau ein lokales Minimum x_{min} besitzt sowie f' nur eine Nullstelle hat, dann gilt $x^* = x_{min}$.

Beweis Es seien $\lambda > 0$ und $x_0 \in \mathbf{R}$ beliebig gegeben, und die entstehende Iterationsfolge $(x_k)_{k \in \mathbf{N}}$ des Abstieg-Verfahrens sei konvergent gegen $x^* \in \mathbf{R}$. Dann gilt aufgrund der **Stetigkeit der Ableitung** von f sofort

$$\begin{array}{ccccc} x_{k+1} & = & x_k & - & \lambda f'(x_k), \quad k \in \mathbf{N}, \\ \downarrow & & \downarrow & & \downarrow \quad\quad \downarrow \\ x^* & = & x^* & - & \lambda f'(x^*), \quad (k \to \infty). \end{array}$$

Basistext

Aus der im Grenzwert geltenden Gleichung folgt sofort $f'(x^*) = 0$ und daraus unmittelbar die Behauptungen. □

Der obige Satz gibt zwar schon einige positive Aussagen für das Abstieg-Verfahren her, setzt aber bereits voraus, dass es sich bei der durch das Verfahren erzeugten Folge $(x_k)_{k \in \mathbb{N}}$ um eine konvergente Folge handelt. Interessant wären nun natürlich **hinreichende Bedingungen** an f, x_0 und λ, die garantieren, dass eine konvergente Folge $(x_k)_{k \in \mathbb{N}}$ entsteht. Genau um die Herleitung solcher hinreichender Bedingungen wird es im folgenden Satz gehen, der auf dem **Banachschen Fixpunktsatz** (vgl. Wissensbaustein »Banachscher Fixpunktsatz in R« (S. 27)) beruht.

Konvergenzbedingungen für Abstieg-Verfahren   Satz

Es sei $f : \mathbb{R} \to \mathbb{R}$ eine differenzierbare Funktion mit stetiger Ableitung sowie der Parameter $\lambda \in \mathbb{R}$, $\lambda > 0$, beliebig und fest vorgegeben. Falls nun für die Funktion $\Phi_\lambda : \mathbb{R} \to \mathbb{R}$,

$$\Phi_\lambda(x) := x - \lambda f'(x),$$

ein $K \in [0,1)$ sowie ein nichtleeres abgeschlossenes Intervall $[a,b] \subseteq \mathbb{R}$ existiert, so dass Φ_λ eine **kontrahierende Selbstabbildung** bezüglich $[a,b]$ mit **Kontraktionszahl** K ist, also

$$x \in [a,b] \implies \Phi_\lambda(x) \in [a,b],$$
$$x, y \in [a,b] \implies |\Phi_\lambda(x) - \Phi_\lambda(y)| \leq K |x - y|,$$

erfüllt ist, dann gelten folgende Aussagen:

- Es gibt genau ein $x^* \in [a,b]$ mit $f'(x^*) = 0$ und x^* ist ein lokales Minimum von f, d.h. die **Existenz und Eindeutigkeit eines Minimums** ist gesichert.
- Für alle Startwerte $x_0 \in [a,b]$ konvergiert die durch $x_{k+1} := \Phi_\lambda(x_k)$, $k \in \mathbb{N}$, generierte Folge gegen x^*, d.h. die **Konvergenz des Abstieg-Verfahrens** ist gesichert.

Basistext

■ Für jede durch die obige Fixpunktiteration erzeugte Folge $(x_k)_{k \in \mathbb{N}}$ gelten die beiden **a-priori- und a-posteriori-Fehlerabschätzungen**

$$|x^* - x_k| \leq \frac{K^k}{1-K} |x_1 - x_0| \quad \text{(a-priori)},$$

$$|x^* - x_k| \leq \frac{K}{1-K} |x_k - x_{k-1}| \quad \text{(a-posteriori)}.$$

Beweis   Der Beweis ergibt sich unmittelbar aus dem **Banachschen Fixpunktsatz**. Man hat lediglich zu berücksichtigen, dass die Äquivalenz

$$\Phi_\lambda(x^*) = x^* \iff f'(x^*) = 0$$

gilt. Dass x^* ein Minimum ist, folgt schließlich aus den aufgrund der Selbstabbildungseigenschaft von Φ_λ geltenden Implikationen

$$\Phi_\lambda(a) \geq a \implies a - \lambda f'(a) \geq a \implies f'(a) \leq 0,$$
$$\Phi_\lambda(b) \leq b \implies b - \lambda f'(b) \leq b \implies f'(b) \geq 0,$$

sowie einigen elementaren Argumenten für stetig differenzierbare Funktionen. □

Beispiel   Es soll mit dem **Abstieg-Verfahren** das Minimum der Funktion $f : \mathbb{R} \to \mathbb{R}$, $f(x) := x^2$, bestimmt werden. Wählt man nun $\lambda := \frac{1}{4}$ und $[a,b] := [-1,1]$, dann kann man zeigen, dass die Funktion $\Phi_{\frac{1}{4}} : \mathbb{R} \to \mathbb{R}$,

$$\Phi_{\frac{1}{4}}(x) := x - \frac{1}{4} 2x = \frac{1}{2} x,$$

bezüglich $[-1,1]$ eine **kontrahierende Selbstabbildung** ist. Wegen

$$x \in [-1,1] \implies \frac{1}{2} x \in [-1,1]$$

Basistext

ist die **Selbstabbildungseigenschaft** klar. Da für alle $x, y \in [-1, 1]$ aber auch

$$\left|\Phi_{\frac{1}{4}}(x) - \Phi_{\frac{1}{4}}(y)\right| = \left|\frac{1}{2}x - \frac{1}{2}y\right| = \frac{1}{2}|x - y|$$

gilt, folgt auch die Kontraktionseigenschaft von $\Phi_{\frac{1}{4}}$ bezüglich $[-1, 1]$ mit Kontraktionszahl $K := \frac{1}{2}$. Damit ist die Konvergenz des Abstieg-Verfahrens

$$x_0 \in [-1, 1] \quad \text{beliebig},$$
$$x_{k+1} = \Phi_{\frac{1}{4}}(x_k), \quad k \in \mathbb{N},$$

gesichert. Als Fehlerabschätzungen erhält man

$$|x^* - x_k| \le \left(\frac{1}{2}\right)^{k-1} |x_1 - x_0| \quad \text{(a-priori)},$$
$$|x^* - x_k| \le |x_k - x_{k-1}| \quad \text{(a-posteriori)}.$$

3.6 Dividierte-Differenzen-Verfahren *

Das **Dividierte-Differenzen-Verfahren** ordnet einer **Menge von Punkten** $(x_k, y_k)^T \in \mathbb{R}^2$, $0 \le k \le n$, **mit eng benachbarten und etwa äquidistanten Stützstellen** $x_0 < x_1 < \cdots < x_n$ **Näherungen für die Ableitungen verschiedener Ordnung einer Funktion f zu, die man sich durch diese Punkte verlaufend denken kann. Genauer gilt** $f^{(l)}(x_k) \approx l! \; [y_k, y_{k+1}, \ldots, y_{k+l}]$, $0 \le k \le n-l$, $0 \le l \le n$.

Bei der **Analyse von Datensätzen** (Börsendaten, Messdaten, Statistiken etc.) ist es häufig so, dass man in möglichst automatisierter Form verlässliche Informationen über signifikante Veränderungen erhalten möchte. Neben

Analyse von Datensätzen

Basistext

der **Steigung** (zunehmende/abnehmende Werte) spielt hier z.B. auch die **zweite Ableitung** (zunehmende/abnehmende Steigung) eine zentrale Indikatorrolle. Es soll deshalb im Folgenden eine Technik vorgestellt werden, mit der man diskreten Daten in sinnvoller Weise Ableitungsnäherungen höherer Ordnung zuordnen kann. Dazu sei eine Menge von Punkten $(x_k, y_k)^T \in \mathbf{R}^2$, $0 \leq k \leq n$, mit eng benachbarten $x_0 < x_1 < \cdots < x_n$ gegeben, die auch etwa gleichen Abstand voneinander haben sollen, also $x_1 - x_0 \approx x_2 - x_1 \approx \cdots \approx x_n - x_{n-1}$ (vgl. Abb. 3.6-1).

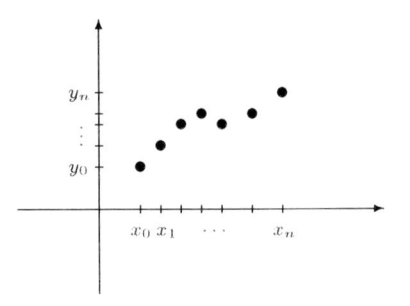

Abb. 3.6-1: Daten für Dividierte-Differenzen-Verfahren.

Nimmt man nun an, dass durch die so gegebenen Punkte eine nicht bekannte Funktion f verläuft, die beliebig oft differenzierbar ist, dann lässt sich z.B. die Ableitung von f in x_k, $0 \leq k \leq n - 1$, näherungsweise wie folgt berechnen:

$$f'(x_k) = \lim_{r \to \infty} \frac{f(x_k + \frac{1}{r}) - f(x_k)}{x_k + \frac{1}{r} - x_k} \approx \frac{f(x_{k+1}) - f(x_k)}{x_{k+1} - x_k}$$

$$= \frac{y_{k+1} - y_k}{x_{k+1} - x_k} =: [y_k, y_{k+1}] \; .$$

dividierte Differenzen

Die oben definierte eckige Klammer mit zwei Argumenten $[y_k, y_{k+1}]$ wird **dividierte Differenz erster Ordnung** genannt. Eigentlich müssten als Argumente der dividierten Differenz auch noch x_k und x_{k+1} mit angegeben werden. Um

Basistext

3.6 Dividierte-Differenzen-Verfahren *

den Aufschrieb jedoch übersichtlich zu halten, wird darauf verzichtet. Entsprechend kann man für die zweite Ableitung von f in x_k für $0 \leq k \leq n-2$ vorgehen:

$$\begin{aligned} f''(x_k) &= \lim_{r \to \infty} \frac{f'(x_k + \frac{1}{r}) - f'(x_k)}{x_k + \frac{1}{r} - x_k} \approx \frac{f'(x_{k+1}) - f'(x_k)}{x_{k+1} - x_k} \\ &\approx \frac{\frac{f(x_{k+2}) - f(x_{k+1})}{x_{k+2} - x_{k+1}} - \frac{f(x_{k+1}) - f(x_k)}{x_{k+1} - x_k}}{x_{k+1} - x_k} \\ &= \frac{\frac{y_{k+2} - y_{k+1}}{x_{k+2} - x_{k+1}} - \frac{y_{k+1} - y_k}{x_{k+1} - x_k}}{x_{k+1} - x_k} \cdot \frac{1}{x_{k+2} - x_k} \\ &\approx 2 \frac{[y_{k+1}, y_{k+2}] - [y_k, y_{k+1}]}{x_{k+2} - x_k} =: 2 [y_k, y_{k+1}, y_{k+2}] \ . \end{aligned}$$

Die oben definierte eckige Klammer mit drei Argumenten $[y_k, y_{k+1}, y_{k+2}]$ wird **dividierte Differenz zweiter Ordnung** genannt. Eigentlich müssten als Argumente der dividierten Differenz auch noch x_k, x_{k+1} und x_{k+2} mit angegeben werden. Um den Aufschrieb jedoch übersichtlich zu halten, wird darauf wieder verzichtet. Allgemein kann man nun zur näherungsweisen Bestimmung einer l-ten Ableitung von f in x_k für $0 \leq k \leq n-l$ rekursiv wie folgt schließen (Induktionsprinzip):

$$\begin{aligned} f^{(l)}(x_k) &= \lim_{r \to \infty} \frac{f^{(l-1)}(x_k + \frac{1}{r}) - f^{(l-1)}(x_k)}{x_k + \frac{1}{r} - x_k} \approx \frac{f^{(l-1)}(x_{k+1}) - f^{(l-1)}(x_k)}{x_{k+1} - x_k} \\ &\approx \frac{x_{k+l} - x_k}{x_{k+1} - x_k} \cdot \frac{(l-1)! \, [y_{k+1}, \ldots, y_{k+l}] - (l-1)! \, [y_k, \ldots, y_{k+l-1}]}{x_{k+l} - x_k} \\ &\approx l \frac{(l-1)! \, [y_{k+1}, \ldots, y_{k+l}] - (l-1)! \, [y_k, \ldots, y_{k+l-1}]}{x_{k+l} - x_k} \\ &= l! \frac{[y_{k+1}, \ldots, y_{k+l}] - [y_k, \ldots, y_{k+l-1}]}{x_{k+l} - x_k} =: l! \, [y_k, y_{k+1}, \ldots, y_{k+l}] \ . \end{aligned}$$

Die oben definierte eckige Klammer mit $l+1$ Argumenten $[y_k, y_{k+1}, \ldots, y_{k+l}]$ wird **dividierte Differenz l-ter Ordnung** genannt. Multipliziert man sie mit $l!$, so erhält man eine Näherung für die l-te Ableitung von f in der Nähe von x_k, wobei die Näherung umso besser wird, je enger die beteiligten Punkte $x_k, x_{k+1}, \ldots, x_l$ zusammen liegen. In der folgenden Definition wird das prinzipielle Vorgehen beim **Dividierte-**

Basistext

Differenzen-Verfahren nochmals im Zusammenhang festgehalten.

Definition

Dividierte-Differenzen-Verfahren
Es sei eine Menge von Punkten $(x_k, y_k)^T \in \mathbf{R}^2$, $0 \leq k \leq n$, mit eng benachbarten und etwa äquidistanten sogenannten **Stützstellen** $x_0 < x_1 < \cdots < x_n$ gegeben. Bezeichnet nun $f : \mathbf{R} \to \mathbf{R}$ eine fiktive, beliebig oft differenzierbare Funktion mit $f(x_k) = y_k$, $0 \leq k \leq n$, dann definiert man als Ersatz für die unbekannte l-te Ableitung von f im Punkt x_k die Näherung

$$f^{(l)}(x_k) \approx l!\,[y_k, y_{k+1}, \ldots, y_{k+l}]\ ,\ \ 0 \leq k \leq n-l,\ 0 \leq l \leq n\ .$$

Dabei berechnen sich die in der obigen Näherung auftauchenden sogenannten **dividierten Differenzen** rekursiv gemäß folgendem Algorithmus

for (int k=0; k<=n; k++) {$[y_k] := y_k$;} //Initialisierung
for (int l=1; l<=n; l++)
for (int k=0; k<=n-l; k++)
{
$$[y_k, y_{k+1}, \ldots, y_{k+l}] := \frac{[y_{k+1}, \ldots, y_{k+l}] - [y_k, \ldots, y_{k+l-1}]}{x_{k+l} - x_k};$$
}

Die Motivation für die Definition und die Plausibilität der angegebenen Rekursion wurden bereits skizziert. Auf weitere Details sowie genaue quantitative Aussagen soll verzichtet werden.

Handrechnungsschema

Für die Berechnung der dividierten Differenzen von Hand bietet sich das in Abb. 3.6-2 skizzierte **Dividierte-Differenzen-Schema** an.

Basistext

3.6 Dividierte-Differenzen-Verfahren *

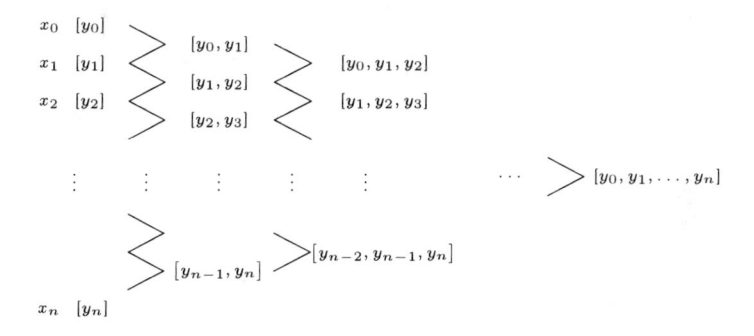

x_0 [y_0]
$\quad\quad\quad$ [y_0, y_1]
x_1 [y_1] $\quad\quad\quad\quad\quad\quad$ [y_0, y_1, y_2]
$\quad\quad\quad$ [y_1, y_2]
x_2 [y_2] $\quad\quad\quad\quad\quad\quad$ [y_1, y_2, y_3]
$\quad\quad\quad$ [y_2, y_3]

$\quad\quad\quad\quad\quad\quad\quad\quad\quad\quad\quad\quad$ $\cdots$ $\quad$ [$y_0, y_1, \ldots, y_n$]

$\quad\quad\quad\quad\quad$ [y_{n-1}, y_n] $\quad$ [y_{n-2}, y_{n-1}, y_n]

x_n [y_n]

Abb. 3.6-2: Dividierte-Differenzen-Schema.

Um die Qualität des **Dividierte-Differenzen-Verfahrens** zu überprüfen, sei hier die Funktion

$$f: \mathbf{R} \to \mathbf{R},$$
$$x \mapsto e^{x^2},$$

Beispiel

vorgegeben sowie basierend auf ihr die diskreten Punkte definiert als

$$(x_k, y_k)^T := (kh_i, f(kh_i))^T, \quad 0 \leq k \leq 3, \; 1 \leq i \leq 3.$$

Dabei seien die sogenannten Schrittweiten h_i festgesetzt auf $h_1 := 0.1$, $h_2 := 0.01$ und $h_3 := 0.001$. Zunächst kann man in diesem Fall die **korrekten Ableitungen** z.B. im Nullpunkt leicht direkt bestimmen gemäß

$$f'(x) = 2xe^{x^2} \Rightarrow f'(0) = 0,$$
$$f''(x) = 2e^{x^2} + 4x^2 e^{x^2} \Rightarrow f''(0) = 2,$$
$$f'''(x) = 4xe^{x^2} + 8xe^{x^2} + 8x^3 e^{x^2} \Rightarrow f'''(0) = 0.$$

Basistext

Als Näherungen für diese Ableitungen ergeben sich nun basierend auf dem **Dividierte-Differenzen-Schema** für $h_1 = 0.1$

0.0 1.00

$$\frac{1.01\ldots - 1.0}{0.1 - 0.0} = 0.10\ldots$$

0.1 1.01...

$$\frac{0.30\ldots - 0.10\ldots}{0.2 - 0.0} = 1.03\ldots$$

$$\frac{1.04\ldots - 1.01\ldots}{0.2 - 0.1} = 0.30\ldots$$

$$\underbrace{\frac{1.13\ldots - 1.03\ldots}{0.3 - 0.0}}_{= 0.31\ldots}$$

0.2 1.04...

$$\frac{0.53\ldots - 0.30\ldots}{0.3 - 0.1} = 1.13\ldots$$

$$\frac{1.09\ldots - 1.04\ldots}{0.3 - 0.2} = 0.53\ldots$$

0.3 1.09...

also

$$f'(0) \approx 1! \cdot \mathbf{0.10}\ldots = 0.10\ldots,$$
$$f''(0) \approx 2! \cdot \mathbf{1.03}\ldots = 2.07\ldots,$$
$$f'''(0) \approx 3! \cdot \mathbf{0.31}\ldots = 1.89\ldots.$$

Entsprechend ergibt sich für $h_2 = 0.01$

0.00 1.0000

0.01000...

0.01 1.0001...   1.00035...

0.03000...   0.03001...

0.02 1.0004...   1.00125...

0.05003...

0.03 1.0009...

also

$$f'(0) \approx 1! \cdot \mathbf{0.01000}\ldots = 0.01000\ldots,$$
$$f''(0) \approx 2! \cdot \mathbf{1.00035}\ldots = 2.00070\ldots,$$
$$f'''(0) \approx 3! \cdot \mathbf{0.03001}\ldots = 0.18009\ldots,$$

Basistext

3.6 Dividierte-Differenzen-Verfahren * 59

und schließlich für $h_3 = 0.001$

```
0.000  1.000000
                    0.0010000...
0.001  1.000001...                    1.0000035...
                    0.0030000...                    0.0030000...
0.002  1.000004...                    1.0000125...
                    0.0050000...
0.003  1.000009...
```

also

$$f'(0) \approx 1! \cdot 0.0010000\ldots = 0.0010000\ldots,$$
$$f''(0) \approx 2! \cdot 1.0000035\ldots = 2.0000070\ldots,$$
$$f'''(0) \approx 3! \cdot 0.0030000\ldots = 0.0180002\ldots.$$

Man erkennt erwartungsgemäß, dass die Resultate umso besser werden, je enger die zur näherungsweisen Berechnung herangezogenen Punkte aneinander liegen.

Ein einfacher Java-Code zur Berechnung der dividierten Differenzen könnte etwa wie folgt aussehen, wobei das Feld-Element $d[k][l]$ zu identifizieren ist mit der dividierten Differenz $[y_k, y_{k+1}, \ldots, y_{k+l}]$ und lediglich die Feld-Elemente für $0 \leq l \leq n$ und $0 \leq k \leq n - l$ von Interesse sind.

```java
public double[][] div_dif(double[] x, double[] y)
{
    int n=x.length-1;
    double[][] d = new double[n+1][n+1];
    for(int k=0;k<=n;k++) d[k][0]=y[k];
    for(int l=1;l<=n;l++)
    {
        for(int k=0;k<=n-l;k++)
        {
            d[k][l]=(d[k+1][l-1]-d[k][l-1])/(x[k+l]-x[k]);
        }
    }
    return d;
}
```

Basistext

Bemerkung

Vorwärts genommene Differenzen: Die in diesem Wissensbaustein diskutierten Differenzen werden bisweilen auch genauer als **vorwärts genommene dividierte Differenzen** bezeichnet. Neben ihnen gibt es auch noch **zentrale und rückwärts genommene dividierte Differenzen**. Hinsichtlich weiterer Details sei z.B. auf /Schwarz 04/ und die dort angegebenen Literaturhinweise verwiesen.

3.7 Trapez- und Simpson-Regel *

Die Trapez-Regel ordnet einer integrierbaren Funktion $f : [a, b] \to \mathbb{R}$ eine Näherung für ihr Integral über $[a, b]$ zu gemäß

$$\int_a^b f(x)\,dx \approx (b-a)\left(\frac{1}{2}f(a) + \frac{1}{2}f(b)\right) .$$

Eine Verbesserung der Trapez-Regel stellt die Simpson-Regel dar, die die Integralnäherung

$$\int_a^b f(x)\,dx \approx (b-a)\left(\frac{1}{6}f(a) + \frac{2}{3}f\left(\frac{a+b}{2}\right) + \frac{1}{6}f(b)\right)$$

liefert.

Näherung des Integrals

Eines der wichtigsten Probleme in der numerischen Mathematik ist die Bestimmung der **Näherung des Integrals** einer gegebenen integrierbaren Funktion f über einem vorgegebenen Intervall $[a, b]$. Ein erster und sehr einfacher Schritt zur Bestimmung einer derartigen Näherung ist der folgende: Man ersetzt f durch ein Polynom p vom Höchstgrad 1 (Gerade), welches durch die Punkte $(a, f(a))^T$ und $(b, f(b))^T$ verläuft, und berechnet ersatzweise das **Integral dieses Polynoms** über $[a, b]$ (vgl. Abb. 3.7-1).

Basistext

3.7 Trapez- und Simpson-Regel *

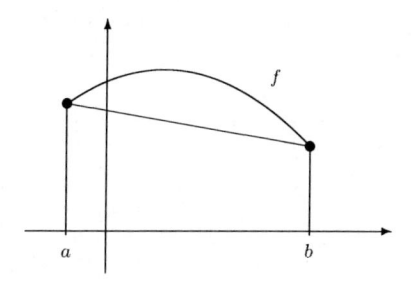

Abb. 3.7-1: Trapez-Regel.

Da sich das Polynom p z.B. in **Zwei-Punkte-Darstellung** schreiben lässt als

Berechnung der Gerade

$$p(x) = f(a)\frac{b-x}{b-a} + f(b)\frac{x-a}{b-a}, \quad x \in [a,b],$$

liefert die Integration über $[a,b]$ sofort

$$\int_a^b p(x)dx = \int_a^b \left(f(a)\frac{b-x}{b-a} + f(b)\frac{x-a}{b-a}\right) dx$$

$$= \left[f(a)\frac{bx - \frac{1}{2}x^2}{b-a} + f(b)\frac{\frac{1}{2}x^2 - ax}{b-a}\right]_a^b$$

$$= \left(f(a)\frac{b^2 - \frac{1}{2}b^2}{b-a} + f(b)\frac{\frac{1}{2}b^2 - ab}{b-a}\right)$$

$$\quad - \left(f(a)\frac{ba - \frac{1}{2}a^2}{b-a} + f(b)\frac{\frac{1}{2}a^2 - a^2}{b-a}\right)$$

$$= f(a)\frac{\frac{1}{2}(b-a)^2}{b-a} + f(b)\frac{\frac{1}{2}(b-a)^2}{b-a}$$

$$= (b-a)\left(\frac{1}{2}f(a) + \frac{1}{2}f(b)\right).$$

Man kommt auf diese Weise zur sogenannten **Trapez-Regel**,

$$\int_a^b f(x)\,dx \approx (b-a)\left(\frac{1}{2}f(a) + \frac{1}{2}f(b)\right),$$

Trapez-Regel

Basistext

die man sich natürlich, wie durch den Namen bereits zu erkennen ist, auch einfach als **Flächeninhalt des Trapezes** herleiten kann, welches durch die Gerade, die x-Achse sowie die parallelen Seitenbegrenzungen entsteht.

Beispiel

Das Integral

$$\int_0^1 e^x \, dx$$

soll sowohl **exakt**, als auch näherungsweise mit der **Trapez-Regel** berechnet werden. Bei **exakter Rechnung** ergibt sich

$$\int_0^1 e^x \, dx = [e^x]_0^1 = e - 1 = 1.718281\ldots.$$

Mit Hilfe der **Trapez-Regel** erhält man

$$\int_0^1 e^x \, dx \approx (1-0)\left(\frac{1}{2}e^0 + \frac{1}{2}e^1\right) = 1.85914\ldots.$$

Die Näherung ist also durchaus akzeptabel.

Die Trapez-Regel liefert natürlich insbesondere für stark gekrümmte Funktionen keine besonders guten Näherungen, so dass es nahe liegt, statt einer geradlinigen Annäherung an die zu integrierende Funktion f mit einer **parabelförmigen Näherung** zu arbeiten. Konkret bestimmt man also zur näherungsweisen Integration von f über $[a,b]$ ein Polynom p vom Höchstgrad 2 (Parabel), welches durch die Punkte $(a, f(a))^T$, $(\frac{a+b}{2}, f(\frac{a+b}{2}))^T$ und $(b, f(b))^T$ verläuft, und berechnet ersatzweise das **Integral dieses Polynoms** über $[a,b]$ (vgl. Abb. 3.7-2).

Berechnung der Parabel

Die **Berechnung der Parabel** p ist nun etwas schwieriger als die Berechnung der Gerade bei der Trapez-Regel. Lässt

Basistext

3.7 Trapez- und Simpson-Regel *

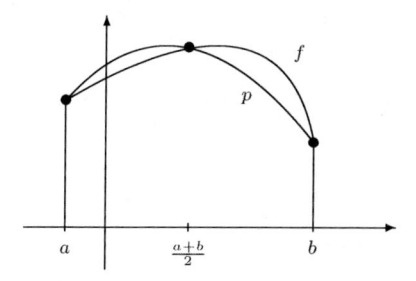

Abb. 3.7-2: Simpson-Regel.

man sich jedoch von dem dortigen Vorgehen leiten, so kann man zunächst p ansetzen als

$$p(x) = f(a)\frac{b-x}{b-a} + \alpha(x-a)(x-b) + f(b)\frac{x-a}{b-a} \, , \quad x \in [a,b] \, ,$$

mit unbekanntem $\alpha \in \mathbf{R}$. Wegen $p(a) = f(a)$ und $p(b) = f(b)$ erfüllt das quadratische Polynom p bereits zwei Forderungen. Die dritte Bedingung $p\left(\frac{a+b}{2}\right) = f\left(\frac{a+b}{2}\right)$ induziert eine Bestimmungsgleichung für den noch unbekannten Parameter $\alpha \in \mathbf{R}$. Man erhält so die Gleichung

$$f(a)\frac{b-\frac{a+b}{2}}{b-a} + \alpha\left(\frac{a+b}{2} - a\right)\left(\frac{a+b}{2} - b\right) + f(b)\frac{\frac{a+b}{2}-a}{b-a} = f\left(\frac{a+b}{2}\right)$$

bzw.

$$\frac{1}{2}f(a) - \alpha\frac{1}{4}(b-a)^2 + \frac{1}{2}f(b) = f\left(\frac{a+b}{2}\right) \, ,$$

woraus sich sofort

$$\alpha = \frac{2f(a) - 4f\left(\frac{a+b}{2}\right) + 2f(b)}{(b-a)^2}$$

ergibt. Damit ist p vollständig bestimmt und die Integration von p über $[a,b]$ liefert mit dem bereits von der Trapez-Regel bekannten Ergebnis

Basistext

3 Numerische Näherungsverfahren *

$$\int_a^b p(x)\,dx$$

$$= \int_a^b \left(f(a)\frac{b-x}{b-a} + \left(\frac{2f(a) - 4f\left(\frac{a+b}{2}\right) + 2f(b)}{(b-a)2} \right)(x-a)(x-b) \right.$$

$$\left. + f(b)\frac{x-a}{b-a} \right) dx$$

$$= (b-a)\left(\frac{1}{2}f(a) + \frac{1}{2}f(b)\right)$$

$$+ \left[\left(\frac{2f(a) - 4f\left(\frac{a+b}{2}\right) + 2f(b)}{(b-a)^2} \right)\left(\frac{1}{3}x^3 - \frac{1}{2}ax^2 - \frac{1}{2}bx^2 + abx\right) \right]_a^b$$

$$= (b-a)\left(\frac{1}{2}f(a) + \frac{1}{2}f(b)\right)$$

$$+ \left(\frac{2f(a) - 4f\left(\frac{a+b}{2}\right) + 2f(b)}{(b-a)^2} \right)\left(\frac{1}{3}b^3 - \frac{1}{2}ab^2 - \frac{1}{2}b^3 + ab^2\right)$$

$$- \left(\frac{2f(a) - 4f\left(\frac{a+b}{2}\right) + 2f(b)}{(b-a)^2} \right)\left(\frac{1}{3}a^3 - \frac{1}{2}a^3 - \frac{1}{2}ba^2 + a^2b\right)$$

$$= (b-a)\left(\frac{1}{2}f(a) + \frac{1}{2}f(b)\right)$$

$$+ \left(\frac{2f(a) - 4f\left(\frac{a+b}{2}\right) + 2f(b)}{(b-a)^2} \right)\left(\frac{1}{6}a^3 - \frac{1}{2}a^2b + \frac{1}{2}ab^2 - \frac{1}{6}b^3\right)$$

$$= (b-a)\left(\frac{1}{2}f(a) + \frac{1}{2}f(b)\right) + \left(\frac{2f(a) - 4f\left(\frac{a+b}{2}\right) + 2f(b)}{(b-a)^2} \right)\frac{(a-b)^3}{6}$$

$$= (b-a)\left(\frac{1}{6}f(a) + \frac{2}{3}f\left(\frac{a+b}{2}\right) + \frac{1}{6}f(b)\right).$$

Man kommt so zur sogenannten **Simpson-Regel**, die erstmals 1743 von dem englischen Mathematiker Thomas Simpson (1710-1761) angegeben wurde:

$$\int_a^b f(x)\,dx \approx (b-a)\left(\frac{1}{6}f(a) + \frac{2}{3}f\left(\frac{a+b}{2}\right) + \frac{1}{6}f(b)\right).$$

Simpson-Regel

Basistext

> **Beispiel**
>
> Das bereits im vorausgegangenen Beispiel betrachtete Integral
>
> $$\int_0^1 e^x\, dx$$
>
> soll näherungsweise mit der **Simpson-Regel** berechnet werden. Wendet man sie an, so ergibt sich
>
> $$\int_0^1 e^x\, dx \approx (1-0)\left(\frac{1}{6}e^0 + \frac{2}{3}e^{0.5} + \frac{1}{6}e^1\right) = 1.71886\ldots$$
>
> Vergleicht man dieses Ergebnis mit dem bereits bekannten exakten Ergebnis $1.718281\ldots$, so erkennt man eine schon hervorragende Übereinstimmung.

3.8 Iterierte Trapez- und Simpson-Regel *

Die iterierte Trapez-Regel ordnet einer integrierbaren Funktion $f : [a,b] \to \mathbb{R}$ eine Näherung für ihr Integral über $[a,b]$ zu gemäß

$$\int_a^b f(x)\, dx \approx \frac{b-a}{2n}\left(f(a) + 2\sum_{k=1}^{n-1} f(x_k) + f(b)\right),$$

wobei $n \in \mathbb{N}^*$ ist und $x_k := a + \frac{k}{n}(b-a)$ für $0 \leq k \leq n$ die sogenannten Stützstellen sind. Für $n = 1$ erhält man die (nicht-iterierte) Trapez-Regel. Eine Verbesserung der iterierten Trapez-Regel stellt die iterierte Simpson-Regel dar, die die Integralnäherung

$$\int_a^b f(x)\, dx \approx \frac{b-a}{6n}\left(f(a) + 4\sum_{k=0}^{n-1} f(x_{2k+1}) + 2\sum_{k=1}^{n-1} f(x_{2k}) + f(b)\right)$$

Basistext

liefert. Dabei ist $n \in \mathbb{N}^*$ **und** $x_k := a + \frac{k}{2n}(b-a)$ **für** $0 \leq k \leq 2n$ **sind die sogenannten Stützstellen. Für** $n = 1$ **erhält man die (nicht-iterierte) Simpson-Regel.**

Sowohl die **Trapez-** als auch die **Simpson-Regel** (vgl. Wissensbaustein »Trapez- und Simpson-Regel« (S. 60)) liefern i. Allg. keine hinreichend genauen Ergebnisse für die gesuchten Integrale, sondern lediglich sehr **grobe Näherungen**. Dies ist darauf zurückzuführen, dass der Graf einer beliebigen Funktion f vielfach mehrmals osziliert, diese Oszillationen aber weder mit einer Gerade noch mit einer Parabel angenähert werden können. Aus diesem Grunde hat man die beiden Näherungsformeln wie folgt verbessert: Man unterteilt das Integrationsintervall zu Beginn in n gleichgroße **Teilintervalle**, wobei $n \in \mathbb{N}^*$ eine hinreichend große natürliche Zahl sein soll. Sind die Teilintervalle, die so entstehen, klein genug, dann darf man annehmen, dass f dort nicht mehr beliebig stark osziliert, sondern recht gut durch Geraden bzw. Parabeln angenähert werden kann. Man wendet also die Trapez- oder die Simpson-Regel jetzt auf jedem der kleinen Teilintervalle an, zählt ihre Ergebnisse zusammen und erhält auf diese Weise eine i. Allg. mit wachsendem n immer besser werdende Näherung für das gesuchte Integral.

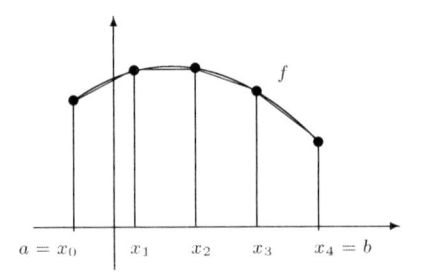

Abb. 3.8-1: Iterierte Trapez-Regel (n=4).

Basistext

3.8 Iterierte Trapez- und Simpson-Regel *

Speziell bei Anwendung der **Trapez-Regel** (vgl. Abb. 3.8-1) erhält man für beliebig gegebenes $n \in \mathbf{N}^*$ und sogenannten **Stützstellen** $x_k := a + \frac{k}{n}(b-a)$ für $0 \le k \le n$ die Summe

$$\int_a^b f(x)\,dx \approx \sum_{k=0}^{n-1} \frac{b-a}{n} \left(\frac{1}{2} f(x_k) + \frac{1}{2} f(x_{k+1}) \right)$$

$$= \frac{b-a}{n} \left(\left(\frac{1}{2} f(a) + \frac{1}{2} f(x_1) \right) + \left(\frac{1}{2} f(x_1) + \frac{1}{2} f(x_2) \right) + \cdots \right.$$

$$\cdots + \left. \left(\frac{1}{2} f(x_{n-1}) + \frac{1}{2} f(b) \right) \right)$$

$$= \frac{b-a}{n} \left(\frac{1}{2} f(a) + \sum_{k=1}^{n-1} f(x_k) + \frac{1}{2} f(b) \right).$$

Man bezeichnet die erhaltene Näherungsformel

$$\int_a^b f(x)\,dx \approx \frac{b-a}{2n} \left(f(a) + 2 \sum_{k=1}^{n-1} f(x_k) + f(b) \right) \qquad \text{n-fach iterierte Trapez-Regel}$$

mit $n \in \mathbf{N}^*$ und $x_k := a + \frac{k}{n}(b-a)$ für $0 \le k \le n$ als **n-fach iterierte Trapez-Regel**.

Das Integral

$$\int_0^1 e^x\,dx$$

soll sowohl **exakt**, als auch näherungsweise mit der **4-fach iterierten Trapez-Regel** berechnet werden. Bei **exakter Rechnung** ergibt sich

$$\int_0^1 e^x\,dx = [e^x]_0^1 = e - 1 = 1.718281\ldots$$

Mit Hilfe der **4-fach iterierten Trapez-Regel** erhält man

$$\int_0^1 e^x\,dx \approx \frac{1-0}{2\cdot 4} \left(e^0 + 2 \left(e^{\frac{1}{4}} + e^{\frac{1}{2}} + e^{\frac{3}{4}} \right) + e^1 \right) = 1.727\ldots$$

Beispiel

Basistext

> Die so erhaltene Näherung ist also schon ziemlich brauchbar.

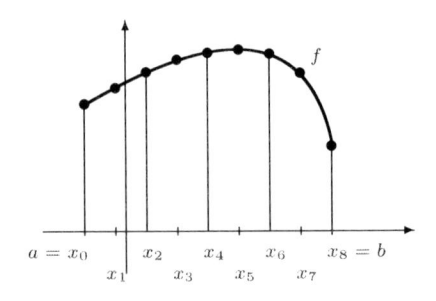

Abb. 3.8-2: Iterierte Simpson-Regel (n=4).

Entsprechend ergibt sich bei Anwendung der **Simpson-Regel** (vgl. Abb. 3.8-2, wobei dort aufgrund der geringen Auflösung bereits optisch kein Unterschied mehr zwischen der zu integrierenden Funktion f und den vier Parabelbögen zu erkennen ist) für beliebig gegebenes $n \in \mathbf{N}^*$ und **Stützstellen** $x_k := a + \frac{k}{2n}(b-a)$ für $0 \leq k \leq 2n$ die Näherungsformel

$$\int_a^b f(x)\,dx \approx \sum_{k=0}^{n-1} \frac{b-a}{n}\left(\frac{1}{6}f(x_{2k}) + \frac{2}{3}f(x_{2k+1}) + \frac{1}{6}f(x_{2k+2})\right)$$

$$= \frac{b-a}{n}\left(\frac{1}{6}f(a) + \frac{2}{3}\sum_{k=0}^{n-1} f(x_{2k+1}) + \frac{1}{3}\sum_{k=1}^{n-1} f(x_{2k}) + \frac{1}{6}f(b)\right).$$

Man bezeichnet die erhaltene Näherungsformel

n-fach iterierte Simpson-Regel
$$\int_a^b f(x)\,dx \approx \frac{b-a}{6n}\left(f(a) + 4\sum_{k=0}^{n-1} f(x_{2k+1}) + 2\sum_{k=1}^{n-1} f(x_{2k}) + f(b)\right)$$

mit $n \in \mathbf{N}^*$ und $x_k := a + \frac{k}{2n}(b-a)$ für $0 \leq k \leq 2n$ als **n-fach iterierte Simpson-Regel**.

Basistext

Beispiel

Das bereits im vorausgegangenen Beispiel betrachtete Integral

$$\int_0^1 e^x \, dx$$

soll näherungsweise mit der **4-fach iterierten Simpson-Regel** berechnet werden. Wendet man sie an, so ergibt sich

$$\int_0^1 e^x \, dx \approx \frac{1-0}{6 \cdot 4} \left(e^0 + 4\left(e^{\frac{1}{8}} + e^{\frac{3}{8}} + e^{\frac{5}{8}} + e^{\frac{7}{8}}\right) \right.$$
$$\left. + 2\left(e^{\frac{1}{4}} + e^{\frac{1}{2}} + e^{\frac{3}{4}}\right) + e^1 \right)$$
$$= 1.71828415\dots$$

Vergleicht man dieses Ergebnis mit dem bereits bekannten exakten Ergebnis $1.718281\dots$, so erkennt man eine hervorragende Übereinstimmung.

3.9 Normen und Folgen in $\mathbb{R}^n$ **

Unter einer Norm in $\mathbb{R}^n$ versteht man eine Abbildung $\| \ \| : \mathbb{R}^n \to [0, \infty)$, die man zum Messen von Längen und Abständen in $\mathbb{R}^n$ benutzt und die für alle $\vec{x}, \vec{y} \in \mathbb{R}^n$ und alle $\alpha \in \mathbb{R}$ den folgenden drei Bedingungen genügen muss:

(1) $\|\vec{x}\| = 0 \Leftrightarrow \vec{x} = \vec{0}$ (positive Definitheit)

(2) $\|\alpha \vec{x}\| = |\alpha| \, \|\vec{x}\|$ (absolute Homogenität)

(3) $\|\vec{x} + \vec{y}\| \leq \|\vec{x}\| + \|\vec{y}\|$ (Dreiecksungleichung)

Unter einer Folge in $\mathbb{R}^n$ versteht man eine Abbildung $f : \mathbb{N} \to \mathbb{R}^n$, die man auch kurz durch die Angabe der Bilder in der kompakten Form $(\vec{f}^{(k)})_{k \in \mathbb{N}} := (f(0), f(1), f(2), \dots)$ notiert. Die Folge nennt man konvergent gegen $\vec{a} \in \mathbb{R}^n$, falls für alle $\epsilon > 0$ ein $k_\epsilon \in \mathbb{N}$ existiert,

Basistext

so dass für alle $k \in \mathbb{N}$ mit $k \geq k_\varepsilon$ gilt: $\|\vec{f}^{(k)} - \vec{a}\| < \varepsilon$. Man schreibt dann $\lim_{k \to \infty} \vec{f}^{(k)} := \vec{a}$. Eine nichtkonvergente Folge wird **divergent** genannt.

Unter einer Norm versteht man eine Funktion, die jedem Vektor $\vec{x} \in \mathbb{R}^n$ eine nichtnegative reelle Zahl zuordnet und gleichzeitig gewissen Bedingungen genügt. Zum Beispiel ist aus der linearen Algebra mit der sogenannten **Euklidischen Norm**

$$\|\vec{x}\|_2 := \sqrt{x_1^2 + x_2^2 + \cdots + x_n^2} \, , \ \vec{x} \in \mathbb{R}^n,$$

bereits eine wichtige Norm in $\mathbb{R}^n$ bekannt. Allgemein ist eine **Norm** in $\mathbb{R}^n$ wie folgt definiert.

Definition

Norm in $\mathbb{R}^n$
Eine Abbildung $\| \ \| : \mathbb{R}^n \to [0, \infty)$ heißt **Norm** in $\mathbb{R}^n$, falls sie für alle $\vec{x}, \vec{y} \in \mathbb{R}^n$ und alle $\alpha \in \mathbb{R}$ den folgenden drei Bedingungen genügt:

(1) $\|\vec{x}\| = 0 \Leftrightarrow \vec{x} = \vec{0}$ (positive Definitheit)

(2) $\|\alpha \vec{x}\| = |\alpha| \, \|\vec{x}\|$ (absolute Homogenität)

(3) $\|\vec{x} + \vec{y}\| \leq \|\vec{x}\| + \|\vec{y}\|$ (Dreiecksungleichung)

In $\mathbb{R}^n$ gibt es unendlich viele verschiedene Normen! Die drei vermutlich wichtigsten Normen sind die bereits bekannte **Euklidische Norm** oder **2-Norm** $\| \ \|_2$,

Euklidische Norm

$$\|\vec{x}\|_2 := \sqrt{x_1^2 + x_2^2 + \cdots + x_n^2} \, , \ \vec{x} \in \mathbb{R}^n,$$

die **Maximum-Norm** oder ∞-**Norm** $\| \ \|_\infty$,

Maximum-Norm

$$\|\vec{x}\|_\infty := \max\{|x_i| \mid 1 \leq i \leq n\} \, , \ \vec{x} \in \mathbb{R}^n,$$

und die **Betragsummen-Norm** oder **1-Norm** $\| \ \|_1$,

Betragsummen-Norm

$$\|\vec{x}\|_1 := |x_1| + |x_2| + \cdots + |x_n| \, , \ \vec{x} \in \mathbb{R}^n.$$

Basistext

3.9 Normen und Folgen in R^n **

Normen haben die Funktion, **Längen und Abstände** von Vektoren zu definieren.

Für den Vektor $\vec{x} := (3, -4)^T \in \mathbf{R}^2$ ergeben sich z.B. folgende **Längen**, abhängig davon, in welcher Norm man misst:

$$\|\vec{x}\|_1 = |3| + |-4| = 7,$$
$$\|\vec{x}\|_2 = \sqrt{3^2 + (-4)^2} = 5,$$
$$\|\vec{x}\|_\infty = \max\{|3|, |-4|\} = 4.$$

Beispiel

Für die Vektoren $\vec{x} := (3, -4)^T$ und $\vec{y} := (-2, -1)^T$ in $\mathbf{R}^2$ ergeben sich z.B. folgende **Abstände**, abhängig davon, in welcher Norm man misst:

$$\|\vec{x} - \vec{y}\|_1 = |3 - (-2)| + |-4 - (-1)| = 8,$$
$$\|\vec{x} - \vec{y}\|_2 = \sqrt{(3-(-2))^2 + (-4-(-1))^2} = \sqrt{34},$$
$$\|\vec{x} - \vec{y}\|_\infty = \max\{|3-(-2)|, |-4-(-1)|\} = 5.$$

Beispiel

Skizziert man sich zur Veranschaulichung z.B. im $\mathbf{R}^2$ alle Punkte bzw. Vektoren mit Länge 1, also die sogenannten **Einheitskreise**, dann ergibt sich das in Abb. 3.9-1 angegebene Bild.

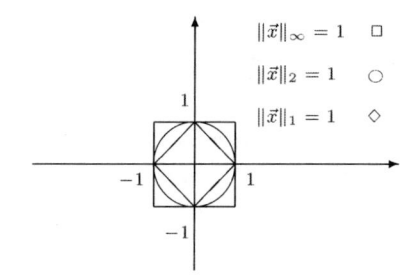

Abb. 3.9-1: Einheitskreise in R^2.

Basistext

Bemerkung

Äquivalenz der Normen in $\mathbf{R}^n$: Man kann zeigen, dass alle Normen in $\mathbf{R}^n$ **äquivalent** sind! Das bedeutet, dass es für zwei beliebige Normen $\|\ \|_a$ und $\|\ \|_b$ in $\mathbf{R}^n$ zwei Konstanten $\alpha, \beta \in \mathbf{R}$, $\alpha, \beta > 0$, gibt, so dass für alle $\vec{x} \in \mathbf{R}^n$ gilt

$$\alpha \|\vec{x}\|_a \leq \|\vec{x}\|_b \leq \beta \|\vec{x}\|_a \ .$$

Dies hat z.B. die wichtige Konsequenz, dass die Konvergenz einer Folge von Vektoren bzgl. **irgendeiner Norm** in $\mathbf{R}^n$ auch sofort die Konvergenz bzgl. **jeder Norm** in $\mathbf{R}^n$ induziert. Worum es sich bei einer Folge von Vektoren genau handelt, wird nun präzisiert.

Folge von Vektoren

Unter einer **Folge von Vektoren** versteht man salopp gesprochen eine Vorschrift, die jeder Zahl $k \in \mathbf{N}$ einen Vektor aus $\mathbf{R}^n$ zuordnet. Zum Beispiel ist mittels

$$\vec{f}^{(k)} = \left(f_1^{(k)}, f_2^{(k)}\right)^T := \left(\frac{1}{k+1}, 2 - \frac{4}{2+k^2}\right)^T, \ k \in \mathbf{N},$$

eine Folge $(\vec{f}^{(k)})_{k \in \mathbf{N}}$ erklärt, deren ersten Folgenglieder man sich in Form einer Wertetabelle veranschaulichen kann:

k	0	1	2	3	......	1000	......	$\to \infty$
$f_1^{(k)}$	1	$\frac{1}{2}$	$\frac{1}{3}$	$\frac{1}{4}$	......	$\frac{1}{1001}$	......	0
$f_2^{(k)}$	0	$\frac{2}{3}$	$\frac{4}{3}$	$\frac{18}{11}$	......	$2 - \frac{4}{1000002}$	......	2

Offensichtlich kommt die Folge für wachsendes k dem Vektor $(0, 2)^T$ immer näher, wobei das **Näher-Kommen** noch mathematisch präzise definiert werden muss. Folgen dieses Typs nennt man **konvergente Folgen**.

Es gibt allerdings auch Folgen, die qualitativ ein vollkommen anderes Verhalten zeigen. So wächst z.B. die Folge mit den Folgengliedern $\vec{f}^{(k)} := (k, k^2, k^3)^T$ über alle Grenzen, während die Folge mit den Folgengliedern $\vec{f}^{(k)} := ((-1)^k, 2 - (-1)^k, 5)^T$ stets zwischen $(1, 1, 5)^T$ und $(-1, 3, 5)^T$

Basistext

3.9 Normen und Folgen in R^n **

hin und her springt. Folgen dieses Typs nennt man **divergente Folgen**.

Folge in R^n *Definition*
Eine Abbildung $f: N \to R^n$ heißt **Folge von Vektoren** und wird üblicherweise in der kompakten Form $(\vec{f}^{(k)})_{k \in N}$ notiert, wobei dies zu interpretieren ist als

$$(\vec{f}^{(k)})_{k \in N} := (f(0), f(1), f(2), \ldots)$$

und die Vektoren $\vec{f}^{(k)} := f(k)$, $k \in N$, die **Folgenglieder** genannt werden. Die Folge heißt **konvergent** gegen $\vec{a} \in R$, falls für alle $\epsilon > 0$ ein $k_\epsilon \in N$ existiert, so dass für alle $k \in N$ mit $k \geq k_\epsilon$ gilt: $\|\vec{f}^{(k)} - \vec{a}\| < \epsilon$. Man schreibt dann $\lim_{k \to \infty} \vec{f}^{(k)} := \vec{a}$. Eine nichtkonvergente Folge wird **divergent** genannt.

Die Folge *Beispiel*

$$(\vec{f}^{(k)})_{k \in N, k \geq 3} := \left(\left(3 + \frac{1}{k-2}, \frac{3}{k} \right)^T \right)_{k \in N, k \geq 3}$$

ist **konvergent** und liefert als **Grenzwert** den Vektor $(3, 0)^T$,

$$(3, 0)^T = \lim_{k \to \infty} \left(3 + \frac{1}{k-2}, \frac{3}{k} \right)^T.$$

Die entsprechende Wertetabelle sieht wie folgt aus:

k	3	4	5	$\cdots$	1000	$\cdots$	$\to \infty$
$f_1^{(k)}$	4	3.5	$3.\overline{3}$	$\cdots$	$3.001\ldots$	$\cdots$	3
$f_2^{(k)}$	1	0.75	0.6	$\cdots$	0.003	$\cdots$	0

Unter Zugriff z.B. auf die **Euklidische Norm** lässt sich der formale **Konvergenzbeweis** wie folgt führen: Es sei $\epsilon > 0$ beliebig gegeben und $k_\epsilon := 4\lceil \frac{1}{\epsilon} \rceil + 2$ (dabei bezeichnet $\lceil \cdot \rceil$

Basistext

die ceil-Funktion; vgl. z.B. /Lenze 06a/). Dann gilt für alle $k \in \mathbf{N}$ mit $k \geq k_\epsilon$ die Abschätzung

$$\left\| \left(3+\frac{1}{k-2}, \frac{3}{k}\right)^T - (3,0)^T \right\|_2 = \left\| \left(\frac{1}{k-2}, \frac{3}{k}\right)^T \right\|_2$$

$$= \sqrt{\frac{1}{(k-2)^2} + \frac{9}{k^2}} < \sqrt{\frac{10}{(k_\epsilon - 2)^2}} \leq \sqrt{\frac{10}{(4\frac{1}{\epsilon})^2}} < \epsilon.$$

Daraus folgt die Behauptung.

Bemerkung

Konvergenzkriterien für Folgen in $\mathbf{R}^n$: Man kann nun in völliger Analogie zu den entsprechenden Resultaten für Folgen in $\mathbf{R}$ (vgl. z.B. /Lenze 06a/) Rechenregeln und Konvergenzkriterien für Folgen in $\mathbf{R}^n$ formulieren und beweisen. So ist beispielsweise eine Folge $(\vec{f}^{(k)})_{k \in \mathbf{N}}$ in $\mathbf{R}^n$ genau dann konvergent, wenn sie eine **Cauchy-Folge** ist, d.h. wenn gilt

$$\forall \epsilon > 0 \; \exists k_\epsilon \in \mathbf{N} \; \forall l, m \geq k_\epsilon \; : \; \|\vec{f}^{(l)} - \vec{f}^{(m)}\| < \epsilon.$$

Auf eine vollständige Übertragung und Formulierung weiterer analoger Ergebnisse soll verzichtet werden.

3.10 Banachscher Fixpunktsatz in $\mathbf{R}^n$ **

Der Banachsche Fixpunktsatz in $\mathbf{R}^n$ besagt, dass eine kontrahierende Selbstabbildung $\Phi : [\vec{a}, \vec{b}] \to [\vec{a}, \vec{b}]$ eines nichtleeren abgeschlossenen Intervalls $[\vec{a}, \vec{b}] \subseteq \mathbf{R}^n$ in sich einen Fixpunkt $\vec{x}^* \in [\vec{a}, \vec{b}]$ besitzt, also $\Phi(\vec{x}^*) = \vec{x}^*$ gilt.

Basistext

3.10 Banachscher Fixpunktsatz in R^n **

Im Folgenden wird ohne Beweis und in aller Kürze der **Banachsche Fixpunktsatz** in seiner Verallgemeinerung auf den R^n angegeben. Es handelt sich bei diesem Resultat um eines der wichtigsten der angewandten Mathematik und die Konvergenznachweise vieler praktischer Verfahren beruhen auf Varianten dieses Ergebnisses. Dabei bezeichne von nun an $\|\ \|$ eine beliebige Norm in R^n und

$$[\vec{a},\vec{b}] := \{\vec{x} \in R^n \mid a_i \leq x_i \leq b_i,\ 1 \leq i \leq n\}$$

sei stets ein nichtleeres abgeschlossenes Intervall in R^n. Weitere Details und Beweise sowie Anwendungen des Banachschen Fixpunktsatzes findet man z.B. in /Locher 93/, /Schaback 05/ oder /Stoer 05a/.

Banachscher Fixpunktsatz in R^n

Selbstabbildung

Es sei $[\vec{a},\vec{b}] \subseteq R^n$ ein nichtleeres abgeschlossenes Intervall und $\Phi : R^n \to R^n$ eine Abbildung. Dann heißt Φ **Selbstabbildung** bezüglich $[\vec{a},\vec{b}]$, falls gilt

$$\vec{x} \in [\vec{a},\vec{b}] \implies \Phi(\vec{x}) \in [\vec{a},\vec{b}]\ .$$

Definition

Kontrahierende Abbildung

Es sei $[\vec{a},\vec{b}] \subseteq R^n$ ein nichtleeres abgeschlossenes Intervall und $\Phi : R^n \to R^n$ eine Abbildung. Ferner sei $K \in [0,1)$. Dann heißt Φ **kontrahierende Abbildung** bezüglich $[\vec{a},\vec{b}]$ mit **Kontraktionszahl** K, falls gilt

$$\vec{x},\vec{y} \in [\vec{a},\vec{b}] \implies \|\Phi(\vec{x}) - \Phi(\vec{y})\| \leq K\|\vec{x}-\vec{y}\|\ .$$

Definition

Banachscher Fixpunktsatz

Es sei $[\vec{a},\vec{b}] \subseteq R^n$ ein nichtleeres abgeschlossenes Intervall, $\Phi : R^n \to R^n$ eine Abbildung und $K \in [0,1)$. Ferner sei Φ eine **kontrahierende Selbstabbildung** bezüglich $[\vec{a},\vec{b}]$ mit **Kontraktionszahl** K. Dann gelten folgende Aussagen:

Satz

Basistext

- Es gibt genau ein $\vec{x}^* \in [\vec{a}, \vec{b}]$ mit $\Phi(\vec{x}^*) = \vec{x}^*$, d.h. die **Existenz und Eindeutigkeit eines Fixpunkts** ist gesichert.
- Für alle Startwerte $\vec{x}^{(0)} \in [\vec{a}, \vec{b}]$ konvergiert die durch $\vec{x}^{(k+1)} := \Phi(\vec{x}^{(k)})$, $k \in \mathbb{N}$, generierte Folge gegen den Fixpunkt $\vec{x}^*$, d.h. die **Konvergenz der Fixpunktiteration** ist gesichert.
- Für jede durch eine Fixpunktiteration im obigen Sinne erzeugte Folge $(\vec{x}^{(k)})_{k \in \mathbb{N}}$ gelten die beiden **a-priori- und a-posteriori-Fehlerabschätzungen**

$$\|\vec{x}^* - \vec{x}^{(k)}\| \leq \frac{K^k}{1-K} \|\vec{x}^{(1)} - \vec{x}^{(0)}\| \quad \text{(a-priori)},$$

$$\|\vec{x}^* - \vec{x}^{(k)}\| \leq \frac{K}{1-K} \|\vec{x}^{(k)} - \vec{x}^{(k-1)}\| \quad \text{(a-posteriori)}.$$

3.11 Gesamtschritt-Verfahren **

Das Gesamtschritt-Verfahren dient der näherungsweisen Berechnung der Lösung eines durch eine reguläre Matrix $A \in \mathbb{R}^{n \times n}$ und einen Vektor $\vec{b} \in \mathbb{R}^n$ gegebenen linearen Gleichungssystems $A\vec{x} = \vec{b}$. Hat die Matrix A nur Einsen in der Hauptdiagonale, dann iteriert man ausgehend von einem beliebigen Startvektor $\vec{x}^{(0)} \in \mathbb{R}^n$ gemäß

$$x_i^{(k+1)} := -\sum_{j=1}^{i-1} a_{ij} x_j^{(k)} - \sum_{j=i+1}^{n} a_{ij} x_j^{(k)} + b_i$$

für $1 \leq i \leq n$ und $k \in \mathbb{N}$. Falls A das Zeilensummenkriterium erfüllt, ist die Konvergenz der so entstehenden Vektorfolge $(\vec{x}^{(k)})_{k \in \mathbb{N}}$ gegen die gesuchte Lösung $\vec{x}$ des linearen Gleichungssystems gesichert.

Basistext

3.11 Gesamtschritt-Verfahren **

Eines der wichtigsten Probleme der numerischen linearen Algebra ist die effiziente Lösung **linearer Gleichungssysteme**. Neben dem bereits bekannten **Gaußschen Algorithmus** (vgl. z.B. /Lenze 06b/), der zu den sogenannten **direkten Verfahren** gehört, spielen insbesondere für große Systeme spezielle **iterative Verfahren** eine zentrale Rolle.

Als erster Vertreter dieses Verfahren-Typs soll im Folgenden das **Gesamtschritt-Verfahren** vorgestellt werden, das auch bisweilen als **Jacobi-Verfahren** (Carl Gustav Jacobi, 1804-1851) bezeichnet wird. Die Idee des Verfahrens besteht darin zu versuchen, die Lösung linearer Gleichungssysteme und die Suche nach Fixpunkten gewisser Abbildungen in einen hilfreichen Zusammenhang zu bringen. Im Detail geht man wie folgt vor: Es sei $A \in \mathbf{R}^{n \times n}$ eine reguläre Matrix mit $a_{ii} = 1$ für $1 \leq i \leq n$, also mit **Einsen auf der Diagonale**, sowie $\vec{b} \in \mathbf{R}^n$. Gesucht wird ein Vektor $\vec{x} \in \mathbf{R}^n$ mit $A\vec{x} = \vec{b}$. Dieses Problem wird nun Schritt für Schritt wie folgt umgeschrieben, wobei $E \in \mathbf{R}^{n \times n}$ wie üblich die Einheitsmatrix bezeichne:

Gesamtschritt-Verfahren

$$A\vec{x} = \vec{b}$$
$$A\vec{x} - \vec{b} = \vec{0}$$
$$\vec{x} - A\vec{x} + \vec{b} = \vec{x}$$
$$\underbrace{(E - A)\vec{x} + \vec{b}}_{\Phi(\vec{x})} = \vec{x} \quad \text{(Fixpunktproblem)}$$

(Nullstellenproblem) appears on line 2.

Damit hat man ein klassisches **Fixpunktproblem** generiert, welches hoffentlich mittels üblicher Fixpunktiteration gelöst werden kann. Dies ist in der Tat der Fall, falls die Matrix A zum Beispiel dem sogenannten **Zeilensummenkriterium** genügt.

Basistext

Definition

Zeilensummenkriterium
Es sei $A \in \mathbf{R}^{n \times n}$ eine Matrix mit $a_{ii} = 1$ für $1 \leq i \leq n$. Falls

$$\sum_{\substack{j=1 \\ j \neq i}}^{n} |a_{ij}| < 1 \quad \text{für } 1 \leq i \leq n$$

gilt, dann sagt man, A erfülle das **Zeilensummenkriterium** bzw. A sei **diagonaldominant**.

Beispiel

Die Matrix A,

$$A := \begin{pmatrix} 1 & 0 & \frac{1}{2} \\ \frac{1}{2} & 1 & -\frac{1}{3} \\ 0 & -\frac{1}{5} & 1 \end{pmatrix},$$

ist **diagonaldominant**, da

$$|0| + |\tfrac{1}{2}| < 1, \quad |\tfrac{1}{2}| + |-\tfrac{1}{3}| < 1 \quad \text{und} \quad |0| + |-\tfrac{1}{5}| < 1.$$

Beispiel

Die Matrix A,

$$A := \begin{pmatrix} 1 & 1 & 0 \\ \frac{1}{2} & 1 & \frac{1}{3} \\ -\frac{1}{4} & 0 & 1 \end{pmatrix},$$

ist **nicht diagonaldominant**, da $|1| + |0| \not< 1$ (1. Zeile).

Damit sind alle Vorbereitungen abgeschlossen, um nun den Konvergenzsatz für das **Gesamtschritt-Verfahren** formulieren und beweisen zu können.

Satz

Konvergenzsatz für das Gesamtschritt-Verfahren
Es sei $A \in \mathbf{R}^{n \times n}$ eine reguläre Matrix mit $a_{ii} = 1$ für $1 \leq i \leq n$ und A erfülle das **Zeilensummenkriterium**. Ferner sei $\vec{b} \in \mathbf{R}^n$ gegeben und $\vec{x} \in \mathbf{R}^n$ mit $A\vec{x} = \vec{b}$ gesucht. Wählt man nun

Basistext

3.11 Gesamtschritt-Verfahren **

$\vec{x}^{(0)} \in \mathbf{R}^n$ beliebig und berechnet die Vektorfolge $(\vec{x}^{(k)})_{k \in \mathbf{N}}$ gemäß dem **Gesamtschritt-Verfahren** als

$$\vec{x}^{(k+1)} := (E - A)\vec{x}^{(k)} + \vec{b}, \quad k \in \mathbf{N},$$

bzw. komponentenweise geschrieben als

```
for (int k=0; true; k++)
    for (int i=1; i<=n; i++)
    {
```
$$x_i^{(k+1)} := -\sum_{j=1}^{i-1} a_{ij} x_j^{(k)} - \sum_{j=i+1}^{n} a_{ij} x_j^{(k)} + b_i;$$
```
    }
```

dann gilt $\lim_{k \to \infty} \vec{x}^{(k)} = \vec{x}$. Setzt man ferner

$$q := \max \left\{ \sum_{\substack{j=1 \\ j \neq i}}^{n} |a_{ij}| \ \Big| \ 1 \leq i \leq n \right\} < 1$$

und misst Abstände von Vektoren in der **Maximum-Norm**, dann gelten die beiden **a-priori- und a-posteriori-Fehlerabschätzungen**

$$\|\vec{x} - \vec{x}^{(k)}\|_\infty \leq \frac{q^k}{1-q} \|\vec{x}^{(1)} - \vec{x}^{(0)}\|_\infty \quad \text{(a-priori)},$$

$$\|\vec{x} - \vec{x}^{(k)}\|_\infty \leq \frac{q}{1-q} \|\vec{x}^{(k)} - \vec{x}^{(k-1)}\|_\infty \quad \text{(a-posteriori)}.$$

Es sei $(\vec{x}^{(k)})_{k \in \mathbf{N}}$ die erzeugte Vektorfolge. Für $k \in \mathbf{N}$ und $1 \leq i \leq n$ gilt dann

Beweis

$$|x_i^{(k+1)} - x_i^{(k)}| = \Big| -\sum_{\substack{j=1 \\ j \neq i}}^{n} a_{ij} x_j^{(k)} + b_i + \sum_{\substack{j=1 \\ j \neq i}}^{n} a_{ij} x_j^{(k-1)} - b_i \Big|$$

Basistext

$$\leq \sum_{\substack{j=1 \\ j\neq i}}^{n} |a_{ij}||x_j^{(k)} - x_j^{(k-1)}|$$

$$\leq (\sum_{\substack{j=1 \\ j\neq i}}^{n} |a_{ij}|) \max\{|x_j^{(k)} - x_j^{(k-1)}| \mid 1 \leq j \leq n\}$$

$$\leq q \,\|\vec{x}^{(k)} - \vec{x}^{(k-1)}\|_\infty,$$

also

$$\|\vec{x}^{(k+1)} - \vec{x}^{(k)}\|_\infty \leq q \,\|\vec{x}^{(k)} - \vec{x}^{(k-1)}\|_\infty.$$

Induktiv fortfahrend erhält man so

$$\|\vec{x}^{(k+1)} - \vec{x}^{(k)}\|_\infty \leq q^2 \,\|\vec{x}^{(k-1)} - \vec{x}^{(k-2)}\|_\infty \leq \cdots \leq q^k \,\|\vec{x}^{(1)} - \vec{x}^{(0)}\|_\infty.$$

Für alle $\ell \in \mathbf{N}$ folgt daraus aber auch sofort

$$\|\vec{x}^{(k+\ell)} - \vec{x}^{(k)}\|_\infty$$

$$= \|\vec{x}^{(k+\ell)} - \vec{x}^{(k+\ell-1)} + \vec{x}^{(k+\ell-1)} - \cdots + \vec{x}^{(k+1)} - \vec{x}^{(k)}\|_\infty$$

$$\leq \sum_{r=0}^{\ell-1} \|\vec{x}^{(k+r+1)} - \vec{x}^{(k+r)}\|_\infty \leq \sum_{r=0}^{\ell-1} q^{k+r} \,\|\vec{x}^{(1)} - \vec{x}^{(0)}\|_\infty$$

$$\leq q^k \left(\sum_{r=0}^{\infty} q^r\right) \|\vec{x}^{(1)} - \vec{x}^{(0)}\|_\infty = \frac{q^k}{1-q} \,\|\vec{x}^{(1)} - \vec{x}^{(0)}\|_\infty.$$

Insgesamt ist damit wegen $\lim_{k\to\infty} q^k = 0$ gezeigt, dass die Folge $(\vec{x}^{(k)})_{k\in\mathbf{N}}$ eine **Cauchy-Folge** in $\mathbf{R}^n$ ist, also in $\mathbf{R}^n$ gegen einen Grenzwert $\vec{x} \in \mathbf{R}^n$ konvergiert und gemäß den obigen Überlegungen für $\ell \to \infty$ der folgenden **a-priori-Fehlerabschätzung** genügt:

$$\|\vec{x} - \vec{x}^{(k)}\|_\infty \leq \frac{q^k}{1-q} \,\|\vec{x}^{(1)} - \vec{x}^{(0)}\|_\infty \qquad \text{(a- priori)}.$$

Entsprechend folgt die **a-posteriori-Fehlerabschätzung**

$$\|\vec{x} - \vec{x}^{(k)}\|_\infty \leq \frac{q}{1-q} \,\|\vec{x}^{(k)} - \vec{x}^{(k-1)}\|_\infty \qquad \text{(a-posteriori)}$$

Basistext

aus der Ungleichung

$$\|\vec{x}^{(k+\ell)} - \vec{x}^{(k)}\|_\infty$$
$$= \|\vec{x}^{(k+\ell)} - \vec{x}^{(k+\ell-1)} + \vec{x}^{(k+\ell-1)} - \cdots + \vec{x}^{(k+1)} - \vec{x}^{(k)}\|_\infty$$
$$\leq \sum_{r=0}^{\ell-1} \|\vec{x}^{(k+r+1)} - \vec{x}^{(k+r)}\|_\infty \leq \sum_{r=0}^{\ell-1} q^{r+1} \|\vec{x}^{(k)} - \vec{x}^{(k-1)}\|_\infty$$
$$\leq q \left(\sum_{r=0}^{\infty} q^r\right) \|\vec{x}^{(k)} - \vec{x}^{(k-1)}\|_\infty = \frac{q}{1-q} \|\vec{x}^{(k)} - \vec{x}^{(k-1)}\|_\infty .$$

Es bleibt lediglich noch zu zeigen, dass $\vec{x}$ auch das fragliche lineare Gleichungssystem löst. Dies folgt jedoch aufgrund der Iterationsvorschrift

$$\vec{x}^{(k+1)} = (E - A)\vec{x}^{(k)} + \vec{b}$$

sofort durch Übergang zum Grenzwert für $k \to \infty$,

$$\vec{x} = (E - A)\vec{x} + \vec{b} \implies A\vec{x} = \vec{b} .$$

□

Praxis des Gesamtschritt-Verfahrens: Die Implementierung des **Gesamtschritt-Verfahrens** auf dem Computer nimmt man i. Allg. komponentenweise vor, während man bei Handrechnung der Matrixschreibweise den Vorzug gibt. Ferner kann das **Gesamtschritt-Verfahren** auch durchaus konvergieren, wenn die Matrix A das **Zeilensummenkriterium nicht erfüllt**! Das Kriterium ist also lediglich hinreichend, jedoch nicht notwendig (Details siehe z.B. /Locher 93/, /Schaback 05/, /Stoer 05b/).

Bemerkung

Man suche mit Hilfe des **Gesamtschritt-Verfahrens** mit Startvektor $\vec{x}^{(0)} := (1,0,0)^T$ eine Näherungslösung für das Gleichungssystem

$$\begin{pmatrix} \frac{1}{2} & 1 & \frac{1}{6} \\ 0 & 1 & 2 \\ 4 & 2 & 0 \end{pmatrix} \begin{pmatrix} x_1 \\ x_2 \\ x_3 \end{pmatrix} = \begin{pmatrix} 1 \\ 6 \\ 4 \end{pmatrix} .$$

Beispiel

Basistext

3 Numerische Näherungsverfahren *

Zunächst wird das Problem so aufbereitet, dass die Anwendbarkeit des Gesamtschritt-Verfahrens gesichert ist (**Diagonaldominanz, auf Eins normierte Diagonale**). Im vorliegenden Fall bedeutet das z.B. das zyklische Vertauschen aller Zeilen und Division durch die neuen Diagonalelemente, also

$$\begin{pmatrix} 1 & \frac{1}{2} & 0 \\ \frac{1}{2} & 1 & \frac{1}{6} \\ 0 & \frac{1}{2} & 1 \end{pmatrix} \begin{pmatrix} x_1 \\ x_2 \\ x_3 \end{pmatrix} = \begin{pmatrix} 1 \\ 1 \\ 3 \end{pmatrix}.$$

Angewandt auf dieses **diagonaldominante Gleichungssystem** liefert das Gesamtschritt-Verfahren,

$$\vec{x}^{(0)} = (1, 0, 0)^T,$$

$$\vec{x}^{(k+1)} = \begin{pmatrix} 0 & -\frac{1}{2} & 0 \\ -\frac{1}{2} & 0 & -\frac{1}{6} \\ 0 & -\frac{1}{2} & 0 \end{pmatrix} \vec{x}^{(k)} + \begin{pmatrix} 1 \\ 1 \\ 3 \end{pmatrix}, \quad k \in \mathbf{N},$$

folgende erste Resultate:

$$\vec{x}^{(1)} = \begin{pmatrix} 0 & -\frac{1}{2} & 0 \\ -\frac{1}{2} & 0 & -\frac{1}{6} \\ 0 & -\frac{1}{2} & 0 \end{pmatrix} \begin{pmatrix} 1 \\ 0 \\ 0 \end{pmatrix} + \begin{pmatrix} 1 \\ 1 \\ 3 \end{pmatrix} = \begin{pmatrix} 0 \\ -\frac{1}{2} \\ 0 \end{pmatrix} + \begin{pmatrix} 1 \\ 1 \\ 3 \end{pmatrix} = \begin{pmatrix} 1 \\ \frac{1}{2} \\ 3 \end{pmatrix},$$

$$\vec{x}^{(2)} = \begin{pmatrix} 0 & -\frac{1}{2} & 0 \\ -\frac{1}{2} & 0 & -\frac{1}{6} \\ 0 & -\frac{1}{2} & 0 \end{pmatrix} \begin{pmatrix} 1 \\ \frac{1}{2} \\ 3 \end{pmatrix} + \begin{pmatrix} 1 \\ 1 \\ 3 \end{pmatrix} = \begin{pmatrix} -\frac{1}{4} \\ -1 \\ -\frac{1}{4} \end{pmatrix} + \begin{pmatrix} 1 \\ 1 \\ 3 \end{pmatrix} = \begin{pmatrix} \frac{3}{4} \\ 0 \\ \frac{11}{4} \end{pmatrix}.$$

Tabellarisch lassen sich diese Resultate wie folgt festhalten:

k	0	1	2	3	4	$k \to \infty$	∞
$x_1^{(k)}$	1	1	$\frac{3}{4}$	1	$\frac{11}{12}$	$\longrightarrow$	1
$x_2^{(k)}$	0	$\frac{1}{2}$	0	$\frac{1}{6}$	0	$\longrightarrow$	0
$x_3^{(k)}$	0	3	$\frac{11}{4}$	3	$\frac{35}{12}$	$\longrightarrow$	3

Die obige Tabelle enthält bereits eine Vermutung für den Grenzwert der Iterationsvektoren, nämlich $\vec{x} = (1, 0, 3)^T$. Durch eine Probe bestätigt man in der Tat, dass dieser Vektor das Ausgangsgleichungssystem löst. Präzise **a-priori-**

Basistext

und a-posteriori-Fehlerabschätzungen für dieses Beispiel ergeben sich gemäß

$$q := \max\left\{\frac{1}{2}, \frac{1}{2} + \frac{1}{6}, \frac{1}{2}\right\} = \frac{2}{3} < 1,$$

$$\|\vec{x} - \vec{x}^{(k)}\|_\infty \leq 3(\frac{2}{3})^k \|\vec{x}^{(1)} - \vec{x}^{(0)}\|_\infty = 9(\frac{2}{3})^k,$$

$$\|\vec{x} - \vec{x}^{(k)}\|_\infty \leq 3\frac{2}{3}\|\vec{x}^{(k)} - \vec{x}^{(k-1)}\|_\infty = 2\|\vec{x}^{(k)} - \vec{x}^{(k-1)}\|_\infty.$$

3.12 Einzelschritt-Verfahren **

Das Einzelschritt-Verfahren dient der näherungsweisen Berechnung der Lösung eines durch eine reguläre Matrix $A \in \mathbb{R}^{n \times n}$ und einen Vektor $\vec{b} \in \mathbb{R}^n$ gegebenen linearen Gleichungssystems $A\vec{x} = \vec{b}$. Hat die Matrix A nur Einsen in der Hauptdiagonale, dann iteriert man ausgehend von einem beliebigen Startvektor $\vec{x}^{(0)} \in \mathbb{R}^n$ gemäß

$$x_i^{(k+1)} := -\sum_{j=1}^{i-1} a_{ij} x_j^{(k+1)} - \sum_{j=i+1}^{n} a_{ij} x_j^{(k)} + b_i$$

für $1 \leq i \leq n$ und $k \in \mathbb{N}$. Falls A das Zeilensummenkriterium erfüllt, ist die Konvergenz der so entstehenden Vektorfolge $(\vec{x}^{(k)})_{k \in \mathbb{N}}$ gegen die gesuchte Lösung $\vec{x}$ des linearen Gleichungssystems gesichert.

Wenn man sich die komponentenweise Definition des **Gesamtschritt-Verfahrens** ansieht (vgl. Wissensbaustein »Gesamtschritt-Verfahren« (S. 76)), stellt man unmittelbar fest, dass man das Verfahren offenbar verbessern kann, wenn man so schnell wie möglich die bereits berechneten Näherungen einbaut. Man kommt so zum sogenannten **Einzelschritt-Verfahren**, welches zu Ehren von Carl Friedrich

Basistext

Gauß (1777-1855) und Philipp Ludwig von Seidel (1821-1896, ohne Bild) auch als **Gauß-Seidel-Verfahren** bezeichnet wird.

Satz **Konvergenzsatz für das Einzelschritt-Verfahren**
Es sei $A \in \mathbf{R}^{n \times n}$ eine reguläre Matrix mit $a_{ii} = 1$ für $1 \leq i \leq n$ und A erfülle das **Zeilensummenkriterium**. Ferner sei $\vec{b} \in \mathbf{R}^n$ gegeben und $\vec{x} \in \mathbf{R}^n$ mit $A\vec{x} = \vec{b}$ gesucht. Wählt man nun $\vec{x}^{(0)} \in \mathbf{R}^n$ beliebig und berechnet die Vektorfolge $(\vec{x}^{(k)})_{k \in \mathbf{N}}$ gemäß dem **Einzelschritt-Verfahren** komponentenweise als

> for (int k=0; true; k++)
> for (int i=1; i<=n; i++)
> {
> $$x_i^{(k+1)} := -\sum_{j=1}^{i-1} a_{ij} x_j^{(k+1)} - \sum_{j=i+1}^{n} a_{ij} x_j^{(k)} + b_i;$$
> }

dann gilt $\lim_{k \to \infty} \vec{x}^{(k)} = \vec{x}$. Setzt man ferner

$$p := \max \left\{ \frac{\sum_{j=i+1}^{n} |a_{ij}|}{1 - \sum_{j=1}^{i-1} |a_{ij}|} \mid 1 \leq i \leq n \right\} < 1$$

und misst Abstände von Vektoren in der **Maximum-Norm**, dann gelten die beiden **a-priori- und a-posteriori-Fehlerabschätzungen**

$$\|\vec{x} - \vec{x}^{(k)}\|_\infty \leq \frac{p^k}{1-p} \|\vec{x}^{(1)} - \vec{x}^{(0)}\|_\infty \quad \text{(a-priori)},$$

$$\|\vec{x} - \vec{x}^{(k)}\|_\infty \leq \frac{p}{1-p} \|\vec{x}^{(k)} - \vec{x}^{(k-1)}\|_\infty \quad \text{(a-posteriori)}.$$

Basistext

Es sei $(\vec{x}^{(k)})_{k \in \mathbf{N}}$ die erzeugte Vektorfolge. Für $k \in \mathbf{N}$ beliebig gegeben und $i \in \{1, 2, \ldots, n\}$ der bzw. ein Index mit

$$\|\vec{x}^{(k+1)} - \vec{x}^{(k)}\|_\infty = |x_i^{(k+1)} - x_i^{(k)}|$$

Beweis

gilt dann

$$\|x^{(k+1)} - x^{(k)}\|_\infty$$

$$= |-\sum_{j=1}^{i-1} a_{ij}(x_j^{(k+1)} - x_j^{(k)}) - \sum_{j=i+1}^{n} a_{ij}(x_j^{(k)} - x_j^{(k-1)})|$$

$$\leq \sum_{j=1}^{i-1} |a_{ij}||x_j^{(k+1)} - x_j^{(k)}| + \sum_{j=i+1}^{n} |a_{ij}||x_j^{(k)} - x_j^{(k-1)}|$$

$$\leq (\sum_{j=1}^{i-1} |a_{ij}|) \|\vec{x}^{(k+1)} - \vec{x}^{(k)}\|_\infty + (\sum_{j=i+1}^{n} |a_{ij}|) \|\vec{x}^{(k)} - \vec{x}^{(k-1)}\|_\infty.$$

Daraus ergibt sich aber sofort

$$(1 - \sum_{j=1}^{i-1} |a_{ij}|) \|\vec{x}^{(k+1)} - \vec{x}^{(k)}\|_\infty \leq (\sum_{j=i+1}^{n} |a_{ij}|) \|\vec{x}^{(k)} - \vec{x}^{(k-1)}\|_\infty$$

bzw.

$$\|\vec{x}^{(k+1)} - \vec{x}^{(k)}\|_\infty \leq p \, \|\vec{x}^{(k)} - \vec{x}^{(k-1)}\|_\infty .$$

Da $p < 1$ ist, kann man nun exakt dieselben Schritte wie beim Nachweis der Konvergenz des Gesamtschritt-Verfahrens durchführen (vgl. Wissensbaustein »Gesamtschritt-Verfahren« (S. 76)), wobei lediglich q durch p zu ersetzen ist.
□

Konvergenz von Gesamt- und Einzelschritt-Verfahren: Sowohl das Gesamt- als auch das Einzelschritt-Verfahren können konvergieren, wenn die Ausgangsmatrix A das **Zeilensummenkriterium nicht erfüllt** (Details siehe z.B. /Locher 93/, /Schaback 05/, /Stoer 05b/). Ferner konvergiert das **Einzelschritt-Verfahren** aufgrund der unmittelbaren Benutzung bereits berechneter Näherungen i. Allg. schneller als das **Gesamtschritt-Verfahren**.

Bemerkung

Basistext

Letzteres ist aber **parallelisierbar**, so dass auf paralleler Architektur vielfach dem Gesamtschritt-Verfahren der Vorzug gegeben wird. Die i. Allg. schnellere Konvergenz des Einzelschritt-Verfahrens lässt sich im Fall diagonaldominanter Matrizen mit Einsen auf der Diagonale auch leicht durch Vergleich der Konvergenzparameter p und q nachweisen, wobei hier $i \in \{1, 2, \ldots, n\}$ der bzw. ein Index sei, für den p maximal wird:

$$p = \frac{\sum_{j=i+1}^{n} |a_{ij}|}{1 - \sum_{j=1}^{i-1} |a_{ij}|} = \frac{\sum_{\substack{j=1 \\ j \neq i}}^{n} |a_{ij}| - \sum_{j=1}^{i-1} |a_{ij}|}{1 - \sum_{j=1}^{i-1} |a_{ij}|}$$

$$\leq \frac{q - \sum_{j=1}^{i-1} |a_{ij}|}{1 - \sum_{j=1}^{i-1} |a_{ij}|} = \frac{q - q\sum_{j=1}^{i-1} |a_{ij}| - \sum_{j=1}^{i-1} |a_{ij}| + q\sum_{j=1}^{i-1} |a_{ij}|}{1 - \sum_{j=1}^{i-1} |a_{ij}|}$$

$$= q - \frac{(1-q)\sum_{j=1}^{i-1} |a_{ij}|}{1 - \sum_{j=1}^{i-1} |a_{ij}|} \leq q \,.$$

Beispiel

Man suche mit Hilfe des **Einzelschritt-Verfahrens** mit Startvektor $\vec{x}^{(0)} := (1, 0, 0)^T$ eine Näherungslösung für das Gleichungssystem

$$\begin{pmatrix} \frac{1}{2} & 1 & \frac{1}{6} \\ 0 & 1 & 2 \\ 4 & 2 & 0 \end{pmatrix} \begin{pmatrix} x_1 \\ x_2 \\ x_3 \end{pmatrix} = \begin{pmatrix} 1 \\ 6 \\ 4 \end{pmatrix}.$$

Zunächst wird das Problem so aufbereitet, dass die Anwendbarkeit des Einzelschritt-Verfahrens gesichert ist (**Diagonaldominanz, auf Eins normierte Diagonale**). Im vorliegenden Fall bedeutet das z.B. das zyklische Vertau-

Basistext

schen aller Zeilen und Division durch die neuen Diagonalelemente, also

$$\begin{pmatrix} 1 & \frac{1}{2} & 0 \\ \frac{1}{2} & 1 & \frac{1}{6} \\ 0 & \frac{1}{2} & 1 \end{pmatrix} \begin{pmatrix} x_1 \\ x_2 \\ x_3 \end{pmatrix} = \begin{pmatrix} 1 \\ 1 \\ 3 \end{pmatrix}.$$

Angewandt auf dieses **diagonaldominante Gleichungssystem** liefert das Einzelschritt-Verfahren,

$$\vec{x}^{(0)} = (1,0,0)^T,$$

$$x_1^{(k+1)} = -\frac{1}{2}x_2^{(k)} + 1,$$

$$x_2^{(k+1)} = -\frac{1}{2}x_1^{(k+1)} - \frac{1}{6}x_3^{(k)} + 1,$$

$$x_3^{(k+1)} = -\frac{1}{2}x_2^{(k+1)} + 3,$$

für $k \in \mathbb{N}$ folgende erste Resultate:

$$x_1^{(1)} = -\frac{1}{2} \cdot 0 + 1 = 1,$$

$$x_2^{(1)} = -\frac{1}{2} \cdot 1 - \frac{1}{6} \cdot 0 + 1 = \frac{1}{2},$$

$$x_3^{(1)} = -\frac{1}{2} \cdot \frac{1}{2} + 3 = \frac{11}{4},$$

$$x_1^{(2)} = -\frac{1}{2} \cdot \frac{1}{2} + 1 = \frac{3}{4},$$

$$x_2^{(2)} = -\frac{1}{2} \cdot \frac{3}{4} - \frac{1}{6} \cdot \frac{11}{4} + 1 = \frac{1}{6},$$

$$x_3^{(2)} = -\frac{1}{2} \cdot \frac{1}{6} + 3 = \frac{35}{12}.$$

Tabellarisch lassen sich diese Resultate wie folgt festhalten:

k	0	1	2	3	$k \to \infty$	∞
$x_1^{(k)}$	1	1	$\frac{3}{4}$	$\frac{11}{12}$	$\longrightarrow$	1
$x_2^{(k)}$	0	$\frac{1}{2}$	$\frac{1}{6}$	$\frac{1}{18}$	$\longrightarrow$	0
$x_3^{(k)}$	0	$\frac{11}{4}$	$\frac{35}{12}$	$\frac{107}{36}$	$\longrightarrow$	3

Die obige Tabelle enthält bereits eine Vermutung für den Grenzwert der Iterationsvektoren, nämlich $\vec{x} = (1,0,3)^T$.

Basistext

Durch eine Probe bestätigt man in der Tat, dass dieser Vektor das Ausgangsgleichungssystem löst. Präzise **a-priori- und a-posteriori-Fehlerabschätzungen** für dieses Beispiel ergeben sich gemäß

$$p := \max\left\{\frac{\frac{1}{2}}{1-0}, \frac{\frac{1}{6}}{1-\frac{1}{2}}, \frac{0}{1-\frac{1}{2}}\right\} = \frac{1}{2} < 1,$$

$$\|\vec{x} - \vec{x}^{(k)}\|_\infty \leq 2(\frac{1}{2})^k \|\vec{x}^{(1)} - \vec{x}^{(0)}\|_\infty = \frac{11}{2}(\frac{1}{2})^k,$$

$$\|\vec{x} - \vec{x}^{(k)}\|_\infty \leq 2\frac{1}{2}\|\vec{x}^{(k)} - \vec{x}^{(k-1)}\|_\infty = \|\vec{x}^{(k)} - \vec{x}^{(k-1)}\|_\infty.$$

3.13 SOR-Verfahren **

Das SOR-Verfahren dient der näherungsweisen Berechnung der Lösung eines durch eine reguläre Matrix $A \in \mathbb{R}^{n \times n}$ und einen Vektor $\vec{b} \in \mathbb{R}^n$ gegebenen linearen Gleichungssystems $A\vec{x} = \vec{b}$. Hat die Matrix A nur Einsen in der Hauptdiagonale, dann iteriert man ausgehend von einem beliebigen Startvektor $\vec{x}^{(0)} \in \mathbb{R}^n$ und vorgegebenem Relaxationsparameter $\omega \in (0,2)$ gemäß

$$\tilde{x}_i^{(k+1)} := -\sum_{j=1}^{i-1} a_{ij} x_j^{(k+1)} - \sum_{j=i+1}^{n} a_{ij} x_j^{(k)} + b_i$$

$$x_i^{(k+1)} := x_i^{(k)} + \omega(\tilde{x}_i^{(k+1)} - x_i^{(k)}),$$

für $1 \leq i \leq n$ und $k \in \mathbb{N}$. Falls A symmetrisch ist und das Zeilensummenkriterium erfüllt, ist die Konvergenz der so entstehenden Vektorfolge $(\vec{x}^{(k)})_{k \in \mathbb{N}}$ gegen die gesuchte Lösung $\vec{x}$ des linearen Gleichungssystems gesichert.

Basistext

3.13 SOR-Verfahren **

Zum Abschluss der Betrachtung von iterativen Verfahren zur Lösung großer linearer Gleichungssysteme wird eine weitere mögliche Verbesserung von **Gesamt- und Einzelschritt-Verfahren** (vgl. Wissensbausteine »Gesamtschritt-Verfahren« (S. 76) und »Einzelschritt-Verfahren« (S. 83)) vorgestellt, nämlich das sogenannte **SOR-Verfahren** (Sucsessive OverRelaxation). Dabei wird aber lediglich ein auf Edgar Reich (ohne Bild) und Alexander Ostrowski (1893-1986) zurückgehendes Resultat für **symmetrische Matrizen** aus den frühen 50-er Jahren des letzten Jahrhunderts formuliert und auf Details verzichtet.

Konvergenzsatz für das SOR-Verfahren   *Satz*
Es sei $A \in \mathbf{R}^n$ eine reguläre **symmetrische** Matrix mit $a_{ii} = 1$ für $1 \leq i \leq n$ und A erfülle das **Zeilensummenkriterium**. Ferner sei $\vec{b} \in \mathbf{R}^n$ gegeben und $\vec{x} \in \mathbf{R}^n$ mit $A\vec{x} = \vec{b}$ gesucht. Wählt man nun $\vec{x}^{(0)} \in \mathbf{R}^n$ beliebig sowie einen **Relaxationsparameter** $\omega \in (0, 2)$ und berechnet die Vektorfolge $(\vec{x}^{(k)})_{k \in \mathbf{N}}$ gemäß dem **SOR-Verfahren** komponentenweise als

```
for (int k=0; true; k++)
    for (int i=1; i<=n; i++)
    {
```
$$\tilde{x}_i^{(k+1)} := -\sum_{j=1}^{i-1} a_{ij} x_j^{(k+1)} - \sum_{j=i+1}^{n} a_{ij} x_j^{(k)} + b_i;$$
$$x_i^{(k+1)} := x_i^{(k)} + \omega(\tilde{x}_i^{(k+1)} - x_i^{(k)});$$
```
    }
```
dann gilt $\lim\limits_{k \to \infty} \vec{x}^{(k)} = \vec{x}$.

Siehe z.B. /Schaback 05/, /Schwarz 04/, /Stoer 05b/. □   *Beweis*

Basistext

Bemerkung

Wissenswertes zum SOR-Verfahren: Zunächst liefert das **SOR-Verfahren**, das auch häufig einfach als **Relaxationsverfahren** bezeichnet wird, für den **Relaxationsparameter** $\omega = 1$ genau das **Einzelschritt-Verfahren** nach Gauß-Seidel (vgl. Wissensbaustein »Einzelschritt-Verfahren« (S. 83)). Generell kann man zeigen, dass nur Relaxationsparameter ω aus dem Intervall $(0,2)$ zu vernünftigen Verfahren führen (**Satz von Kahan, 1958**). Das Ziel besteht natürlich stets darin, für eine gegebene Matrix A einen **optimalen Relaxationsparameter** zu finden, so dass die Näherungsvektoren möglichst schnell gegen die gesuchte Lösung des linearen Gleichungssystems konvergieren (Details siehe /Schaback 05/, /Schwarz 04/, /Stoer 05b/).

3.14 Von-Mises-Geiringer-Verfahren **

Das Von-Mises-Geiringer-Verfahren dient der näherungsweisen Berechnung des betragsgrößten Eigenwerts einer diagonalisierbaren Matrix $A \in \mathbb{R}^{n \times n}$ und eines zugehörigen Eigenvektors. Ausgehend von einem geeignet zu wählenden Startvektor $\vec{x}^{(0)} \in \mathbb{R}^n$ iteriert man gemäß

$$\vec{\tilde{x}}^{(k+1)} := A\vec{x}^{(k)}, \qquad \vec{x}^{(k+1)} := \frac{\vec{\tilde{x}}^{(k+1)}}{\|\vec{\tilde{x}}^{(k+1)}\|_2},$$

für $k \in \mathbb{N}$. Unter bestimmten Bedingungen ist die Konvergenz gewisser, aus der Vektorfolge $(\vec{x}^{(k)})_{k \in \mathbb{N}}$ gebildeter Teil- oder Quotientenfolgen gesichert, aus denen dann die gewünschten Rückschlüsse auf den betragsgrößten Eigenwert und einen zugehörigen Eigenvektor gezogen werden können.

Basistext

3.14 Von-Mises-Geiringer-Verfahren **

In vielen praktischen Anwendungen ist die Kenntnis des **betragsgrößten Eigenwerts** und eines **zugehörigen Eigenvektors** einer speziellen Matrix (Systemmatrix, Modellmatrix) ausreichend, um gewisse Vorhersagen über das Verhalten des jeweiligen dynamischen Systems oder Modells treffen zu können. Das gesamte Spektrum ist also häufig gar nicht zu berechnen. Die Frage, die sich nun stellt, lautet: Gibt es ein Verfahren, welches speziell Auskunft über diesen sogenannten **dominanten Eigenwert** mit einem **zugehörigen Eigenvektor** gibt? Die Antwort auf diese Frage ist positiv und wird durch das **Von-Mises-Geiringer-Verfahren** gegeben, welches auf Richard von Mises (1883-1953) und Hilda Geiringer von Mises (1893-1973) zurückgeht (erste Hälfte des letzten Jahrhunderts).

> **Konvergenzsatz für Von-Mises-Geiringer-Verfahren**
> Es sei $A \in \mathbf{R}^{n \times n}$ eine **diagonalisierbare** Matrix mit **dominantem Eigenwert** λ_n, d.h., für die Eigenwerte $\lambda_1, \lambda_2, \ldots, \lambda_n$ von A gilt $|\lambda_n| > |\lambda_{n-1}| \geq |\lambda_{n-2}| \geq \ldots \geq |\lambda_1|$.
>
> Insbesondere ist also λ_n ein **reeller Eigenwert** von A. Ferner seien $\vec{r}^{(1)}, \vec{r}^{(2)}, \ldots, \vec{r}^{(n)} \in \mathbf{C}^n$ zugehörige linear unabhängige Eigenvektoren sowie $\vec{x}^{(0)} \in \mathbf{R}^n$ ein Vektor mit nichtverschwindendem Beitrag in $\vec{r}^{(n)}$-Richtung, d.h., es gibt Koeffizienten $\alpha_1, \alpha_2, \ldots, \alpha_n \in \mathbf{C}$ mit
>
> $$\vec{x}^{(0)} = \alpha_1 \vec{r}^{(1)} + \alpha_2 \vec{r}^{(2)} + \cdots + \alpha_n \vec{r}^{(n)}, \qquad |\alpha_n| \neq 0 \,.$$
>
> Berechnet man nun die Vektorfolge $(\vec{x}^{(k)})_{k \in \mathbf{N}}$ gemäß dem **Von-Mises-Geiringer-Verfahren** als
>
> ```
> for (int k=0; true; k++)
> {
> ```
> $$\vec{x}^{(k+1)} := A\vec{x}^{(k)}; \quad \vec{x}^{(k+1)} := \frac{\vec{x}^{(k+1)}}{\|\vec{x}^{(k+1)}\|_2};$$
> ```
> }
> ```

Satz

Basistext

so gilt
$$\lim_{k\to\infty} \vec{x}^{(2k)} = \frac{\alpha_n \vec{r}^{(n)}}{\|\alpha_n \vec{r}^{(n)}\|_2} \quad \text{und} \quad \lim_{k\to\infty} \frac{x_i^{(k+1)}}{x_i^{(k)}} = \lambda_n \,,$$

letzteres allerdings nur, falls für den Index $i \in \{1,\ldots,n\}$ die Bedingung $r_i^{(n)} \neq 0$ erfüllt ist und die auftauchenden Quotienten existieren.

Beweis Zunächst ist leicht einzusehen, dass
$$\vec{x}^{(k)} = \frac{A^k \vec{x}^{(0)}}{\|A^k \vec{x}^{(0)}\|_2} \,, \quad k \in \mathbf{N}^* \,,$$

gilt (vollständige Induktion). Betrachtet man nun
$$\begin{aligned}
A^k \vec{x}^{(0)} &= A^k \left(\alpha_1 \vec{r}^{(1)} + \alpha_2 \vec{r}^{(2)} + \cdots + \alpha_n \vec{r}^{(n)} \right) \\
&= \alpha_1 A^k \vec{r}^{(1)} + \alpha_2 A^k \vec{r}^{(2)} + \cdots + \alpha_n A^k \vec{r}^{(n)} \\
&= \alpha_1 \lambda_1^k \vec{r}^{(1)} + \alpha_2 \lambda_2^k \vec{r}^{(2)} + \cdots + \alpha_n \lambda_n^k \vec{r}^{(n)} \\
&= \lambda_n^k \alpha_n \left(\vec{r}^{(n)} + \frac{\alpha_1}{\alpha_n} \left(\frac{\lambda_1}{\lambda_n}\right)^k \vec{r}^{(1)} + \cdots + \frac{\alpha_{n-1}}{\alpha_n} \left(\frac{\lambda_{n-1}}{\lambda_n}\right)^k \vec{r}^{(n-1)} \right) ,
\end{aligned}$$

so folgt wegen der **Dominanz** von λ_n aus $\lim_{k\to\infty} \left(\frac{\lambda_i}{\lambda_n}\right)^k = 0$ für $1 \leq i \leq n-1$ sofort

$$\begin{aligned}
\lim_{k\to\infty} \vec{x}^{(2k)} &= \lim_{k\to\infty} \frac{A^{2k}\vec{x}^{(0)}}{\|A^{2k}\vec{x}^{(0)}\|_2} \\
&= \lim_{k\to\infty} \frac{\lambda_n^{2k}\alpha_n\left(\vec{r}^{(n)} + \frac{\alpha_1}{\alpha_n}\left(\frac{\lambda_1}{\lambda_n}\right)^{2k}\vec{r}^{(1)} + \cdots + \frac{\alpha_{n-1}}{\alpha_n}\left(\frac{\lambda_{n-1}}{\lambda_n}\right)^{2k}\vec{r}^{(n-1)}\right)}{\lambda_n^{2k}\left\|\alpha_n\left(\vec{r}^{(n)} + \frac{\alpha_1}{\alpha_n}\left(\frac{\lambda_1}{\lambda_n}\right)^{2k}\vec{r}^{(1)} + \cdots + \frac{\alpha_{n-1}}{\alpha_n}\left(\frac{\lambda_{n-1}}{\lambda_n}\right)^{2k}\vec{r}^{(n-1)}\right)\right\|_2} \\
&= \frac{\alpha_n \vec{r}^{(n)}}{\|\alpha_n \vec{r}^{(n)}\|_2}
\end{aligned}$$

und
$$\begin{aligned}
\lim_{k\to\infty} \frac{x_i^{(k+1)}}{x_i^{(k)}} &= \lim_{k\to\infty} \frac{(A\vec{x}^{(k)})_i}{x_i^{(k)}} = \lim_{k\to\infty} \frac{\left(\frac{A^{k+1}\vec{x}^{(0)}}{\|A^k\vec{x}^{(0)}\|_2}\right)_i}{\left(\frac{A^k\vec{x}^{(0)}}{\|A^k\vec{x}^{(0)}\|_2}\right)_i} \\
&= \lim_{k\to\infty} \frac{\left(A^{k+1}\vec{x}^{(0)}\right)_i}{\left(A^k\vec{x}^{(0)}\right)_i} = \lim_{k\to\infty} \frac{\left(\alpha_1\lambda_1^{k+1}\vec{r}^{(1)} + \cdots + \alpha_n\lambda_n^{k+1}\vec{r}^{(n)}\right)_i}{\left(\alpha_1\lambda_1^k\vec{r}^{(1)} + \cdots + \alpha_n\lambda_n^k\vec{r}^{(n)}\right)_i}
\end{aligned}$$

$$= \lim_{k \to \infty} \frac{\lambda_n^{k+1} \alpha_n \left(r_i^{(n)} + \frac{\alpha_1}{\alpha_n} \left(\frac{\lambda_1}{\lambda_n} \right)^{k+1} r_i^{(1)} + \cdots + \frac{\alpha_{n-1}}{\alpha_n} \left(\frac{\lambda_{n-1}}{\lambda_n} \right)^{k+1} r_i^{(n-1)} \right)}{\lambda_n^k \alpha_n \left(r_i^{(n)} + \frac{\alpha_1}{\alpha_n} \left(\frac{\lambda_1}{\lambda_n} \right)^{k} r_i^{(1)} + \cdots + \frac{\alpha_{n-1}}{\alpha_n} \left(\frac{\lambda_{n-1}}{\lambda_n} \right)^{k} r_i^{(n-1)} \right)}$$

$$= \lambda_n, \qquad \text{falls } r_i^{(n)} \neq 0 \,.$$

Damit ist der Satz bewiesen. □

Beispiel

Man suche den **betragsgrößten Eigenwert** und einen zugehörigen **Eigenvektor** der Matrix $A \in \mathbf{R}^{3 \times 3}$,

$$A := \begin{pmatrix} 3 & -3 & 1 \\ 0 & 0 & 1 \\ 0 & -1 & 0 \end{pmatrix},$$

mit Hilfe des **Von-Mises-Geiringer-Verfahrens**, wobei als Startvektor $\vec{x}^{(0)} := (0, 1, 0)^T$ gewählt werde und die Anwendbarkeit des Verfahrens vorausgesetzt werden möge. Basierend auf der Iterationsvorschrift

$$\vec{x}^{(0)} := (0, 1, 0)^T,$$

$$\vec{\tilde{x}}^{(k+1)} := A \vec{x}^{(k)}, \qquad \vec{x}^{(k+1)} := \frac{\vec{\tilde{x}}^{(k+1)}}{\| \vec{\tilde{x}}^{(k+1)} \|_2},$$

für $k \in \mathbf{N}$ erhält man in tabellarischer Form für die Komponenten der berechneten Vektoren:

k	$\tilde{x}_1^{(k)}$	$\tilde{x}_2^{(k)}$	$\tilde{x}_3^{(k)}$	$x_1^{(k)}$	$x_2^{(k)}$	$x_3^{(k)}$	$\frac{x_1^{(k)}}{x_1^{(k-1)}}$	$\frac{x_2^{(k)}}{x_2^{(k-1)}}$	$\frac{x_3^{(k)}}{x_3^{(k-1)}}$
0	/	/	/	0	1	0	/	/	/
1	-3	0	-1	$-\frac{3}{\sqrt{10}}$	0	$-\frac{1}{\sqrt{10}}$	/	0	/
2	$-\frac{10}{\sqrt{10}}$	$-\frac{1}{\sqrt{10}}$	0	$-\frac{10}{\sqrt{101}}$	$-\frac{1}{\sqrt{101}}$	0	$\frac{10}{3}$	/	0
3	$-\frac{27}{\sqrt{101}}$	0	$\frac{1}{\sqrt{101}}$	$-\frac{27}{\sqrt{730}}$	0	$\frac{1}{\sqrt{730}}$	$\frac{27}{10}$	0	/
4	$-\frac{80}{\sqrt{730}}$	$\frac{1}{\sqrt{730}}$	0	$-\frac{80}{\sqrt{6401}}$	$\frac{1}{\sqrt{6401}}$	0	$\frac{80}{27}$	/	0
↓				↓	↓	↓	↓		
∞				-1	0	0	3		

Basistext

Also ist die Vermutung gerechtfertigt, dass der **betragsgrößte Eigenwert** $\lambda_3 = 3$ ist und ein zugehöriger **Eigenvektor** zum Beispiel $\vec{r}^{(3)} = (-1, 0, 0)^T$. Mit Hilfe einer Probe bestätigt man zumindest die Eigenwert-Eigenvektor-Eigenschaft der gefundenen Lösung:

$$A\vec{r}^{(3)} = \begin{pmatrix} 3 & -3 & 1 \\ 0 & 0 & 1 \\ 0 & -1 & 0 \end{pmatrix} \begin{pmatrix} -1 \\ 0 \\ 0 \end{pmatrix} = \begin{pmatrix} -3 \\ 0 \\ 0 \end{pmatrix} = 3\,\vec{r}^{(3)}.$$

Eine vollständige Eigenwert-Eigenvektor-Analyse von A würde darüber hinaus zeigen, dass $\lambda_3 = 3$ in der Tat der betragsgrößte Eigenwert von A ist. Auf den expliziten Nachweis wird verzichtet.

Führen Sie eine vollständige Eigenwert-Eigenvektor-Analyse für die im obigen Beispiel gegebene Matrix A durch.

Basistext

4 Grafische Visualisierungsmethoden *

Eine der wichtigsten Herausforderungen im Bereich der Computer-Grafik ist es, für einen gegebenen Datensatz, der z.B. durch Abtastung einer Kontur oder durch sonstige Messung oder Erhebung entstanden ist, eine **Kurve** oder im dreidimensionalen Fall eine **Fläche** zu finden, die diesen Datensatz **gut** wiedergibt. Was man dabei unter **gut** versteht, kommt auf den Zusammenhang an und soll im Folgenden an einem kleinen Beispiel veranschaulicht werden. Es sei der Querschnitt einer **Autokarosserie** abgetastet worden und man habe so insgesamt 21 Punkte im $\mathbb{R}^2$ erhalten, die in Abb. 4.0-1 skizziert sind.

Computer-Grafik

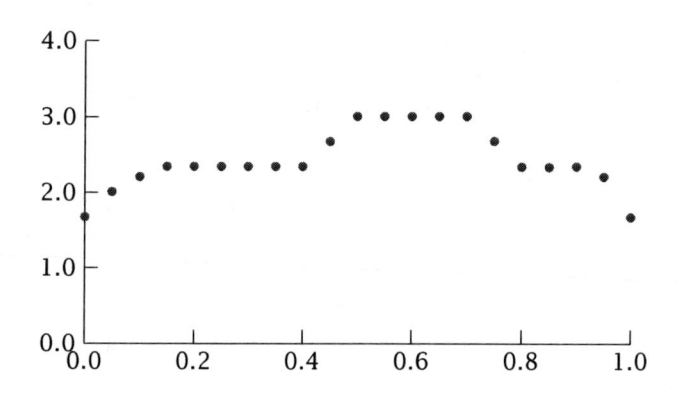

Abb. 4.0-1: Querschnitt einer einfachen Autokarosserie.

Möchte man sich einen ersten Eindruck vom Verlauf der durch die Punkte gegebenen Kontur verschaffen, ist es am einfachsten, die Punkte geradlinig zu verbinden (vgl. Abb. 4.0-2).

Basistext

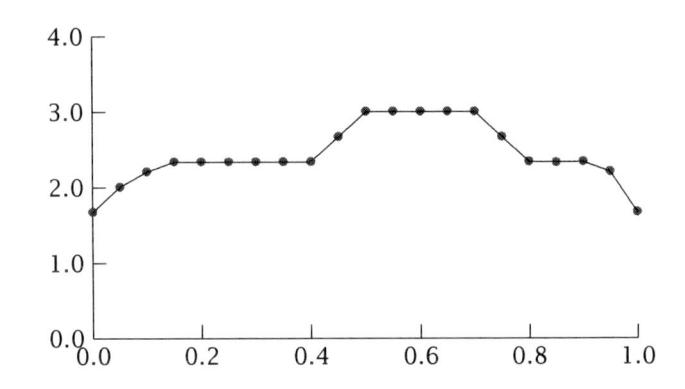

Abb. 4.0-2: Interpolation der Punkte durch ein Polygon.

Interpolation   Man spricht in diesem Zusammenhang von einer **stückweise linearen Interpolation** oder von einer **Interpolation durch ein Polygon**. Dabei besagt das Adjektiv **linear**, dass die Funktion zwischen je zwei Abtastpunkten ein Polynom vom Höchstgrad 1 ist, also eine lineare Funktion darstellt, und das Substantiv **Interpolation** ist abgeleitet vom lateinischen Verb **interpolare** (einschieben, einfügen). Man schiebt also bildlich gesprochen zwischen die Abtastpunkte Geraden ein, die die Punkte geradlinig verbinden. Der Vorteil dieses Vorgehens ist sicher die Einfachheit und die damit verbundene effiziente Implementierung. Der Nachteil besteht natürlich darin, dass die so erhaltene Kontur **Ecken** aufweist, die sie in der Realität i. Allg. nicht hat. Man ist zwar **nah** an den Abtastpunkten, aber im Verlauf leider **nicht glatt**. Aus diesem Grunde hat man den linearen Interpolationsgedanken weiterentwickelt. Man konnte so zeigen, dass nicht nur durch zwei verschiedene Punkte genau ein Polynom vom Höchstgrad 1 verläuft, sondern auch durch drei verschiedene Punkte genau ein Polynom vom Höchstgrad 2 verläuft, durch vier verschiedene Punkte genau ein Polynom vom Höchstgrad 3 verläuft und z.B. durch 21 verschie-

Basistext

dene Punkte genau ein Polynom vom Höchstgrad 20 verläuft. Diese sogenannten **Interpolationspolynome** kann man mit verschiedenen Techniken berechnen und man kommt so im vorliegenden Fall der abgetasteten Autokarosserie zu einer Visualisierung, die in Abb. 4.0-3 skizziert ist.

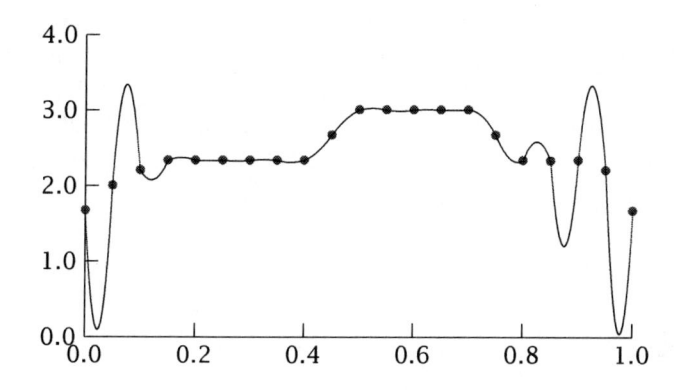

Abb. 4.0-3: Interpolation der Punkte durch ein Polynom.

Der Vorteil dieser neuen Interpolationsfunktion ist, dass die so erhaltene Kontur **keine Ecken** mehr aufweist. Allerdings ist man, insbesondere an den Rändern, weit davon entfernt, ein realistisches Aussehen generiert zu haben. Man hat zwar einen **glatten** Funktionsverlauf ohne Ecken an den Abtastpunkten, aber ist leider **nicht nah** an der Realität. Die Herausforderung besteht nun darin, beiden Anforderungen, also **Nähe und Glätte**, gerecht zu werden und zusätzlich noch einen **effizienten Berechnungsalgorithmus** zu garantieren.

Ein erster möglicher Schritt in diese Richtung besteht darin, dass man die ziemlich restriktive Forderung der **Interpolation** in Hinblick auf die Lage der abgetasteten Punkte **auf dem Graf** der Näherungsfunktion fallen lässt und lediglich

Approximation

verlangt, dass die abgetasteten Punkte **in der Nähe des Grafen** der Visualisierungsfunktion liegen. Dies macht auch insofern Sinn, als die Abtastdaten i. Allg. mit Fehlern behaftet sind und damit eine exakte Reproduktion der Abtastpunkte auf dem Graf der Näherungsfunktion unangemessen ist. Man kommt somit auf natürliche Weise zum Konzept der **Approximation** (von lateinisch **approximare**, sich nähern, herankommen). Im Rahmen dieser Strategie erhält man z.B. für die Karosseriepunkte ein Polynom vom Höchstgrad 20, welches bereits wesentlich bessere Eigenschaften in Hinblick auf Realitätsnähe besitzt als das entsprechende Interpolationspolynom (vgl. Abb. 4.0-4).

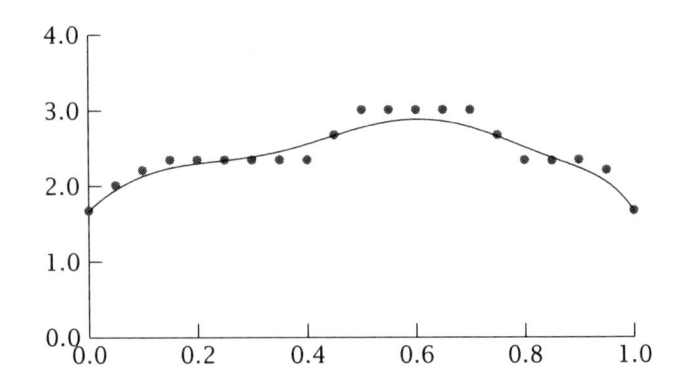

Abb. 4.0-4: Approximation der Punkte durch ein Polynom.

Allerdings hat auch dieses approximative Vorgehen, neben der nicht gerade überzeugenden Nähe zu den Abtastpunkten, noch einen weiteren entscheidenden Nachteil: Der Höchstgrad des Näherungspolynoms steigt mit der Anzahl der Punkte und führt so zu **Performanzproblemen**. Die schließlich vollends überzeugende Strategie besteht darin, eine Symbiose aus **nahen, aber nicht glatten Polygonen** und **nicht nahen, aber glatten Polynomen** zu finden.

Basistext

4 Grafische Visualisierungsmethoden * 99

Dies führt zu den sogenannten **Spline-Funktionen**, bei denen es sich um **stückweise glatt aneinander gehangene Polynome niedrigen Grades** handelt. Speziell für die Karosseriepunkte erhält man mit kubischen Splines, also stückweise polynomialen Funktionen vom Höchstgrad 3, die in Abb. 4.0-5 angegebene approximierende Näherungsfunktion.

Spline-Funktionen

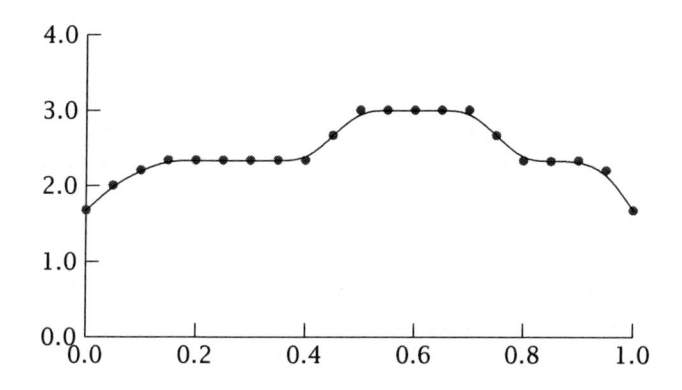

Abb. 4.0-5: Approximation der Punkte durch einen Spline.

Die detaillierte Einführung und Analyse der Spline-Techniken liegt leider jenseits dessen, was in diesem einführenden Buch geleistet werden kann. Hinsichtlich der rein polynomialen Techniken soll allerdings ein hinreichend breiter Überblick gegeben werden. Zu Beginn werden zunächst verschiedene **polynomiale Interpolationsstrategien** eingeführt und miteinander verglichen:

Überblick

- »Polynomiale Interpolation mit Monomen« (S. 101)
- »Polynomiale Interpolation nach Lagrange« (S. 105)
- »Polynomiale Interpolation nach Newton« (S. 111)
- »Polynomiale Interpolation nach Aitken-Neville« (S. 120)

Basistext

Daran anschließend wird die im Grafik-Kontext am weitesten verbreitete **polynomiale Approximationsstrategie** besprochen:

- »Polynomiale Approximation nach de Casteljau« (S. 126)

Zum Abschluss dieser grundlegenden Betrachtungen geht es dann in den folgenden beiden Wissensbausteinen um zwei der wichtigsten **Subdivision-Strategien**:

- »Interpolierende Subdivision nach Dubuc« (S. 134)
- »Approximierende Subdivision nach Chaikin« (S. 140)

In den darauf folgenden Wissensbausteinen werden einige **dreidimensionale Visualisierungstechniken über Rechtecken** vorgestellt:

- »Bilineare Interpolation über Rechtecken« (S. 147)
- »Gouraud-Schattierung über Rechtecken« (S. 149)
- »Phong-Schattierung über Rechtecken« (S. 153)
- »Transfinite Interpolation über Rechtecken« (S. 157)
- »Polynomiale Approximation über Rechtecken« (S. 163)

Abschließend werden dann noch einige **dreidimensionale Visualisierungstechniken über Dreiecken** skizziert:

- »Lineare Interpolation über Dreiecken« (S. 168)
- »Gouraud-Schattierung über Dreiecken« (S. 171)
- »Phong-Schattierung über Dreiecken« (S. 174)
- »Transfinite Interpolation über Rechtecken« (S. 157)
- »Polynomiale Approximation über Dreiecken« (S. 183)

Voraussetzungen Es sind Grundkenntnisse aus der Analysis und der linearen Algebra erforderlich, etwa in dem Umfang wie sie in /Lenze 06a/ und /Lenze 06b/ vermittelt werden.

Literatur Gezielte Hinweise zu ergänzender oder weiterführender Literatur werden jeweils innerhalb der einzelnen Wissensbausteine gegeben. An dieser Stelle seien lediglich die Bücher

Basistext

/Bungartz 02/ und /Zeppenfeld 04/ genannt, die speziell auf die Grundlagen der Computer-Grafik zugeschnitten sind und viele zusätzliche Fragestellungen behandeln, die im Folgenden nicht thematisiert werden.

4.1 Polynomiale Interpolation mit Monomen *

Bei der polynomialen Interpolation mit Monomen setzt man für einen gegebenen Datensatz $(x_i, y_i)^T \in \mathbb{R}^2$, $0 \leq i \leq n$, **mit Stützstellen** $x_0 < x_1 < \cdots < x_n$ **das gesuchte Interpolationspolynom** p **vom Höchstgrad** n **an als**

$$p(x) = a_n x^n + a_{n-1} x^{n-1} + \cdots + a_1 x + a_0.$$

Die insgesamt $(n+1)$ **Interpolationsbedingungen** $p(x_i) = y_i$ **für** $0 \leq i \leq n$ **führen zu einem regulären linearen Gleichungssystem mit** $(n+1)$ **Gleichungen für die** $(n+1)$ **Unbekannten** $a_n, a_{n-1}, \ldots, a_0$. **Die reguläre Koeffizientenmatrix dieses Gleichungssystems wird Vandermonde-Matrix genannt und das Gleichungssystem ist für große** n **numerisch problematisch.**

Lässt man sich ausgehend von der bekannten Tatsache, dass durch zwei verschiedene Punkte genau ein Polynom vom Höchstgrad 1 verläuft, von dem intuitiven Gedanken tragen, dass durch drei verschiedenen Punkte wahrscheinlich genau ein Polynom vom Höchstgrad 2 geht, durch vier verschiedene Punkte genau ein Polynom vom Höchstgrad 3 geht etc., dann liegt eine Lösung des allgemeinen Problems basierend auf einem Ansatz des durch die Punkte verlaufenden Polynoms auf der Hand. Zur Veranschaulichung der auf diesem naiven Ansatz beruhenden Interpolationstechnik, die im Folgenden kurz als **Interpolation mit Monomen** bezeichnet wird, betrachte man das folgende Beispiel.

Basistext

Beispiel

Gegeben seien vier zu interpolierende Punkte $(x_0, y_0)^T := (-3, 26)^T$, $(x_1, y_1)^T := (-2, 4)^T$, $(x_2, y_2)^T := (1, -2)^T$ und $(x_3, y_3)^T := (3, -76)^T$. Setzt man das gesuchte Interpolationspolynom an in der Form

$$p(x) = a_3 x^3 + a_2 x^2 + a_1 x + a_0 \,, \quad x \in \mathbf{R}\,,$$

dann liefern die vier **Interpolationsbedingungen** $p(x_i) = y_i$ für $0 \leq i \leq 3$ das lineare Gleichungssystem

$$\begin{aligned}
a_3 \cdot (-27) + a_2 \cdot 9 + a_1 \cdot (-3) + a_0 &= 26\,, \\
a_3 \cdot (-8) + a_2 \cdot 4 + a_1 \cdot (-2) + a_0 &= 4\,, \\
a_3 \cdot 1 + a_2 \cdot 1 + a_1 \cdot 1 + a_0 &= -2\,, \\
a_3 \cdot 27 + a_2 \cdot 9 + a_1 \cdot 3 + a_0 &= -76\,.
\end{aligned}$$

Löst man dieses lineare Gleichungssystem z.B. mit dem **Gaußschen Algorithmus**, so erhält man $a_3 = -2$, $a_2 = -3$, $a_1 = 1$ und $a_0 = 2$. Das **Interpolationspolynom** lautet also

$$p(x) = -2x^3 - 3x^2 + x + 2\,, \quad x \in \mathbf{R}\,,$$

und ist zusammen mit den zu interpolierenden Punkten in Abb. 4.1-1 wiedergegeben.

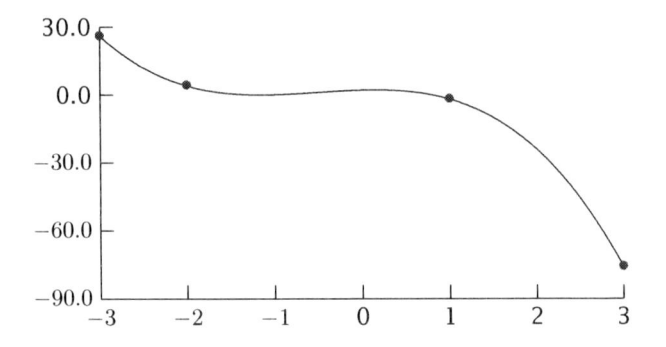

Abb. 4.1-1: Interpolation mit Monomen.

Basistext

4.1 Polynomiale Interpolation mit Monomen *

Nach diesem einführenden Beispiel werden nun die Resultate zusammengestellt, die die Lösung derartiger **Interpolationsprobleme** allgemein sichern.

Interpolationspolynom *Satz*
Es seien $(x_i, y_i)^T \in \mathbf{R}^2$, $0 \leq i \leq n$, mit Stützstellen $x_0 < x_1 < \cdots < x_n$ gegeben. Dann gibt es **genau ein Polynom** p vom Höchstgrad n, welches den **Interpolationsbedingungen**

$$p(x_i) = y_i, \quad 0 \leq i \leq n,$$

genügt. Das Polynom p wird **Interpolationspolynom** vom Höchstgrad n zu den gegebenen Interpolationspunkten genannt.

Die Eindeutigkeit folgt unter Ausnutzung des **Fundamentalsatzes der Algebra**, während sich die Existenz explizit aus den folgenden Konstruktionsstrategien ergibt. Details findet man z.B. in /Huckle 02/, /Locher 93/, /Schaback 05/ oder /Stoer 05a/. □ *Beweis*

Die einfachste Möglichkeit der **Berechnung** des gesuchten Interpolationspolynoms ist die folgende: Man setzt das gesuchte Polynom p an als **Linearkombination von Monomen**, *Monom-Strategie*

$$p(x) = a_n x^n + a_{n-1} x^{n-1} + \cdots + a_0,$$

wobei die Koeffizienten $a_n, a_{n-1}, \ldots, a_0$ gesucht werden. Bei vorgegebenen Interpolationspunkten $(x_i, y_i)^T \in \mathbf{R}^2$, $0 \leq i \leq n$, mit $x_0 < x_1 < \cdots < x_n$ liefert ein Einsetzen der Punkte in das Polynom p das **lineare Gleichungssystem**

$$
\begin{aligned}
p(x_0) = y_0 &\implies a_n x_0^n + a_{n-1} x_0^{n-1} + \cdots + a_0 = y_0, \\
p(x_1) = y_1 &\implies a_n x_1^n + a_{n-1} x_1^{n-1} + \cdots + a_0 = y_1, \\
&\vdots \\
p(x_n) = y_n &\implies a_n x_n^n + a_{n-1} x_n^{n-1} + \cdots + a_0 = y_n.
\end{aligned}
$$

Basistext

Man kann zeigen, dass dieses lineare Gleichungssystem stets **eindeutig lösbar** ist, und man bezeichnet die entstehende reguläre Koeffizientenmatrix

$$\begin{pmatrix} x_0^n & x_0^{n-1} & \cdots & x_0 & 1 \\ x_1^n & x_1^{n-1} & \cdots & x_1 & 1 \\ \vdots & \vdots & \vdots & \vdots & \vdots \\ x_n^n & x_n^{n-1} & \cdots & x_n & 1 \end{pmatrix} \in \mathbf{R}^{(n+1)\times(n+1)}$$

als **Vandermonde-Matrix**. Hat man also das Gleichungssystem gelöst, dann sind die Koeffizienten und damit das Interpolationspolynom bestimmt.

Beispiel Gegeben seien drei zu interpolierende Punkte $(x_0, y_0)^T := (-1, 0)^T$, $(x_1, y_1)^T := (0, -1)^T$ und $(x_2, y_2)^T := (2, 3)^T$. Setzt man das gesuchte **Interpolationspolynom mit Monomen** an in der Form

$$p(x) = a_2 x^2 + a_1 x + a_0 , \quad x \in \mathbf{R},$$

dann liefern die drei **Interpolationsbedingungen** $p(x_i) = y_i$ für $0 \leq i \leq 2$ das lineare Gleichungssystem

$$a_2 \cdot 1 + a_1 \cdot (-1) + a_0 = 0,$$
$$a_2 \cdot 0 + a_1 \cdot 0 \phantom{{}+{}} + a_0 = -1,$$
$$a_2 \cdot 4 + a_1 \cdot 2 \phantom{{}+{}} + a_0 = 3.$$

Löst man dieses lineare Gleichungssystem z.B. mit dem **Gaußschen Algorithmus**, so erhält man $a_2 = 1$, $a_1 = 0$ und $a_0 = -1$. Das **Interpolationspolynom** lautet also

$$p(x) = x^2 - 1, \quad x \in \mathbf{R},$$

und ist zusammen mit den zu interpolierenden Punkten in Abb. 4.1-2 wiedergegeben.

Basistext

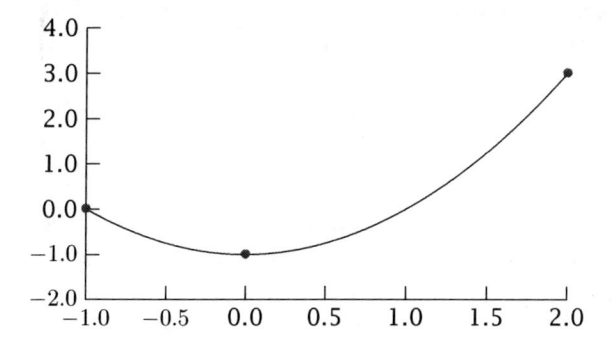

Abb. 4.1-2: Quadratisches Interpolationspolynom.

Praxis der Interpolation mit Monomen: Die Auswertung eines mit der obigen Strategie erhaltenen Interpolationspolynoms kann natürlich mit dem sehr effizienten **Horner-Algorithmus** geschehen, wie er z.B. in /Lenze 06a/ beschrieben ist. Dieser Vorteil wird jedoch dadurch relativiert, dass die Lösung des **Vandermonde-Systems** i. Allg. eine Komplexität von $O(n^3)$ besitzt und zudem für große n numerisch problematisch ist (Rundungsfehler akkumulieren sich in unangenehmer Weise).

Bemerkung

4.2 Polynomiale Interpolation nach Lagrange *

Bei der polynomialen Interpolation nach Lagrange setzt man für einen gegebenen Datensatz $(x_i, y_i)^T \in \mathbb{R}^2$, $0 \leq i \leq n$, **mit Stützstellen** $x_0 < x_1 < \cdots < x_n$ **das gesuchte Interpolationspolynom** p **vom Höchstgrad** n **an als**

$$p(x) = y_0 l_{0,n}(x) + y_1 l_{1,n}(x) + \cdots + y_n l_{n,n}(x) \,.$$

Basistext

Dabei bezeichnen $l_{i,n}$ **für** $0 \leq i \leq n$ **genau die** $(n+1)$ **zugehörigen Lagrange-Grundpolynome,**

$$l_{i,n}(x) := \prod_{\substack{j=0 \\ j \neq i}}^{n} \frac{x - x_j}{x_i - x_j} \, , \quad x \in \mathbb{R} \, .$$

Man macht sich schnell klar, dass es zur Lösung eines Interpolationsproblems ausreicht, Polynome zu kennen, die lediglich an einer Stelle x_i gleich 1 sind und an allen anderen Stellen x_j mit $j \neq i$ den Wert 0 liefern. Addiert man diese Polynome dann nach Multiplikation mit dem zugehörigen Wert y_i, so ergibt sich genau das Interpolationspolynom. Dies ist die Idee der **Interpolation nach Lagrange**, die auf den französischen Mathematiker Joseph Louis Lagrange (1736-1813) zurückgeht. Im Folgenden wird die **Lagrange-Strategie** zunächst anhand eines Beispiels erläutert.

Beispiel

Gegeben seien vier zu interpolierende Punkte $(x_0, y_0)^T := (-3, 26)^T$, $(x_1, y_1)^T := (-2, 4)^T$, $(x_2, y_2)^T := (1, -2)^T$ und $(x_3, y_3)^T := (3, -76)^T$. Definiert man die sogenannten **Lagrange-Grundpolynome** gemäß

$$l_{0,3}(x) := \frac{(x - x_1)\ (x - x_2)\ (x - x_3)}{(x_0 - x_1)\ (x_0 - x_2)\ (x_0 - x_3)} = \frac{(x - (-2))\ (x - 1)\ (x - 3)}{(-3 - (-2))\ (-3 - 1)\ (-3 - 3)},$$

$$l_{1,3}(x) := \frac{(x - x_0)\ (x - x_2)\ (x - x_3)}{(x_1 - x_0)\ (x_1 - x_2)\ (x_1 - x_3)} = \frac{(x - (-3))\ (x - 1)\ (x - 3)}{(-2 - (-3))\ (-2 - 1)\ (-2 - 3)},$$

$$l_{2,3}(x) := \frac{(x - x_0)\ (x - x_1)\ (x - x_3)}{(x_2 - x_0)\ (x_2 - x_1)\ (x_2 - x_3)} = \frac{(x - (-3))\ (x - (-2))\ (x - 3)}{(1 - (-3))\ (1 - (-2))\ (1 - 3)},$$

$$l_{3,3}(x) := \frac{(x - x_0)\ (x - x_1)\ (x - x_2)}{(x_3 - x_0)\ (x_3 - x_1)\ (x_3 - x_2)} = \frac{(x - (-3))\ (x - (-2))\ (x - 1)}{(3 - (-3))\ (3 - (-2))\ (3 - 1)},$$

und darauf aufbauend das gesuchte **Interpolationspolynom** als

$$\begin{aligned} p(x) &= y_0 l_{0,3}(x) + y_1 l_{1,3}(x) + y_2 l_{2,3}(x) + y_3 l_{3,3}(x) \\ &= 26 l_{0,3}(x) + 4 l_{1,3}(x) - 2 l_{2,3}(x) - 76 l_{3,3}(x) \\ &= -2x^3 - 3x^2 + x + 2 \, , \quad x \in \mathbb{R} \, , \end{aligned}$$

Basistext

4.2 Polynomiale Interpolation nach Lagrange *

dann überprüft man mittels Probe sofort die Gültigkeit der vier **Interpolationsbedingungen** $p(x_i) = y_i$ für $0 \leq i \leq 3$. Das Interpolationspolynom ist zusammen mit den zu interpolierenden Punkten in Abb. 4.2-1 wiedergegeben und stimmt natürlich mit dem Polynom überein, welches bereits mittels der auf dem Monom-Ansatz beruhenden Strategie (vgl. Wissensbaustein »Polynomiale Interpolation mit Monomen« (S. 101)) gefunden wurde.

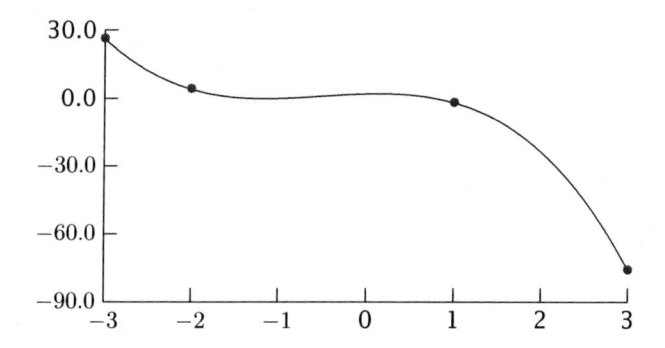

Abb. 4.2-1: Interpolation nach Lagrange.

Nach diesem einführenden Beispiel werden nun ganz allgemein die Hilfsmittel bereitgestellt, die zur Lösung des Interpolationsproblems mit der Lagrange-Technik benötigt werden. In erster Linie sind dies die sogenannten **Lagrange-Grundpolynome**.

Lagrange-Grundpolynome   Definition
Es seien beliebige Stützstellen $x_i \in \mathbf{R}$, $0 \leq i \leq n$, mit $x_0 < x_1 < \cdots < x_n$ gegeben. Dann bezeichnet man die für $i \in \{0, 1, \ldots, n\}$ gegebenen Polynome

$$l_{i,n} : \mathbf{R} \to \mathbf{R}, \quad x \mapsto \prod_{\substack{j=0 \\ j \neq i}}^{n} \frac{x - x_j}{x_i - x_j},$$

Basistext

als **Lagrange-Grundpolynome vom Grad** n (zu den Stützstellen $x_0 < x_1 < \cdots < x_n$).

Beispiel Für $n = 0$ lautet das **Lagrange-Grundpolynom** schlicht

$$l_{0,0}(x) = 1 \,,$$

für $n = 1$ lauten die beiden zugehörigen **Lagrange-Grundpolynome**

$$l_{0,1}(x) = \frac{x - x_1}{x_0 - x_1} \quad \text{und} \quad l_{1,1}(x) = \frac{x - x_0}{x_1 - x_0}$$

und schließlich für $n = 2$ die drei **Lagrange-Grundpolynome**

$$l_{0,2}(x) = \frac{(x - x_1)(x - x_2)}{(x_0 - x_1)(x_0 - x_2)} \,,$$

$$l_{1,2}(x) = \frac{(x - x_0)(x - x_2)}{(x_1 - x_0)(x_1 - x_2)} \,,$$

$$l_{2,2}(x) = \frac{(x - x_0)(x - x_1)}{(x_2 - x_0)(x_2 - x_1)} \,.$$

Die wichtigste Eigenschaft der Lagrange-Grundpolynome, auf der ihre Fähigkeit zur schnellen Generierung von Interpolationspolynomen beruht, ist die sogenannte **Dirac-Eigenschaft**, benannt nach dem englischen Mathematiker und Physiker Paul Dirac (1902-1984).

Satz **Dirac-Eigenschaft der Lagrange-Grundpolynome**
Es seien beliebige Stützstellen $x_i \in \mathbf{R}$, $0 \leq i \leq n$, mit $x_0 < x_1 < \cdots < x_n$ gegeben. Dann gilt für alle $i, k \in \{0, 1, \ldots, n\}$

$$l_{i,n}(x_k) = \begin{cases} 1 \text{ falls } k = i \\ 0 \text{ falls } k \neq i \end{cases} \quad \textbf{(Dirac-Eigenschaft)}.$$

Basistext

4.2 Polynomiale Interpolation nach Lagrange *

Es seien $i, k \in \{0, 1, \ldots, n\}$ beliebig gegeben und x_k eine Stützstelle. Dann gilt

$$l_{i,n}(x_k) = \prod_{\substack{j=0 \\ j \neq i}}^{n} \frac{x_k - x_j}{x_i - x_j} = \left\{ \begin{array}{l} 1 \text{ falls } k = i \\ 0 \text{ falls } k \neq i \end{array} \right\}.$$

Beweis

□

Aufgrund des obigen Resultats ist es nun offensichtlich, dass für einen beliebig gegebenen Datensatz $(x_i, y_i)^T \in \mathbf{R}^2$, $0 \leq i \leq n$, mit Stützstellen $x_0 < x_1 < \cdots < x_n$ das gesuchte Interpolationspolynom p vom Höchstgrad n berechenbar ist als

Lagrange-Strategie

$$p(x) = y_0 l_{0,n}(x) + y_1 l_{1,n}(x) + \cdots + y_n l_{n,n}(x) .$$

Man setze einfach eine beliebige Stützstelle ein und nutze die Dirac-Eigenschaft der Lagrange-Grundpolynome aus.

Gegeben seien drei zu interpolierende Punkte $(x_0, y_0)^T :=$ $(-1, 0)^T$, $(x_1, y_1)^T := (0, -1)^T$ und $(x_2, y_2)^T := (2, 3)^T$. Definiert man die **Lagrange-Grundpolynome** gemäß

Beispiel

$$l_{0,2}(x) := \frac{(x - x_1)}{(x_0 - x_1)} \frac{(x - x_2)}{(x_0 - x_2)} = \frac{(x - 0)}{(-1 - 0)} \frac{(x - 2)}{(-1 - 2)},$$

$$l_{1,2}(x) := \frac{(x - x_0)}{(x_1 - x_0)} \frac{(x - x_2)}{(x_1 - x_2)} = \frac{(x - (-1))}{(0 - (-1))} \frac{(x - 2)}{(0 - 2)},$$

$$l_{2,2}(x) := \frac{(x - x_0)}{(x_2 - x_0)} \frac{(x - x_1)}{(x_2 - x_1)} = \frac{(x - (-1))}{(2 - (-1))} \frac{(x - 0)}{(2 - 0)},$$

und darauf aufbauend das gesuchte **Interpolationspolynom** als

$$\begin{aligned} p(x) &= y_0 l_{0,2}(x) + y_1 l_{1,2}(x) + y_2 l_{2,2}(x) \\ &= 0 l_{0,2}(x) - l_{1,2}(x) + 3 l_{2,2}(x) \\ &= x^2 - 1 , \quad x \in \mathbf{R} , \end{aligned}$$

dann überprüft man mittels Probe sofort die Gültigkeit der drei **Interpolationsbedingungen** $p(x_i) = y_i$ für $0 \leq i \leq 2$.

Basistext

Das Interpolationspolynom ist zusammen mit den zu interpolierenden Punkten in Abb. 4.2-2 wiedergegeben und stimmt natürlich mit dem Polynom überein, welches bereits mittels der auf dem Monom-Ansatz beruhenden Strategie (vgl. Wissensbaustein »Polynomiale Interpolation mit Monomen« (S. 101)) gefunden wurde.

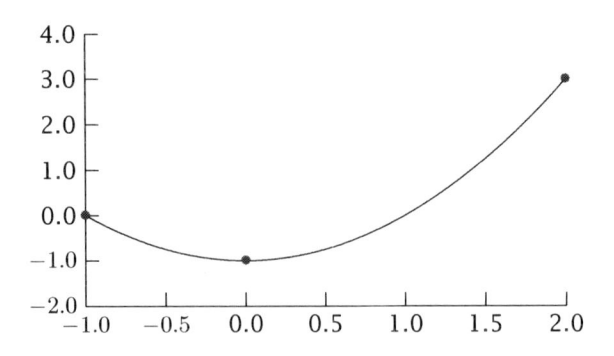

Abb. 4.2-2: Quadratisches Interpolationspolynom.

Bemerkung

Praxis der Interpolation nach Lagrange: Für die Auswertung eines mit der **Lagrange-Strategie** erhaltenen Interpolationspolynoms gibt es keinen Algorithmus, der in Hinblick auf Effizienz mit dem **Horner-Algorithmus** vergleichbar wäre. In diesem Sinne ist die **Lagrange-Strategie** primär von akademischem Interesse, allerdings ist ihre prinzipielle Idee von fundamentaler Bedeutung. Aus diesem Grunde ist die Beschäftigung mit ihr durchaus gerechtfertigt.

Basistext

4.3 Polynomiale Interpolation nach Newton *

Bei der polynomialen Interpolation nach Newton setzt man für einen gegebenen Datensatz $(x_i, y_i)^T \in \mathbb{R}^2$, $0 \leq i \leq n$, mit Stützstellen $x_0 < x_1 < \cdots < x_n$ das gesuchte Interpolationspolynom p vom Höchstgrad n an als

$$p(x) = d_0 w_0(x) + d_1 w_1(x) + \cdots + d_n w_n(x) \,.$$

Dabei bezeichnen w_i für $0 \leq i \leq n$ genau die $(n+1)$ zugehörigen Newton-Grundpolynome,

$$w_i(x) := \prod_{j=0}^{i-1}(x - x_j)\,, \quad x \in \mathbb{R}\,,$$

und die **Newton-Koeffizienten** $d_0, d_1, \ldots, d_n$ entnimmt man der oberen Schrägzeile des zum Datensatz gehörenden Dividierte-Differenzen-Schemas.

Wenn man sich nochmals die beiden bisherigen Interpolationstechniken in Erinnerung ruft, stellt man fest, dass man bei der **Interpolation mit Monomen** i. Allg. ein **kompliziertes Gleichungssystem** zu lösen hat, dafür jedoch mit dem **Horner-Algorithmus** eine **schnelle Auswertungsstrategie** zur Verfügung hat (vgl. Wissensbaustein »Polynomiale Interpolation mit Monomen« (S. 101)). Umgekehrt hat man bei Anwendung der **Interpolation nach Lagrange** den Vorteil, **gar kein Gleichungssystem** lösen zu müssen, allerdings steht hier jedoch leider **keine schnelle Auswertungsstrategie** zur Verfügung (vgl. Wissensbaustein »Polynomiale Interpolation nach Lagrange« (S. 105)). Aus diesem Grunde ist es sinnvoll, nach einer Strategie zu suchen, die die jeweiligen Vorteile der beiden bisherigen Techniken vereinigt: **moderates Gleichungssystem und schnelle Auswertungsstrategie**. Genau dies leistet die **Interpolation nach Newton**. Im Folgenden wird die **Newton-Strategie**,

Basistext

die, wie bereits das Newton-Verfahren zur Nullstellenberechnung aus Wissensbaustein »Newton-Verfahren« (S. 33), auf Sir Isaac Newton (1643-1727) zurückgeht, zunächst anhand eines Beispiels erläutert.

Beispiel Gegeben seien vier zu interpolierende Punkte $(x_0, y_0)^T := (-3, 26)^T$, $(x_1, y_1)^T := (-2, 4)^T$, $(x_2, y_2)^T := (1, -2)^T$ und $(x_3, y_3)^T := (3, -76)^T$. Definiert man die sogenannten **Newton-Grundpolynome** gemäß

$$w_0(x) := 1,$$
$$w_1(x) := (x - x_0) = (x - (-3)),$$
$$w_2(x) := (x - x_0)(x - x_1) = (x - (-3))(x - (-2)),$$
$$w_3(x) := (x - x_0)(x - x_1)(x - x_2) = (x - (-3))(x - (-2))(x - 1),$$

und setzt das gesuchte Interpolationspolynom an in der Form

$$p(x) = d_0 w_0(x) + d_1 w_1(x) + d_2 w_2(x) + d_3 w_3(x), \quad x \in \mathbb{R},$$

dann liefern die vier **Interpolationsbedingungen** $p(x_i) = y_i$ für $0 \leq i \leq 3$ das lineare Gleichungssystem

$$\begin{aligned}
d_0 \cdot 1 &= 26, \\
d_0 \cdot 1 + d_1 \cdot 1 &= 4, \\
d_0 \cdot 1 + d_1 \cdot 4 + d_2 \cdot 12 &= -2, \\
d_0 \cdot 1 + d_1 \cdot 6 + d_2 \cdot 30 + d_3 \cdot 60 &= -76.
\end{aligned}$$

Dieses Gleichungssystem ist leicht durch **Aufrollen von oben** lösbar und man erhält so die gesuchten **Newton-Koeffizienten** zu $d_0 = 26$, $d_1 = -22$, $d_2 = 5$ und $d_3 = -2$. Das **Interpolationspolynom** lautet also

$$\begin{aligned}
p(x) &= d_0 w_0(x) + d_1 w_1(x) + d_2 w_2(x) + d_3 w_3(x) \\
&= 26 w_0(x) - 22 w_1(x) + 5 w_2(x) - 2 w_3(x) \\
&= -2x^3 - 3x^2 + x + 2, \quad x \in \mathbb{R}.
\end{aligned}$$

Das Interpolationspolynom ist zusammen mit den zu interpolierenden Punkten in Abb. 4.3-1 wiedergegeben und

4.3 Polynomiale Interpolation nach Newton *

stimmt natürlich mit dem Polynom überein, welches bereits mittels der auf dem Monom-Ansatz beruhenden Strategie (vgl. Wissensbaustein »Polynomiale Interpolation mit Monomen« (S. 101)) sowie der Lagrange-Strategie (vgl. Wissensbaustein »Polynomiale Interpolation nach Lagrange« (S. 105)) gefunden wurde.

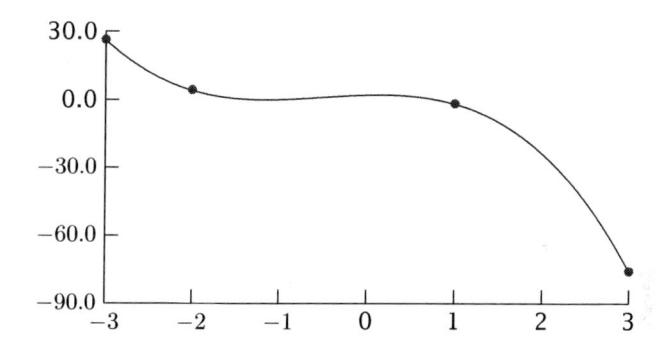

Abb. 4.3-1: Interpolation nach Newton.

Die Idee der Interpolation nach Newton besteht also darin, durch geschickte Wahl der Grundpolynome ein Gleichungssystem zu erzeugen, welches sehr effizient und einfach lösbar ist. Man kann sogar zeigen, dass die Lösung des entstehenden Gleichungssystems auf das Engste mit dem in Wissensbaustein »Dividierte-Differenzen-Verfahren« (S. 53) eingeführten **Dividierte-Differenzen-Verfahren** verknüpft ist.

Beispiel

Man betrachte noch einmal den Datensatz $(x_0, y_0)^T := (-3, 26)^T$, $(x_1, y_1)^T := (-2, 4)^T$, $(x_2, y_2)^T := (1, -2)^T$ und $(x_3, y_3)^T := (3, -76)^T$ der zu interpolierenden Punkte aus

Basistext

dem vorausgegangenen Beispiel. Für diesen Datensatz liefert das **Dividierte-Differenzen-Schema**

$$
\begin{array}{cccccc}
-3 & 26 & & & & \\
 & & \frac{4-26}{-2-(-3)} = -22 & & & \\
-2 & 4 & & & \frac{-2-(-22)}{1-(-3)} = 5 & \\
 & & \frac{-2-4}{1-(-2)} = -2 & & & \frac{-7-5}{3-(-3)} = -2 \\
1 & -2 & & \frac{-37-(-2)}{3-(-2)} = -7 & & \\
 & & \frac{-76-(-2)}{3-1} = -37 & & & \\
3 & -76 & & & & \\
\end{array}
$$

Offensichtlich ergeben sich die gesuchten **Newton-Koeffizienten** genau aus der **oberen Schrägzeile** des Schemas zu $d_0 = 26$, $d_1 = -22$, $d_2 = 5$ und $d_3 = -2$. Das **Interpolationspolynom** lautet also, wie bereits bekannt,

$$
\begin{aligned}
p(x) &= d_0 w_0(x) + d_1 w_1(x) + d_2 w_2(x) + d_3 w_3(x) \\
&= 26 + (-22)(x-(-3)) + 5(x-(-3))(x-(-2)) \\
&\quad + (-2)(x-(-3))(x-(-2))(x-1) \,, \quad x \in \mathbf{R} \,.
\end{aligned}
$$

Möchte man schließlich dieses Polynom effizient auswerten, so lässt sich dies durch geschicktes Ausklammern gemäß

$$
\begin{aligned}
p(x) &= 26 + \Big(-22 + 5(x-(-2)) + (-2)(x-(-2))(x-1)\Big)(x-(-3)) \\
&= 26 + \Big(-22 + \Big(5 + (-2)(x-1)\Big)(x-(-2))\Big)(x-(-3))
\end{aligned}
$$

erreichen. Man kommt so zum **Newton-Horner-Algorithmus**, der zur Handrechnung in einem dreizeiligen Schema, dem **Newton-Horner-Schema**, notiert werden kann. Möchte man also z.B. das obige Polynom an der Stelle $x := 2$ auswerten, so ergibt sich folgendes Newton-Horner-Schema, in dem der oben angegebene Klammerausdruck von innen nach außen abgearbeitet wird. Dabei wird, wie beim

4.3 Polynomiale Interpolation nach Newton * 115

gewöhnlichen Horner-Schema (vgl. z.B. /Lenze 06a/), spaltenweise addiert und von Spalte zu Spalte jeweils mit $x - x_i$ für $i = n - 1, n - 2, \ldots, 0$ multipliziert:

$$x = 2 \quad \begin{array}{|c|c|c|c|} \hline -2 & 5 & -22 & 26 \\ 0 & (-2) \cdot (2-1) & 3 \cdot (2-(-2)) & (-10) \cdot (2-(-3)) \\ \hline -2 & 3 & -10 & -24 \\ \hline \end{array}$$

Es gilt also $p(2) = -24$.

Nach diesen einführenden Beispielen werden nun ganz allgemein die Hilfsmittel bereitgestellt, die zur Lösung des Interpolationsproblems mit der Newton-Technik benötigt werden. In erster Linie sind dies die sogenannten **Newton-Grundpolynome**.

Newton-Grundpolynome *Definition*
Es seien beliebige Stützstellen $x_i \in \mathbf{R}$, $0 \leq i \leq n$, mit $x_0 < x_1 < \cdots < x_n$ gegeben. Dann bezeichnet man die für $i \in \{0, 1, \ldots, n\}$ gegebenen Polynome

$$w_i : \mathbf{R} \to \mathbf{R}, \qquad x \mapsto \prod_{j=0}^{i-1} (x - x_j),$$

als **Newton-Grundpolynome** (zu den Stützstellen $x_0 < x_1 < \cdots < x_n$).

Für $n = 0$ lautet das **Newton-Grundpolynom** schlicht *Beispiel*

$$w_0(x) = 1,$$

für $n = 1$ lauten die beiden zugehörigen **Newton-Grundpolynome**

$$w_0(x) = 1 \quad \text{und} \quad w_1(x) = (x - x_0)$$

Basistext

und schließlich für $n = 2$ die drei entsprechenden **Newton-Grundpolynome**

$$w_0(x) = 1, \quad w_1(x) = (x - x_0) \quad \text{und} \quad w_2(x) = (x - x_0)(x - x_1).$$

Die wichtigste Eigenschaft der Newton-Grundpolynome, auf der die Generierung eines einfachen linearen Gleichungssystems bzw. der Zusammenhang mit den dividierten Differenzen bei der Lösung des Interpolationsproblems beruht, ist die sogenannte **Nullstellen-Eigenschaft**.

Satz **Nullstellen-Eigenschaft der Newton-Grundpolynome**
Es seien beliebige Stützstellen $x_i \in \mathbf{R}$, $0 \leq i \leq n$, mit $x_0 < x_1 < \cdots < x_n$ gegeben. Dann gilt für alle $i,k \in \{0,1,\ldots,n\}$ mit $k < i$ die Identität

$$w_i(x_k) = 0 \qquad \text{(Nullstellen-Eigenschaft)}.$$

Beweis Es seien $i,k \in \{0,1,\ldots,n\}$ beliebig gegeben und x_k eine Stützstelle. Dann gilt

$$w_i(x_k) = \prod_{j=0}^{i-1}(x_k - x_j) = 0, \quad \text{falls} \quad k < i.$$

□

Newton-Strategie Unter Ausnutzung der Bezeichnungen aus Wissensbaustein »Dividierte-Differenzen-Verfahren« (S. 53) lässt sich nun die allgemeine **Newton-Strategie** nochmals im Zusammenhang skizzieren. Dazu seien die zu interpolierenden Punkte $(x_i, y_i)^T \in \mathbf{R}^2$, $0 \leq i \leq n$, mit Stützstellen $x_0 < x_1 < \cdots < x_n$ gegeben. Dann erfüllt das Polynom p vom Höchstgrad n,

$$p(x) := \sum_{k=0}^{n} [y_0, y_1, \ldots, y_k]\, w_k(x), \quad x \in \mathbf{R},$$

Basistext

4.3 Polynomiale Interpolation nach Newton *

die **Interpolationsbedingungen**

$$p(x_i) = y_i, \quad 0 \leq i \leq n.$$

Dabei bezeichnen $w_0, w_1, \ldots, w_n$ natürlich die **Newton-Grundpolynome** zu den Stützstellen $x_0 < x_1 < \ldots < x_n$ und $[y_0], [y_0, y_1], \ldots, [y_0, y_1, \ldots, y_n]$ die zum Datensatz gehörenden **dividierten Differenzen**, die im **Dividierte-Differenzen-Schema** aus der oberen Schrägzeile abgelesen werden können. Der Nachweis dafür, dass die dividierten Differenzen der oberen Schrägzeile in der Tat als **Newton-Koeffizienten** auftauchen, soll hier nicht geführt werden. Einen Beweis findet man z.B. in /Locher 93/, /Schaback 05/ oder /Stoer 05a/.

Die Auswertung des Polynoms p an einer Stelle $x \in \mathbf{R}$ erfolgt mit dem sogenannten **Newton-Horner-Algorithmus** (vgl. auch Abb. 4.3-2).

Auswertung

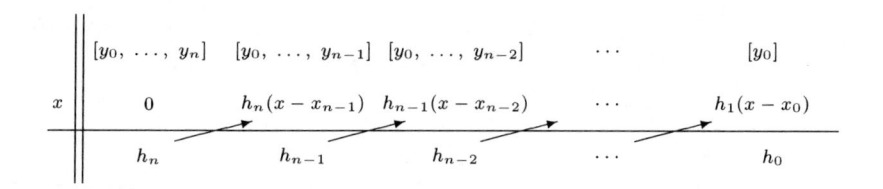

	$[y_0, \ldots, y_n]$	$[y_0, \ldots, y_{n-1}]$	$[y_0, \ldots, y_{n-2}]$	$\cdots$	$[y_0]$
x	0	$h_n(x - x_{n-1})$	$h_{n-1}(x - x_{n-2})$	$\cdots$	$h_1(x - x_0)$
	h_n	h_{n-1}	h_{n-2}	$\cdots$	h_0

Abb. 4.3-2: *Newton-Horner-Schema.*

Der Java-Code des Newton-Horner-Algorithmus mit den Identifikationen $x[i] := x_i$ und $d[i] := [y_0, \ldots, y_i]$ für $0 \leq i \leq n$ sieht wie folgt aus (dabei tauchen natürlich die Hilfsgrößen $h_n, \ldots, h_0 \in \mathbf{R}$ nicht auf, sondern sind dort effizienter durch Überspeichern der Hilfsvariable *help* realisiert):

Basistext

```
public double n_horner(double[] d, double[] x, double x_wert)
{
    int n=d.length-1;
    double help=d[n];
    for(int k=1;k<=n;k++) help=help*(x_wert-x[n-k])+d[n-k];
    return help;
}
```

Die Komplexität des Newton-Horner-Algorithmus beträgt (wie beim gewöhnlichen Horner-Algorithmus) $O(n)$ im Gegensatz zur $O(n^2)$-Komplexität bei direkter Auswertung des Polynoms p.

Beispiel Gegeben seien drei zu interpolierende Punkte $(x_0, y_0)^T := (-1, 0)^T$, $(x_1, y_1)^T := (0, -1)^T$ und $(x_2, y_2)^T := (2, 3)^T$. Zunächst definiert man die **Newton-Grundpolynome** gemäß

$$w_0(x) := 1,$$
$$w_1(x) := (x - x_0) = (x - (-1)),$$
$$w_2(x) := (x - x_0)(x - x_1) = (x - (-1))(x - 0).$$

Anschließend berechnet man die gesuchten **Newton-Koeffizienten** mit Hilfe des **Dividierte-Differenzen-Schemas**

$$\begin{array}{ccccc}
-1 & 0 & & & \\
& & \frac{-1-0}{0-(-1)} = -1 & & \\
0 & -1 & & & \frac{2-(-1)}{2-(-1)} = 1 \\
& & \frac{3-(-1)}{2-0} = 2 & & \\
2 & 3 & & &
\end{array}$$

unter Zugriff auf die Elemente der **oberen Schrägzeile** zu $d_0 = 0$, $d_1 = -1$ und $d_2 = 1$. Das **Interpolationspolynom** lautet also

$$p(x) = d_0 w_0(x) + d_1 w_1(x) + d_2 w_2(x)$$
$$= 0 + (-1)(x - (-1)) + 1(x - (-1))(x - 0), \quad x \in \mathbf{R}.$$

Basistext

4.3 Polynomiale Interpolation nach Newton *

Möchte man schließlich dieses Polynom z.B. an der Stelle $x := 1$ effizient auswerten, so lässt sich dies mit dem **Newton-Horner-Schema** tun:

$$x = 1 \begin{array}{c|c|c|c} & 1 & -1 & 0 \\ & 0 & (1-0)\cdot 1 & (1-(-1))\cdot 0 \\ \hline & 1 & 0 & 0 \end{array}$$

Es gilt also $p(1) = 0$. Das Interpolationspolynom ist zusammen mit den zu interpolierenden Punkten in Abb. 4.3-3 wiedergegeben, wobei der oben berechnete Funktionswert zusätzlich durch ein kleines Quadrat angedeutet ist. Abschließend sei erwähnt, dass das über die Newton-Strategie berechnete Polynom natürlich mit dem Polynom übereinstimmt, welches bereits mittels der auf dem Monom-Ansatz beruhenden Strategie (vgl. Wissensbaustein »Polynomiale Interpolation mit Monomen« (S. 101)) sowie der Lagrange-Strategie (vgl. Wissensbaustein »Polynomiale Interpolation nach Lagrange« (S. 105)) gefunden wurde (Nachweis durch Ausmultiplizieren und Überführung in eine Linearkombination von Monomen).

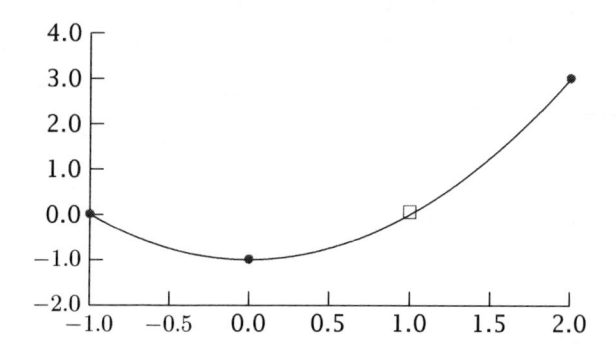

Abb. 4.3-3: Quadratisches Interpolationspolynom.

Basistext

Bemerkung

Praxis der Interpolation nach Newton: Bei der Implementierung der **Newton-Strategie** spielen die **Newton-Grundpolynome** explizit keine Rolle mehr. Es werden lediglich die **Newton-Koeffizienten** mit dem **Dividierte-Differenzen-Verfahren** berechnet und dann mit Hilfe des **Newton-Horner-Algorithmus** die benötigten Funktionswerte bestimmt. Ferner ist es problemlos möglich, einen weiteren Interpolationspunkt hinzuzunehmen und das i. Allg. um einen Grad höhere **neue Interpolationspolynom** zu berechnen. Man hat dazu lediglich das **Dividierte-Differenzen-Schema** um eine Zeile nach unten hin zu ergänzen und das **alte Interpolationspolynom** um einen zusätzlichen Summand zu erweitern. Dabei ist zu beachten, dass die Stützstellen nicht geordnet sein müssen, sondern lediglich verschieden zu sein haben.

4.4 Polynomiale Interpolation nach Aitken-Neville *

Bei der polynomialen Interpolation nach Aitken und Neville wertet man das zu einem gegebenen Datensatz $(x_i, y_i)^T \in \mathbb{R}^2$, $0 \leq i \leq n$, mit Stützstellen $x_0 < x_1 < \cdots < x_n$ gehörende Interpolationspolynom p vom Höchstgrad n an einer Stelle $x \in \mathbb{R}$ aus, ohne das Polynom p zuvor explizit berechnen zu müssen. Der dazu benötigte Aitken-Neville-Algorithmus wird initialisiert durch

$$p_{k,0}(x) := y_k, \quad 0 \leq k \leq n,$$

und berechnet dann die Größen

$$p_{k,l}(x) := \frac{x_{k+l} - x}{x_{k+l} - x_k} p_{k,l-1}(x) + \frac{x - x_k}{x_{k+l} - x_k} p_{k+1,l-1}(x)$$

Basistext

4.4 Polynomiale Interpolation nach Aitken-Neville *

für $0 \leq k \leq n - l$ und $1 \leq l \leq n$. **Der finale Wert $p_{0,n}(x)$ liefert dann genau den gewünschten Funktionswert $p(x)$ des Interpolationspolynoms p an der Stelle $x \in \mathrm{R}$.**

Die generelle Idee der polynomialen **Interpolation nach Aitken-Neville**, die benannt ist nach den beiden Mathematikern Alexander Craig Aitken (1895-1967) und Eric Harold Neville (1889-1961, ohne Bild), besteht darin, aus zwei Polynomen, die auf **überlappenden Stützstellenmengen** bereits teilweise interpolierend sind, durch eine **fortgesetzte lineare Interpolation** ein drittes Polynom zu generieren, welches auf der gesamten Stützstellenmenge interpoliert. Um das Vorgehen zu illustrieren, seien z.B. die Interpolationspunkte $(x_k, y_k)^T, \ldots, (x_{k+3}, y_{k+3})^T$ mit den Stützstellen $x_k < \cdots < x_{k+3}$ gegeben. Ferner sei p ein Polynom vom Höchstgrad 2 mit

$$p(x_{k+i}) = y_{k+i}, \quad 0 \leq i \leq 2,$$

und q ein Polynom vom Höchstgrad 2 mit

$$q(x_{k+i}) = y_{k+i}, \quad 1 \leq i \leq 3.$$

Dann genügt das Polynom r vom Höchstgrad 3,

$$r(x) := \frac{x_{k+3} - x}{x_{k+3} - x_k} p(x) + \frac{x - x_k}{x_{k+3} - x_k} q(x), \quad x \in \mathrm{R},$$

genau den Interpolationsbedingungen

$$r(x_{k+i}) = y_{k+i}, \quad 0 \leq i \leq 3.$$

Der Nachweis dieser Eigenschaft ist leicht durch Einsetzen zu führen.

Setzt man diesen Gedanken konsequent fort, so erhält man ausgehend von konstanten Polynomen, die nur in jeweils einem Punkt interpolieren, für einen gegebenen Datensatz $(x_i, y_i)^T \in \mathrm{R}^2$, $0 \leq i \leq n$, mit Stützstellen $x_0 < x_1 < \cdots < x_n$

Aitken-Neville-Strategie

Basistext

den folgenden sogenannten **Aitken-Neville-Algorithmus** zur Berechnung des Interpolationspolynoms p:

for (int k=0; k<=n; k++) $\{p_{k,0}(x) := y_k;\}$ //Initialisierung
for (int l=1; l<=n; l++)
for (int k=0; k<=n-l; k++)
{

$$p_{k,l}(x) := \frac{x_{k+l} - x}{x_{k+l} - x_k} p_{k,l-1}(x) + \frac{x - x_k}{x_{k+l} - x_k} p_{k+1,l-1}(x);$$

}

Dabei liefert das zuletzt berechnete Polynom genau das gesuchte Interpolationspolynom p, also $p(x) = p_{0,n}(x)$, mit

$$p(x_i) = y_i , \ 0 \leq i \leq n .$$

Der einfache Java-Code für diesen Algorithmus könnte z.B. wie folgt aussehen:

```java
public double aitken(double[] x, double[] y, double x_wert)
{
    int n=x.length-1;
    double[][] p = new double[n+1][n+1];
    for(int k=0;k<=n;k++) p[k][0]=y[k];
    for(int l=1;l<=n;l++)
    {
        for(int k=0;k<=n-l;k++)
        {
            p[k][l]=p[k][l-1]*(x[k+l]-x_wert)/(x[k+l]-x[k])
                   +p[k+1][l-1]*(x_wert-x[k])/(x[k+l]-x[k]);
        }
    }
    return p[0][n];
}
```

Für die Handrechnung empfiehlt sich eine etwas andere Notation, nämlich das in Abb. 4.4-1 angegebene **Aitken-Neville-Schema**.

Zur Veranschaulichung der Anwendung der **Aitken-Neville-Strategie** dienen zwei Beispiele.

Basistext

4.4 Polynomiale Interpolation nach Aitken-Neville *

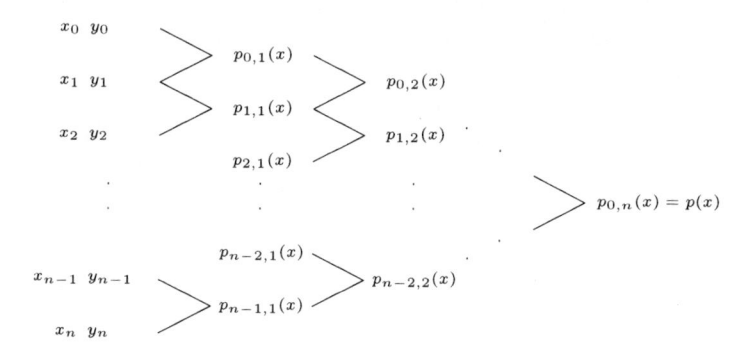

```
x_0   y_0
                  p_{0,1}(x)
x_1   y_1                     p_{0,2}(x)
                  p_{1,1}(x)
x_2   y_2                     p_{1,2}(x)
                  p_{2,1}(x)
                                         p_{0,n}(x) = p(x)

                  p_{n-2,1}(x)
x_{n-1} y_{n-1}                p_{n-2,2}(x)
                  p_{n-1,1}(x)
x_n   y_n
```

Abb. 4.4-1: Aitken-Neville-Schema.

Beispiel

Gegeben seien vier zu interpolierende Punkte $(x_0, y_0)^T :=$ $(-3, 26)^T$, $(x_1, y_1)^T := (-2, 4)^T$, $(x_2, y_2)^T := (1, -2)^T$ und $(x_3, y_3)^T := (3, -76)^T$. Gesucht wird nun der Funktionswert $p(2)$ des Interpolationspolynoms p vom Höchstgrad 3 durch die vorgegebenen Punkte, ohne das Polynom p zuvor explizit zu berechnen. Dazu nutzt man das **Aitken-Neville-Schema** gemäß

$$
\begin{array}{l}
-3 \quad 26 \\
\qquad 26\frac{-2-2}{-2-(-3)} + 4\frac{2-(-3)}{-2-(-3)} = -84 \\
-2 \quad 4 \qquad\qquad\qquad\qquad\qquad (-84)\frac{1-2}{1-(-3)} + (-4)\frac{2-(-3)}{1-(-3)} = 16 \\
\qquad 4\frac{1-2}{1-(-2)} + (-2)\frac{2-(-2)}{1-(-2)} = -4 \qquad\qquad -24 \\
1 \quad -2 \qquad\qquad\qquad\qquad\qquad (-4)\frac{3-2}{3-(-2)} + (-39)\frac{2-(-2)}{3-(-2)} = -32 \\
\qquad (-2)\frac{3-2}{3-1} + (-76)\frac{2-1}{3-1} = -39 \\
3 \quad -76
\end{array}
$$

Also lautet der gesuchte Funktionswert des **Interpolationspolynoms** p an der Stelle $x := 2$ genau -24, wobei die Berechnung des Werts -24, die im obigen Schema aus Platzgründen nicht mehr angegeben werden konnte, wie folgt durchgeführt wurde:

$$16\frac{3-2}{3-(-3)} + (-32)\frac{2-(-3)}{3-(-3)} = -24 = p(2).$$

Basistext

4 Grafische Visualisierungsmethoden *

> In Abb. 4.4-2 ist der berechnete Punkt auf dem Grafen des Interpolationspolynoms durch ein kleines Quadrat angedeutet (vgl. dazu auch die entsprechenden Beispiele aus den Wissensbausteinen »Polynomiale Interpolation mit Monomen« (S. 101), »Polynomiale Interpolation nach Lagrange« (S. 105) und »Polynomiale Interpolation nach Newton« (S. 111), in denen derselbe Datensatz zugrundegelegt wird).

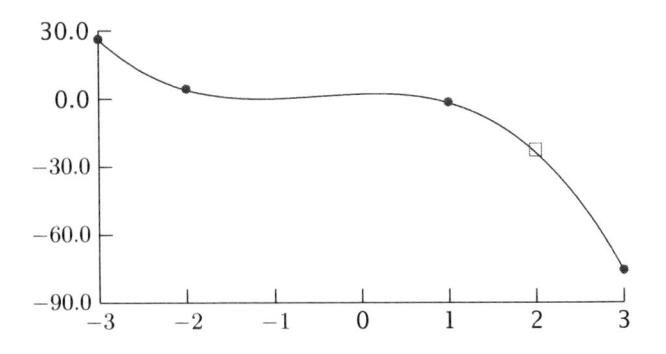

Abb. 4.4-2: *Interpolation nach Aitken-Neville.*

Beispiel Gegeben seien drei zu interpolierende Punkte $(x_0, y_0)^T := (-1, 0)^T$, $(x_1, y_1)^T := (0, -1)^T$ und $(x_2, y_2)^T := (2, 3)^T$. Gesucht wird nun der Funktionswert $p(1)$ des Interpolationspolynoms p vom Höchstgrad 2 durch die vorgegebenen Punkte, ohne das Polynom p zuvor explizit zu berechnen. Dazu nutzt man das **Aitken-Neville-Schema** gemäß

$$\begin{array}{ccccc}
-1 & 0 & & & \\
 & & 0\frac{0-1}{0-(-1)} + (-1)\frac{1-(-1)}{0-(-1)} = -2 & & \\
0 & -1 & & & (-2)\frac{2-1}{2-(-1)} + 1\frac{1-(-1)}{2-(-1)} = 0 = p(1) \\
 & & (-1)\frac{2-1}{2-0} + 3\frac{1-0}{2-0} = 1 & & \\
2 & 3 & & &
\end{array}$$

Basistext

4.4 Polynomiale Interpolation nach Aitken-Neville *

Also lautet der gesuchte Funktionswert des **Interpolationspolynoms** p an der Stelle $x := 1$ genau 0. Das Interpolationspolynom ist zusammen mit den zu interpolierenden Punkten in Abb. 4.4-3 skizziert, wobei der oben berechnete Funktionswert durch ein kleines Quadrat angedeutet ist (vgl. dazu auch die entsprechenden Beispiele aus den Wissensbausteinen »Polynomiale Interpolation mit Monomen« (S. 101), »Polynomiale Interpolation nach Lagrange« (S. 105) und »Polynomiale Interpolation nach Newton« (S. 111), in denen derselbe Datensatz zugrundegelegt wird).

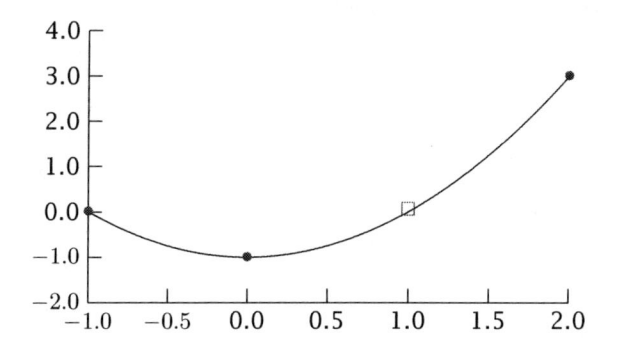

Abb. 4.4-3: Quadratisches Interpolationspolynom.

Praxis der Interpolation nach Aitken-Neville: Wie bereits erwähnt besteht der Vorteil des **Aitken-Neville-Algorithmus** darin, dass er auf die explizite Berechnung des Interpolationspolynoms verzichtet und direkt zum gesuchten Funktionswert führt. Dennoch hat der Algorithmus i. Allg. eine Komplexität von $O(n^2)$ und kann somit nicht mit dem **Horner-Algorithmus** konkurrieren. Weitere Details zu diesen und anderen Fragen findet man z.B. in /Schaback 05/.

Bemerkung

Basistext

4.5 Polynomiale Approximation nach de Casteljau *

Bei der polynomialen Approximation nach de Casteljau wertet man das zu einem gegebenen Datensatz $(\frac{i}{n}, y_i)^T \in \mathbb{R}^2$, $0 \leq i \leq n$, gehörende approximierende Bézier-Polynom p vom Höchstgrad n an einer Stelle $x \in \mathbb{R}$ aus, ohne das Polynom p zuvor explizit berechnen zu müssen. Der dazu benötigte de Casteljau-Algorithmus wird initialisiert durch

$$c_{k,0}(x) := y_k , \quad 0 \leq k \leq n ,$$

und berechnet dann die Größen

$$c_{k,l}(x) := (1-x) \cdot c_{k,l-1}(x) + x \cdot c_{k+1,l-1}(x)$$

für $0 \leq k \leq n-l$ und $1 \leq l \leq n$. Der finale Wert $c_{0,n}(x)$ liefert dann genau den gewünschten Funktionswert $p(x)$ des approximierenden Bézier-Polynoms p an der Stelle $x \in \mathbb{R}$, genauer

$$p(x) = \sum_{k=0}^{n} y_k b_{k,n}(x) , \quad x \in \mathbb{R} ,$$

wobei $b_{k,n}(x) := \binom{n}{k} x^k (1-x)^{n-k}$, $0 \leq k \leq n$, **die bekannten Bernstein-Grundpolynome bezeichnen.**

Die generelle Idee der polynomialen **Approximation nach de Casteljau** besteht darin, die explizite Berechnung der nach Pierre Etienne Bézier (1910-1999) benannten **approximierenden Bézier-Polynome** (Einführendes zur Bézier-Strategie findet man z.B. in /Lenze 06a/) zu vermeiden und direkt auf den gesuchten Funktionswert abzuheben. Insofern ist die Vorgehensweise ähnlich wie bei der Aitken-Neville-Strategie (vgl. Wissensbaustein »Polynomiale Interpolation nach Aitken-Neville« (S. 120)), wobei es dort allerdings um **interpolierende** Polynome ging, hier jedoch um spezielle **approximierende** Polynome.

Basistext

4.5 Polynomiale Approximation nach de Casteljau *

Historisch gesehen geht dieses Vorgehen auf den französischen Ingenieur und Mathematiker Paul de Fage de Casteljau (geb. 1930, ohne Bild) zurück, der um 1960 beim Automobilhersteller Citroën diese Techniken erstmals einsetzte. Dass er dabei im Wesentlichen dieselben Wege beschritt wie sein Landsmann Bézier im Rahmen seiner Entwicklungstätigkeit beim konkurrierenden Automobilhersteller Renault, war beiden unbekannt. Erst einige Jahre später, nachdem die Geheimhaltungsauflagen der Automobilkonzerne gelockert wurden, stellte man erstaunt fest, dass es diese zeitgleichen innovativen Aktivitäten gegeben hatte. Den beiden Wissenschaftlern zu Ehren bezeichnet man seitdem die expliziten approximierenden Polynome als **Bézier-Polynome** und ihren effizienten Auswertungsalgorithmus als **de Casteljau-Algorithmus**. Letzterer soll nun im Detail erläutert werden. Dazu bedarf es jedoch zunächst eines kleinen Lemmas zur Rekursion der sogenannten **Bernstein-Grundpolynome** (benannt nach Sergej Bernstein (1880-1968)).

Historisches

Rekursion der Bernstein-Grundpolynome
Die für alle $k, n \in \mathbf{N}$ mit $0 \leq k \leq n$ definierten **Bernstein-Grundpolynome** $b_{k,n}$,

$$b_{k,n} : \mathbf{R} \to \mathbf{R},$$
$$x \mapsto \binom{n}{k} x^k (1-x)^{n-k},$$

genügen für alle $n \in \mathbf{N}^*$ der **Rekursion**

$$b_{0,n}(x) = (1-x) b_{0,n-1}(x),$$
$$b_{k,n}(x) = (1-x) b_{k,n-1}(x) + x b_{k-1,n-1}(x), \quad 0 < k < n,$$
$$b_{n,n}(x) = x b_{n-1,n-1}(x).$$

Lemma

Basistext

Beweis Der Beweis wird mittels vollständiger Induktion geführt. Die Induktionsverankerung für $n = 1$ ergibt sich direkt aus den beiden Identitäten

$$b_{0,1}(x) = (1-x)b_{0,0}(x) = 1 - x \;,$$
$$b_{1,1}(x) = xb_{0,0}(x) = x \;.$$

Induktionsschluss: Es gelte die behauptete Rekursion für ein beliebiges $n \in \mathbf{N}^*$ (Induktionsannahme). Dann folgt zunächst für die beiden Randrekursionen

$$b_{0,n+1}(x) = (1-x)b_{0,n}(x) = (1-x)(1-x)^n = (1-x)^{n+1} \;,$$
$$b_{n+1,n+1}(x) = xb_{n,n}(x) = x\,x^n = x^{n+1} \;,$$

also deren Korrektheit für $n + 1$. Für den noch ausstehenden mittleren Teil der Rekursion sei $k \in \{1, 2, \ldots, n-1\}$ beliebig gegeben. Dann ergibt sich

$$\begin{aligned}
b_{k,n+1}(x) &= (1-x)b_{k,n}(x) + xb_{k-1,n}(x) \\
&= (1-x)\binom{n}{k}x^k(1-x)^{n-k} + x\binom{n}{k-1}x^{k-1}(1-x)^{n-(k-1)} \\
&\quad (Induktionsannahme) \\
&= x^k(1-x)^{(n+1)-k}\left(\frac{n!}{k!(n-k)!} + \frac{n!}{(k-1)!(n-k+1)!}\right) \\
&= x^k(1-x)^{(n+1)-k}\left(\frac{(n-k+1)n! + k\,n!}{k!(n-k+1)!}\right) \\
&= x^k(1-x)^{(n+1)-k}\left(\frac{(n+1)!}{k!((n+1)-k)!}\right) \\
&= \binom{n+1}{k}x^k(1-x)^{(n+1)-k} \;.
\end{aligned}$$

Insgesamt folgt daraus die Behauptung. □

Beispiel Da $b_{0,0}(x) = 1$ ist, ergibt sich für $n = 1$, wie oben im Beweis bereits ausgenutzt, $b_{0,1}(x) = 1 - x$ und $b_{1,1}(x) = x$. Für $n = 2$ folgt damit

$$b_{0,2}(x) = (1-x)(1-x) = (1-x)^2 \;,$$
$$b_{1,2}(x) = (1-x)x + x(1-x) = 2x(1-x) \;,$$
$$b_{2,2}(x) = x\,x = x^2 \;.$$

Basistext

4.5 Polynomiale Approximation nach de Casteljau *

Und schließlich erhält man für $n = 3$ die Polynome

$$b_{0,3}(x) = (1-x)(1-x)^2 = (1-x)^3,$$
$$b_{1,3}(x) = (1-x)2x(1-x) + x\,(1-x)^2 = 3x(1-x)^2,$$
$$b_{2,3}(x) = (1-x)x^2 + x\,2x(1-x) = 3x^2(1-x),$$
$$b_{3,3}(x) = x\,x^2 = x^3.$$

Nach dieser kleinen Vorbereitung lässt sich nun der **de Casteljau-Algorithmus** motivieren. Möchte man z.B. ein approximierendes Bézier-Polynom vom Höchstgrad 2 zum Datensatz $(\frac{i}{n}, y_i)^T \in \mathbf{R}^2$, $0 \leq i \leq 2$, an einer Stelle $x \in \mathbf{R}$ auswerten, kann man ausgehend von y_0, y_1 und y_2 einfach wie folgt vorgehen: Man multipliziert y_0 mit $(1-x)$ und addiert dazu das Produkt aus y_1 und x. Entsprechend multipliziert man anschließend y_1 mit $(1-x)$ und addiert dazu das Produkt aus y_2 und x. Auf diese Weise erhält man zwei Polynome vom Höchstgrad 1, genauer

$$c_{0,1}(x) := y_0(1-x) + y_1 x = y_0 b_{0,1}(x) + y_1 b_{1,1}(x),$$
$$c_{1,1}(x) := y_1(1-x) + y_2 x = y_1 b_{0,1}(x) + y_2 b_{1,1}(x).$$

Wendet man dieses Vorgehen erneut an, allerdings jetzt auf die Polynome $c_{0,1}(x)$ und $c_{1,1}(x)$, dann erhält man mit der Rekursion für die Bernstein-Grundpolynome

$$\begin{aligned}c_{0,2}(x) &:= c_{0,1}(x)(1-x) + c_{1,1}(x)x \\ &= (y_0 b_{0,1}(x) + y_1 b_{1,1}(x))(1-x) + (y_1 b_{0,1}(x) + y_2 b_{1,1}(x))x \\ &= y_0 b_{0,1}(x)(1-x) + y_1 (b_{1,1}(x)(1-x) + b_{0,1}(x)x) + y_2 b_{1,1}(x)x \\ &= y_0 b_{0,2}(x) + y_1 b_{1,2}(x) + y_2 b_{2,2}(x).\end{aligned}$$

Also ist das so rekursiv erhaltene Polynom $c_{0,2}$ identisch mit dem approximierenden Bézier-Polynom zu den gegebenen Daten. Dieses Vorgehen lässt sich in naheliegender Weise verallgemeinern.

Es sei ein Datensatz $(\frac{i}{n}, y_i)^T \in \mathbf{R}^2$, $0 \leq i \leq n$, mit den speziellen, im Intervall $[0,1]$ äquidistant verteilten Stützstellen

de Casteljau-Strategie

Basistext

$0 < \frac{1}{n} < \cdots < 1$ gegeben. Der **de Casteljau-Algorithmus** zur Berechnung des **approximierenden Bézier-Polynoms** p lautet dann für eine beliebig gegebene Stelle $x \in \mathbf{R}$:

for (int k=0; k<=n; k++) $\{c_{k,0}(x) := y_k;\}$ //Initialisierung
for (int l=1; l<=n; l++)
for (int k=0; k<=n-l; k++)
{

$$c_{k,l}(x) := (1-x) \cdot c_{k,l-1}(x) + x \cdot c_{k+1,l-1}(x);$$

}

Dabei liefert das zuletzt berechnete Polynom genau das gesuchte approximierende Bézier-Polynom p, also $p(x) = c_{0,n}(x)$, mit

$$p(x) = \sum_{k=0}^{n} y_k b_{k,n}(x) , \quad x \in \mathbf{R} .$$

Auf den ziemlich schreibintensiven und mittels vollständiger Induktion zu erbringenden Beweis dieses Resultats basierend auf der Rekursion der Bernstein-Grundpolynome soll hier verzichtet werden. Details findet man z.B. in /Locher 93/, /Schaback 05/ oder /Schwarz 04/. Der Java-Code für diesen Algorithmus könnte wie folgt aussehen:

```java
public double casteljau(double[] y, double x)
{
    int n=y.length-1;
    double[][] c = new double[n+1][n+1];
    for(int k=0;k<=n;k++) c[k][0]=y[k];
    for(int l=1;l<=n;l++)
    {
        for(int k=0;k<=n-l;k++)
        {
            c[k][l]=(1.0-x)*c[k][l-1]+x*c[k+1][l-1];
        }
    }
    return c[0][n];
}
```

Basistext

4.5 Polynomiale Approximation nach de Casteljau * 131

Für die Handrechnung empfiehlt sich eine etwas andere Notation, nämlich das in Abb. 4.5-1 angegebene **de Casteljau-Schema**.

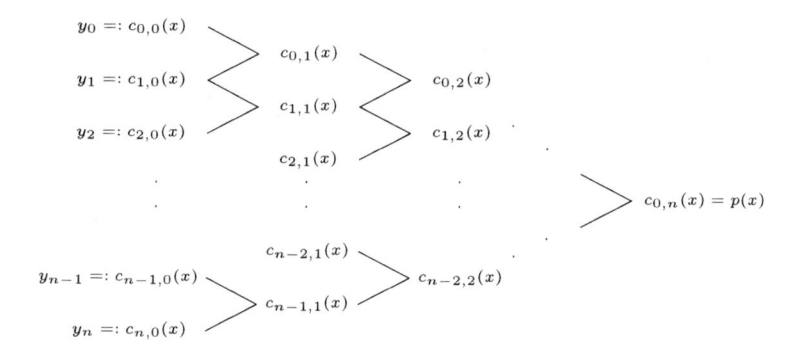

$$
\begin{array}{l}
y_0 =: c_{0,0}(x) \\
\quad\quad\quad\quad\searrow c_{0,1}(x) \\
y_1 =: c_{1,0}(x) \quad\quad\quad\searrow c_{0,2}(x) \\
\quad\quad\quad\quad\nearrow c_{1,1}(x) \quad\nearrow \\
y_2 =: c_{2,0}(x) \quad\quad\quad\searrow c_{1,2}(x) \\
\quad\quad\quad\quad\nearrow c_{2,1}(x) \\
\quad\quad\quad\quad\vdots \quad\quad\quad\quad\quad\quad\quad\searrow c_{0,n}(x) = p(x) \\
\\
\quad\quad\quad\quad\quad c_{n-2,1}(x) \\
y_{n-1} =: c_{n-1,0}(x) \searrow\quad\quad\searrow c_{n-2,2}(x) \\
\quad\quad\quad\quad\nearrow c_{n-1,1}(x) \nearrow \\
y_n =: c_{n,0}(x)
\end{array}
$$

Abb. 4.5-1: De Casteljau-Schema.

Zur Veranschaulichung der Anwendung der **de Casteljau-Strategie** dienen zwei Beispiele.

Gegeben seien vier zu approximierende Punkte $(x_0, y_0)^T :=$ **Beispiel**
$(0, \frac{3}{5})^T$, $(x_1, y_1)^T := (\frac{1}{3}, \frac{7}{5})^T$, $(x_2, y_2)^T := (\frac{2}{3}, \frac{6}{5})^T$ und $(x_3, y_3)^T := (1, \frac{1}{5})^T$. Gesucht wird nun der Funktionswert $p(\frac{1}{2})$ des approximierenden Bézier-Polynoms p vom Höchstgrad 3 bezüglich der vorgegebenen Punkte, ohne das Polynom p zuvor explizit zu berechnen. Dazu nutzt man das **de Casteljau-Schema** gemäß

$$
\begin{array}{l}
\frac{3}{5} \\
\quad\quad \frac{3}{5}(1-\frac{1}{2}) + \frac{7}{5}\frac{1}{2} = 1 \\
\frac{7}{5} \quad\quad\quad\quad\quad\quad\quad\quad 1(1-\frac{1}{2}) + \frac{13}{10}\frac{1}{2} = \frac{23}{20} \\
\quad\quad \frac{7}{5}(1-\frac{1}{2}) + \frac{6}{5}\frac{1}{2} = \frac{13}{10} \quad\quad\quad\quad\quad\quad \frac{23}{20}(1-\frac{1}{2}) + 1\frac{1}{2} = \frac{43}{40} = p(\frac{1}{2}) \\
\frac{6}{5} \quad\quad\quad\quad\quad\quad\quad\quad \frac{13}{10}(1-\frac{1}{2}) + \frac{7}{10}\frac{1}{2} = 1 \\
\quad\quad \frac{6}{5}(1-\frac{1}{2}) + \frac{1}{5}\frac{1}{2} = \frac{7}{10} \\
\frac{1}{5}
\end{array}
$$

Also lautet der gesuchte Funktionswert des **approximierenden Bézier-Polynoms** p an der Stelle $x := \frac{1}{2}$ genau $\frac{43}{40}$.

Basistext

Das Polynom ist zusammen mit den zu approximierenden Punkten in Abb. 4.5-2 skizziert, wobei der oben berechnete Funktionswert durch ein kleines Quadrat angedeutet ist.

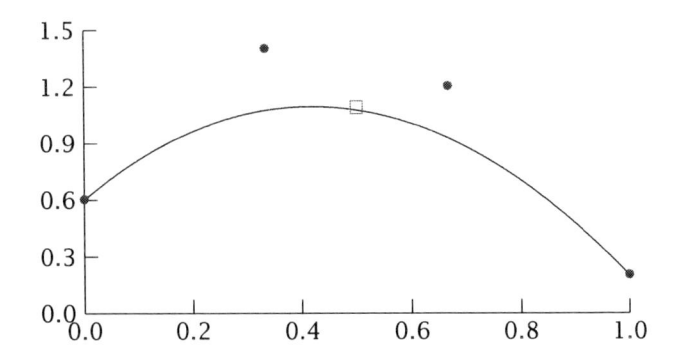

Abb. 4.5-2: Approximierendes Bézier-Polynom.

Beispiel Gegeben seien drei zu approximierende Punkte $(x_0, y_0)^T := (0, 2)^T$, $(x_1, y_1)^T := (\frac{1}{2}, 1)^T$ und $(x_2, y_2)^T := (1, 3)^T$. Gesucht wird nun der Funktionswert $p(\frac{1}{5})$ des approximierenden Bézier-Polynoms p vom Höchstgrad 2 bezüglich der vorgegebenen Punkte, ohne das Polynom p zuvor explizit zu berechnen. Dazu nutzt man das **de Casteljau-Schema** gemäß

$$
\begin{array}{c}
2 \\
\quad\quad 2(1-\tfrac{1}{5}) + 1\tfrac{1}{5} = \tfrac{9}{5} \\
1 \quad\quad\quad\quad\quad\quad\quad\quad \tfrac{9}{5}(1-\tfrac{1}{5}) + \tfrac{7}{5}\tfrac{1}{5} = \tfrac{43}{25} = p(\tfrac{1}{5}) \\
\quad\quad 1(1-\tfrac{1}{5}) + 3\tfrac{1}{5} = \tfrac{7}{5} \\
3
\end{array}
$$

Also lautet der gesuchte Funktionswert des **approximierenden Bézier-Polynoms** p an der Stelle $x := \tfrac{1}{5}$ genau $\tfrac{43}{25}$. Das Polynom ist zusammen mit den zu approximierenden

Basistext

4.5 Polynomiale Approximation nach de Casteljau *

Punkten in Abb. 4.5-3 skizziert, wobei der oben berechnete Funktionswert durch ein kleines Quadrat angedeutet ist.

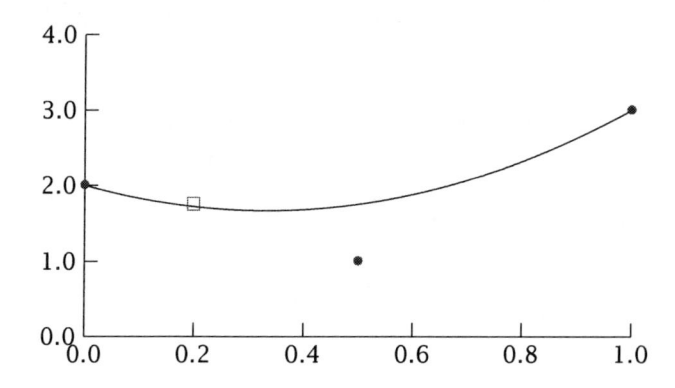

Abb. 4.5-3: Quadratisches approximierendes Bézier-Polynom.

Praxis der Approximation nach de Casteljau: Wie bereits erwähnt besteht der Vorteil des **de Casteljau-Algorithmus** darin, dass er auf die explizite Berechnung des approximierenden Bézier-Polynoms verzichtet und direkt zum gesuchten Funktionswert führt. Insbesondere wird die explizite Berechnung der Binomialkoeffizienten der Bernstein-Grundpolynome vermieden. Dennoch hat auch dieser Algorithmus i. Allg. eine Komplexität von $O(n^2)$ und kann somit nicht mit dem **Horner-Algorithmus** konkurrieren. Weitere Details zu diesen und anderen Fragen findet man z.B. in /Prautzsch 02/, /Salomon 05/ oder /Schaback 05/.

Bemerkung

4.6 Interpolierende Subdivision nach Dubuc **

Bei der interpolierenden Subdivision nach Dubuc konstruiert man für einen gegebenen Datensatz $\vec{f}_i^{(0)} := (x_i^{(0)}, y_i^{(0)})^T \in \mathbb{R}^2$, $0 \leq i \leq n$, mit Stützstellen $x_0^{(0)} < x_1^{(0)} < \cdots < x_n^{(0)}$ eine Folge von Punkten, die gegen eine differenzierbare Funktion mit stetiger Ableitung konvergieren, die die ursprünglich gegebenen Punkte interpoliert. Die neuen Punkte der Stufe $k+1$ berechnen sich dabei aus den alten Punkten der Stufe k gemäß der Subdivision-Vorschrift

$$\vec{f}_{2i}^{(k+1)} := \vec{f}_i^{(k)},$$
$$\vec{f}_{2i+1}^{(k+1)} := -\frac{1}{16}\vec{f}_{i-1}^{(k)} + \frac{9}{16}\vec{f}_i^{(k)} + \frac{9}{16}\vec{f}_{i+1}^{(k)} - \frac{1}{16}\vec{f}_{i+2}^{(k)},$$

wobei am Rand noch jeweils zwei einfache Korrekturen hinzu kommen.

Die generelle Idee der **Subdivision nach Dubuc** (benannt nach Serge Dubuc, der 1986 genau dieses Schema im Detail betrachtete) besteht darin, Schritt für Schritt ausgehend von einer gegebenen endlichen Menge von Punkten neue Punkte zu berechnen, die im Grenzwert eine Funktion (oder auch Kurve) beschreiben, die hinreichend glatt ist und die ursprünglich gegebenen Punkte interpoliert. Das Prinzip ist also ausgesprochen einfach und intuitiv. Würde man z.B. als Algorithmus zur Definition der neuen Punkte schlicht stets das arithmetische Mittel zweier benachbarter Punkte nehmen, dann bekäme man natürlich im Grenzwert eine interpolierende stückweise lineare Funktion. Diese ist aber leider nicht besonders glatt! In Abb. 4.6-1 sind ausgehend von vier als ausgefüllte Kreise gegebenen Punkten die ersten beiden Iterationsstufen skizziert: Quadrate zeigen die erste Iteration, gedrehte Quadrate die zweite Iteration.

Basistext

4.6 Interpolierende Subdivision nach Dubuc **

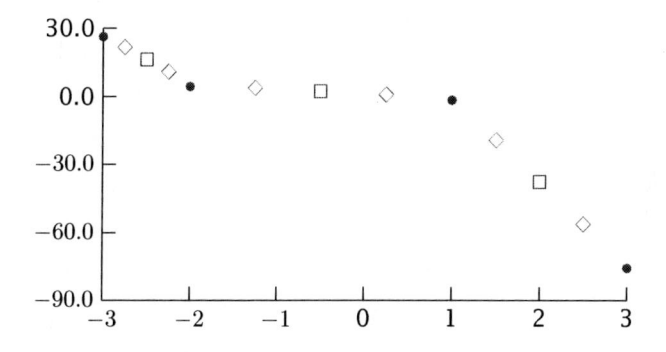

Abb. 4.6-1: Interpolierende nicht glatte Subdivision.

Möchte man nun für glattere Verläufe sorgen, muss man offensichtlich von der reinen Halbierung der Distanz benachbarter Punkte Abstand nehmen und zur geeigneten Definition der neuen Punkte auch noch etwas mehr lokale Information hinzuziehen. Genau dies war die Idee von Dubuc. Die Frage ist natürlich, wie man die Definition der neuen Punkte vornehmen sollte und an welchem Design-Kriterium man sich orientieren kann. Eine Möglichkeit besteht darin, dass man verlangt, dass in dem speziellen Fall, dass die Ausgangspunkte auf einem Polynom eines gewissen Grades liegen, dieses Polynom durch den Subdivision-Prozess reproduziert wird. Genau dies leistet das Dubuc-Schema, wie im folgenden Satz präzise festgehalten wird.

Interpolierende Dubuc-Subdivision   Satz
Es seien $\vec{f}_i^{(0)} := (x_i^{(0)}, y_i^{(0)})^T \in \mathbf{R}^2$, $0 \leq i \leq n$, mit Stützstellen $x_0^{(0)} < x_1^{(0)} < \cdots < x_n^{(0)}$ beliebig gegeben. Definiert man nun für alle $k \in \mathbf{N}$ und zugehörige $i \in \{0, 1, \ldots, n2^k - 1\}$ eine Folge von Punkten gemäß

Basistext

$$\vec{f}_{2i}^{(k+1)} := \vec{f}_i^{(k)},$$

$$\vec{f}_{2i+1}^{(k+1)} := -\frac{1}{16}\vec{f}_{i-1}^{(k)} + \frac{9}{16}\vec{f}_i^{(k)} + \frac{9}{16}\vec{f}_{i+1}^{(k)} - \frac{1}{16}\vec{f}_{i+2}^{(k)},$$

wobei am Rand stets $\vec{f}_{-1}^{(k)} := \vec{f}_0^{(0)}$ und $\vec{f}_{n2^k+1}^{(k)} := \vec{f}_{n2^k+1}^{(k+1)} := \vec{f}_n^{(0)}$ gesetzt sein möge, dann gilt Folgendes:

- Liegen die Punkte in irgendeiner Iterationsstufe k auf dem Graf eines algebraischen Polynoms vom Höchstgrad 3 und sind die zugehörigen Stützstellen äquidistant, dann liegen auch alle neu generierten inneren Punkte der Iterationsstufe $k+1$ ohne Randkorrektur ebenfalls auf dem Graf dieses Polynoms vom Höchstgrad 3.
- Die generierte Folge von Punkten konvergiert in einem noch zu präzisierenden Sinne gegen den Graf einer differenzierbaren Funktion mit stetiger Ableitung.

Beweis Im Folgenden wird lediglich der erste Teil bewiesen. Den Beweis des zweiten Teils und noch viele weitere zusätzliche Informationen findet man in /Iske 02/, /Prautzsch 02/, /Salomon 05/ oder /Warren 02/.

Aufgrund der Linearität des Subdivision-Prozesses genügt es, die Korrektheit der Behauptung für die vier Monome m_0, m_1, m_2 und m_3 nachzuweisen. Dazu seien $x \in \mathbf{R}$ und $a \in \mathbf{R}$, $a > 0$, beliebig gegeben. Man rechnet nun sofort für m_0 nach, dass gilt

$$-\frac{1}{16}m_0(x-3a) + \frac{9}{16}m_0(x-a) + \frac{9}{16}m_0(x+a) - \frac{1}{16}m_0(x+3a)$$
$$= -\frac{1}{16} + \frac{9}{16} + \frac{9}{16} - \frac{1}{16} = 1 = m_0(x).$$

Entsprechend erhält man für m_1,

$$-\frac{1}{16}m_1(x-3a) + \frac{9}{16}m_1(x-a) + \frac{9}{16}m_1(x+a) - \frac{1}{16}m_1(x+3a)$$
$$= -\frac{1}{16}(x-3a) + \frac{9}{16}(x-a) + \frac{9}{16}(x+a) - \frac{1}{16}(x+3a)$$
$$= x = m_1(x),$$

Basistext

4.6 Interpolierende Subdivision nach Dubuc **

für m_2,

$$-\frac{1}{16}m_2(x-3a) + \frac{9}{16}m_2(x-a) + \frac{9}{16}m_2(x+a) - \frac{1}{16}m_2(x+3a)$$
$$= -\frac{1}{16}(x-3a)^2 + \frac{9}{16}(x-a)^2 + \frac{9}{16}(x+a)^2 - \frac{1}{16}(x+3a)^2$$
$$= x^2 = m_2(x)$$

und für m_3,

$$-\frac{1}{16}m_3(x-3a) + \frac{9}{16}m_3(x-a) + \frac{9}{16}m_3(x+a) - \frac{1}{16}m_3(x+3a)$$
$$= -\frac{1}{16}(x-3a)^3 + \frac{9}{16}(x-a)^3 + \frac{9}{16}(x+a)^3 - \frac{1}{16}(x+3a)^3$$
$$= x^3 = m_3(x).$$

□

Zur Veranschaulichung der Anwendung der **Dubuc-Subdivision** dienen zwei Beispiele.

Beispiel

Gegeben seien vier Startpunkte $\vec{f}_0^{(0)} := (x_0^{(0)}, y_0^{(0)})^T := (-3, 26)^T$, $\vec{f}_1^{(0)} := (x_1^{(0)}, y_1^{(0)})^T := (-2, 4)^T$, $\vec{f}_2^{(0)} := (x_2^{(0)}, y_2^{(0)})^T := (1, -2)^T$ und $\vec{f}_3^{(0)} := (x_3^{(0)}, y_3^{(0)})^T := (3, -76)^T$. Vorgeführt wird nur die erste Iterationsstufe, wobei die Anpassungen am Rand direkt eingebaut sind. Für $k := 0$ ergibt sich also

$$\vec{f}_0^{(1)} := \vec{f}_0^{(0)} = (-3, 26)^T,$$
$$\vec{f}_1^{(1)} := \frac{1}{2}\vec{f}_0^{(0)} + \frac{9}{16}\vec{f}_1^{(0)} - \frac{1}{16}\vec{f}_2^{(0)} = (-2.6875, 15.375)^T,$$
$$\vec{f}_2^{(1)} := \vec{f}_1^{(0)} = (-2, 4)^T,$$
$$\vec{f}_3^{(1)} := -\frac{1}{16}\vec{f}_0^{(0)} + \frac{9}{16}\vec{f}_1^{(0)} + \frac{9}{16}\vec{f}_2^{(0)} - \frac{1}{16}\vec{f}_3^{(0)} = (-0.5625, 4.25)^T,$$
$$\vec{f}_4^{(1)} := \vec{f}_2^{(0)} = (1, -2)^T,$$
$$\vec{f}_5^{(1)} := -\frac{1}{16}\vec{f}_1^{(0)} + \frac{9}{16}\vec{f}_2^{(0)} + \frac{1}{2}\vec{f}_3^{(0)} = (2.1875, -39.375)^T,$$
$$\vec{f}_6^{(1)} := \vec{f}_3^{(0)} = (3, -76)^T.$$

Die Rechnung für $k := 1$ ist entsprechend durchzuführen, wobei nun die 13 neuen Werte $\vec{f}_i^{(2)}$, $0 \le i \le 12$, aus den oben

Basistext

> berechneten Werten $\vec{f}_i^{(1)}$, $0 \leq i \leq 6$, zu bestimmen sind. Insgesamt ergibt sich dann das in Abb. 4.6-2 skizzierte Bild. Dabei sind die vier ursprünglichen Punkte als ausgefüllte Kreise gegeben sowie durch Quadrate die neuen Punkte nach der ersten Iteration und durch gedrehte Quadrate die neuen Punkte nach der zweiten Iteration angedeutet.

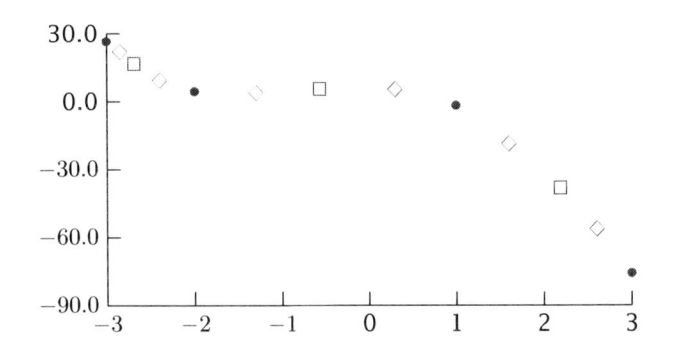

Abb. 4.6-2: *Interpolierende Dubuc-Subdivision.*

Bemerkung

Bezeichnungen bei Dubuc-Subdivision: Grundsätzlich lässt sich natürlich die Dubuc-Subdivision auch in Matrix-Vektor-Notation schreiben. Für den ersten Schritt im obigen Beispiel ist dabei die sogenannte **Subdivision-Matrix** z.B. gegeben als

$$\begin{pmatrix} 1 & 0 & 0 & 0 \\ \frac{1}{2} & \frac{9}{16} & -\frac{1}{16} & 0 \\ 0 & 1 & 0 & 0 \\ -\frac{1}{16} & \frac{9}{16} & \frac{9}{16} & -\frac{1}{16} \\ 0 & 0 & 1 & 0 \\ 0 & -\frac{1}{16} & \frac{9}{16} & \frac{1}{2} \\ 0 & 0 & 0 & 1 \end{pmatrix} \in \mathbf{R}^{7 \times 4}.$$

Basistext

4.6 Interpolierende Subdivision nach Dubuc **

Man nennt in diesem Zusammenhang die Zeilen der Subdivision-Matrix die **Schablone der Subdivision** (engl. *stencil*) und die Spalten die **Maske der Subdivision** (engl. *mask*), wobei in der Literatur die Begriffe bisweilen etwas weniger streng benutzt werden (z.B. mask = stencil o. Ähnl.).

Gegeben seien drei Startpunkte $\vec{f}_0^{(0)} := (x_0^{(0)}, y_0^{(0)})^T := (-1,0)^T$, $\vec{f}_1^{(0)} := (x_1^{(0)}, y_1^{(0)})^T := (0,-1)^T$ und $\vec{f}_2^{(0)} := (x_2^{(0)}, y_2^{(0)})^T := (2,3)^T$. Vorgeführt wird wieder nur die erste Iterationsstufe der Dubuc-Subdivision, wobei die Anpassungen am Rand direkt eingebaut sind. Für $k := 0$ ergibt sich also

Beispiel

$$\vec{f}_0^{(1)} := \vec{f}_0^{(0)} = (-1,0)^T,$$
$$\vec{f}_1^{(1)} := \frac{1}{2}\vec{f}_0^{(0)} + \frac{9}{16}\vec{f}_1^{(0)} - \frac{1}{16}\vec{f}_2^{(0)} = (-0.625, -0.75)^T,$$
$$\vec{f}_2^{(1)} := \vec{f}_1^{(0)} = (0,-1)^T,$$
$$\vec{f}_3^{(1)} := -\frac{1}{16}\vec{f}_0^{(0)} + \frac{9}{16}\vec{f}_1^{(0)} + \frac{1}{2}\vec{f}_2^{(0)} = (1.0625, 0.9375)^T,$$
$$\vec{f}_4^{(1)} := \vec{f}_2^{(0)} = (2,3)^T.$$

Die Rechnung für $k := 1$ ist entsprechend durchzuführen, wobei nun die 9 neuen Werte $\vec{f}_i^{(2)}$, $0 \leq i \leq 8$, aus den oben berechneten Werten $\vec{f}_i^{(1)}$, $0 \leq i \leq 4$, zu bestimmen sind. Insgesamt ergibt sich dann das in Abb. 4.6-3 skizzierte Bild. Dabei sind die drei ursprünglichen Punkte wieder als ausgefüllte Kreise gegeben sowie durch Quadrate die neuen Punkte nach der ersten Iteration und durch gedrehte Quadrate die neuen Punkte nach der zweiten Iteration angedeutet.

Basistext

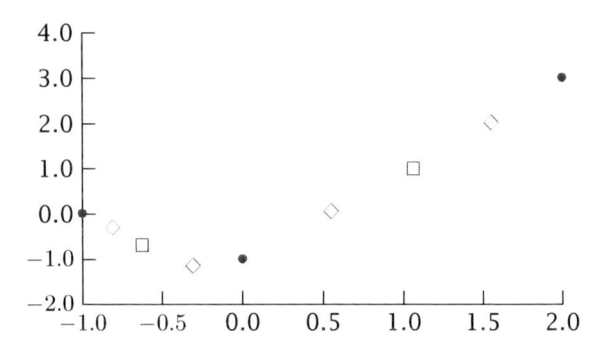

Abb. 4.6-3: *Interpolierende Dubuc-Subdivision.*

4.7 Approximierende Subdivision nach Chaikin **

Bei der approximierenden Subdivision nach Chaikin konstruiert man für einen gegebenen Datensatz $\vec{f}_i^{(0)} := (x_i^{(0)}, y_i^{(0)})^T \in \mathbf{R}^2$, $0 \leq i \leq n$, mit Stützstellen $x_0^{(0)} < x_1^{(0)} < \cdots < x_n^{(0)}$ eine Folge von Punkten, die gegen eine differenzierbare Funktion mit stetiger Ableitung konvergieren, die die ursprünglich gegebenen Punkte approximiert. Die neuen Punkte der Stufe $k+1$ berechnen sich dabei aus den alten Punkten der Stufe k gemäß der Subdivision-Vorschrift

$$\vec{f}_{2i}^{(k+1)} := \frac{1}{4}\vec{f}_{i-1}^{(k)} + \frac{3}{4}\vec{f}_i^{(k)} ,$$
$$\vec{f}_{2i+1}^{(k+1)} := \frac{3}{4}\vec{f}_i^{(k)} + \frac{1}{4}\vec{f}_{i+1}^{(k)} ,$$

wobei am Rand noch jeweils zwei einfache Korrekturen hinzu kommen.

Basistext

4.7 Approximierende Subdivision nach Chaikin **

Die generelle Idee der **Subdivision nach Chaikin** (benannt nach George Chaikin, der 1974 genau dieses Schema im Detail betrachtete) besteht darin, ausgehend von einer gegebenen endlichen Menge von Punkten, die man sich geradlinig verbunden denkt, durch geschicktes Abschneiden der Ecken des Polygons schrittweise zu optisch glatteren Kurven zu kommen. Man spricht in diesem Zusammenhang auch vom sogenannten *corner cutting*, in deutsch etwa als **Eckschnitt** übersetzbar. Im Grenzwert soll durch dieses Vorgehen natürlich eine Funktion bzw. Kurve erhalten werden, die hinreichend glatt ist. Das Prinzip ist also ausgesprochen einfach und intuitiv, wie man in Abb. 4.7-1 sehen kann. Dort sind ausgehend von vier als ausgefüllte Kreise gegebenen Punkten die ersten beiden Iterationsstufen für die zwei entstehenden Ecken skizziert: Quadrate zeigen die erste Iteration, gedrehte Quadrate die zweite Iteration.

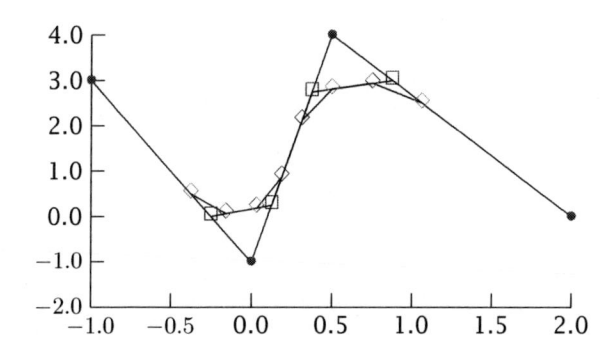

Abb. 4.7-1: Idee des Eckschnitts (corner cutting).

Man erkennt, dass durch dieses Vorgehen natürlich die ursprünglichen Ecken nicht mehr interpoliert, sondern durch das sukzessive Abschneiden nur noch approximiert werden. Gleichzeitig wird jedoch, und genau das ist wünschenswert, der eckige Verlauf des ursprünglichen Polygons immer mehr geglättet. Die Frage, die sich nun natürlich stellt, lautet: Wie genau soll man die Ecken abschneiden, d.h. an welchem Design-Kriterium soll man sich orientieren? Eine Möglichkeit besteht darin, dass man verlangt, dass in dem speziellen Fall, dass die Ausgangspunkte auf einem Polynom eines gewissen Grades liegen, die durch den Subdivision-Prozess erhaltenen Punkte ebenfalls auf einem Polynom gleichen Grades liegen (natürlich nicht mehr auf demselben Polynom wie bei der interpolierenden Dubuc-Subdivision; vgl. Wissensbaustein »Interpolierende Subdivision nach Dubuc« (S. 134)). Genau dies leistet das Chaikin-Schema, wie im folgenden Satz präzise festgehalten wird. Dabei wird die Frage, ob eine Menge von Punkten mit äquidistant verteilten Stützstellen auf einem Polynom k-ten Grades liegen, dadurch positiv beantwortet, dass man zeigt, dass die dividierten Differenzen (k+1)-ter Ordnung verschwinden (vgl. hierzu Wissensbaustein »Polynomiale Interpolation nach Newton« (S. 111)).

Satz **Approximierende Chaikin-Subdivision**
Es seien $\vec{f}_i^{(0)} := (x_i^{(0)}, y_i^{(0)})^T \in \mathbf{R}^2$, $0 \leq i \leq n$, mit Stützstellen $x_0^{(0)} < x_1^{(0)} < \cdots < x_n^{(0)}$ beliebig gegeben. Definiert man nun für alle $k \in \mathbf{N}$ und zugehörige $i \in \{0, 1, \ldots, (n+1)2^k - 1\}$ eine Folge von Punkten gemäß

$$\vec{f}_{2i}^{(k+1)} := \frac{1}{4}\vec{f}_{i-1}^{(k)} + \frac{3}{4}\vec{f}_i^{(k)},$$

$$\vec{f}_{2i+1}^{(k+1)} := \frac{3}{4}\vec{f}_i^{(k)} + \frac{1}{4}\vec{f}_{i+1}^{(k)},$$

wobei am Rand stets $\vec{f}_{-1}^{(k)} := \vec{f}_0^{(0)}$ und $\vec{f}_{(n+1)2^k}^{(k)} := \vec{f}_n^{(0)}$ gesetzt sein möge, dann gilt Folgendes:

■ Liegen die Punkte in irgendeiner Iterationsstufe k auf dem Graf eines algebraischen Polynoms vom Höchstgrad 2 und sind die zugehörigen Stützstellen äquidistant, dann liegen auch alle neu generierten inneren Punkte der

Basistext

4.7 Approximierende Subdivision nach Chaikin **

Iterationsstufe $k+1$ ohne Randkorrektur ebenfalls auf dem Graf eines Polynoms vom Höchstgrad 2.

■ Die generierte Folge von Punkten konvergiert in einem noch zu präzisierenden Sinne gegen den Graf einer differenzierbaren Funktion mit stetiger Ableitung.

Im Folgenden wird lediglich der erste Teil bewiesen. Den Beweis des zweiten Teils und noch viele weitere zusätzliche Informationen findet man in /Iske 02/, /Prautzsch 02/, /Salomon 05/ oder /Warren 02/. — Beweis

Aufgrund der Linearität des Subdivision-Prozesses genügt es, die Korrektheit der Behauptung für die drei Monome m_0, m_1 und m_2 nachzuweisen. Dazu seien $x \in \mathbf{R}$ und $a \in \mathbf{R}$, $a > 0$, beliebig gegeben. Ergänzt man nun das Dividierte-Differenzen-Schema in der zweiten Spalte durch die vier mittleren Chaikin-Iterierten der ersten Spalte und verzichtet auf die spaltenweise Division durch $2a$, $4a$ etc., so ergibt sich für m_0 sofort

$$\begin{array}{l} m_0(x-3a) = 1 \ \ 1 \\ \ 0 \\ m_0(x-a) = 1 \ \ 1 \ \ \ 0 \\ \ 0 \ \ \ 0 \\ m_0(x+a) = 1 \ \ 1 \ \ \ 0 \\ \ 0 \\ m_0(x+3a) = 1 \ \ 1 \end{array}$$

Entsprechend erhält man für m_1,

$$\begin{array}{l} m_1(x-3a) = x-3a \ \ x-\tfrac{6}{4}a \\ \phantom{m_1(x-3a) = x-3a \ \ x-\tfrac{6}{4}a} \ a \\ m_1(x-a) = x-a \ \ \ x-\tfrac{1}{2}a \ \ \ 0 \\ \phantom{m_1(x-a) = x-a \ \ \ x-\tfrac{1}{2}a \ \ \ 0} \ a \ \ \ 0 \\ m_1(x+a) = x+a \ \ \ x+\tfrac{1}{2}a \ \ \ 0 \\ \phantom{m_1(x+a) = x+a \ \ \ x+\tfrac{1}{2}a \ \ \ 0} \ a \\ m_1(x+3a) = x+3a \ \ x+\tfrac{6}{4}a \end{array}$$

Basistext

und für m_2,

$$m_2(x - 3a) = x^2 - 6ax + 9a^2 \quad x^2 - 3ax + 3a^2$$
$$m_2(x - a) = x^2 - 2ax + a^2 \quad x^2 - ax + a^2 \quad \begin{matrix} 2ax - 2a^2 \\ 2a^2 \\ 2ax \\ 2a^2 \\ 2ax + 2a^2 \end{matrix} \quad 0$$
$$m_2(x + a) = x^2 + 2ax + a^2 \quad x^2 + ax + a^2$$
$$m_2(x + 3a) = x^2 + 6ax + 9a^2 \quad x^2 + 3ax + 3a^2$$

$\square$

Zur Veranschaulichung der Anwendung der **Chaikin-Subdivision** dienen zwei Beispiele.

Beispiel Gegeben seien vier Startpunkte $\vec{f}_0^{(0)} := (x_0^{(0)}, y_0^{(0)})^T := (-3, 26)^T$, $\vec{f}_1^{(0)} := (x_1^{(0)}, y_1^{(0)})^T := (-2, 4)^T$, $\vec{f}_2^{(0)} := (x_2^{(0)}, y_2^{(0)})^T := (1, -2)^T$ und $\vec{f}_3^{(0)} := (x_3^{(0)}, y_3^{(0)})^T := (3, -76)^T$. Vorgeführt wird nur die erste Iterationsstufe, wobei die Anpassungen am Rand direkt eingebaut sind. Für $k := 0$ ergibt sich also

$$\vec{f}_0^{(1)} := \vec{f}_0^{(0)} = (-3, 26)^T,$$
$$\vec{f}_1^{(1)} := \frac{3}{4}\vec{f}_0^{(0)} + \frac{1}{4}\vec{f}_1^{(0)} = (-2.75, 20.5)^T,$$
$$\vec{f}_2^{(1)} := \frac{1}{4}\vec{f}_0^{(0)} + \frac{3}{4}\vec{f}_1^{(0)} = (-2.25, 9.5)^T,$$
$$\vec{f}_3^{(1)} := \frac{3}{4}\vec{f}_1^{(0)} + \frac{1}{4}\vec{f}_2^{(0)} = (-1.25, 2.5)^T,$$
$$\vec{f}_4^{(1)} := \frac{1}{4}\vec{f}_1^{(0)} + \frac{3}{4}\vec{f}_2^{(0)} = (0.25, -0.5)^T,$$
$$\vec{f}_5^{(1)} := \frac{3}{4}\vec{f}_2^{(0)} + \frac{1}{4}\vec{f}_3^{(0)} = (1.5, -20.5)^T,$$
$$\vec{f}_6^{(1)} := \frac{1}{4}\vec{f}_2^{(0)} + \frac{3}{4}\vec{f}_3^{(0)} = (2.5, -57.5)^T,$$
$$\vec{f}_7^{(1)} := \vec{f}_3^{(0)} = (3, -76)^T.$$

Die Rechnung für $k := 1$ ist entsprechend durchzuführen, wobei nun die 16 neuen Werte $\vec{f}_i^{(2)}$, $0 \leq i \leq 15$, aus den oben berechneten Werten $\vec{f}_i^{(1)}$, $0 \leq i \leq 7$, zu bestimmen sind. Insgesamt ergibt sich dann das in Abb. 4.7-2 skizzierte Bild. Dabei sind die vier ursprünglichen Punkte als ausgefüllte Kreise gegeben sowie durch Quadrate die neuen Punkte

Basistext

4.7 Approximierende Subdivision nach Chaikin **

nach der ersten Iteration und durch gedrehte Quadrate die neuen Punkte nach der zweiten Iteration angedeutet.

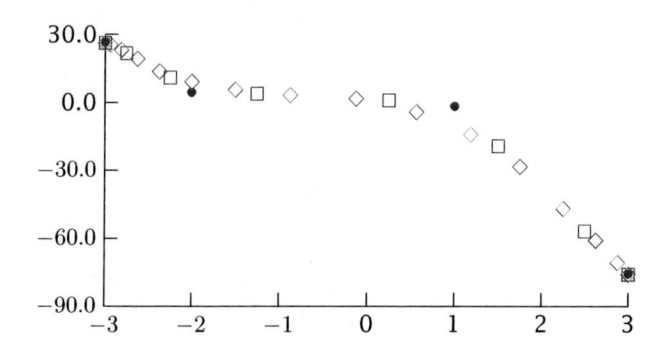

Abb. 4.7-2: Approximierende Chaikin-Subdivision.

Bezeichnungen bei Chaikin-Subdivision: Grundsätzlich lässt sich natürlich die Chaikin-Subdivision auch in Matrix-Vektor-Notation schreiben. Für den ersten Schritt im obigen Beispiel ist dabei die entsprechende **Subdivision-Matrix** z.B. gegeben als

$$\begin{pmatrix} 1 & 0 & 0 & 0 \\ \frac{3}{4} & \frac{1}{4} & 0 & 0 \\ \frac{1}{4} & \frac{3}{4} & 0 & 0 \\ 0 & \frac{3}{4} & \frac{1}{4} & 0 \\ 0 & \frac{1}{4} & \frac{3}{4} & 0 \\ 0 & 0 & \frac{3}{4} & \frac{1}{4} \\ 0 & 0 & \frac{1}{4} & \frac{3}{4} \\ 0 & 0 & 0 & 1 \end{pmatrix} \in \mathbf{R}^{8 \times 4}.$$

Bemerkung

Man nennt die Zeilen der Subdivision-Matrix, wie bereits bei der Dubuc-Subdivision (vgl. Wissensbaustein »Interpolierende Subdivision nach Dubuc« (S. 134)), wieder die

Schablone der Subdivision (engl. *stencil*) und die Spalten die Maske der Subdivision (engl. *mask*), wobei in der Literatur die Begriffe auch hier bisweilen etwas weniger streng benutzt werden (z.B. mask = stencil o. Ähnl.).

Beispiel

Gegeben seien drei Startpunkte $\vec{f}_0^{(0)} := (x_0^{(0)}, y_0^{(0)})^T := (-1, 0)^T$, $\vec{f}_1^{(0)} := (x_1^{(0)}, y_1^{(0)})^T := (0, -1)^T$ und $\vec{f}_2^{(0)} := (x_2^{(0)}, y_2^{(0)})^T := (2, 3)^T$. Vorgeführt wird wieder nur die erste Iterationsstufe der Chaikin-Subdivision, wobei die Anpassungen am Rand direkt eingebaut sind. Für $k := 0$ ergibt sich also

$$\vec{f}_0^{(1)} := \vec{f}_0^{(0)} = (-1, 0)^T,$$

$$\vec{f}_1^{(1)} := \frac{3}{4}\vec{f}_0^{(0)} + \frac{1}{4}\vec{f}_1^{(0)} = (-0.75, -0.25)^T,$$

$$\vec{f}_2^{(1)} := \frac{1}{4}\vec{f}_0^{(0)} + \frac{3}{4}\vec{f}_1^{(0)} = (-0.25, -0.75)^T,$$

$$\vec{f}_3^{(1)} := \frac{3}{4}\vec{f}_1^{(0)} + \frac{1}{4}\vec{f}_2^{(0)} = (0.5, 0)^T,$$

$$\vec{f}_4^{(1)} := \frac{1}{4}\vec{f}_1^{(0)} + \frac{3}{4}\vec{f}_2^{(0)} = (1.5, 2)^T,$$

$$\vec{f}_5^{(1)} := \vec{f}_2^{(0)} = (2, 3)^T.$$

Die Rechnung für $k := 1$ ist entsprechend durchzuführen, wobei nun die 12 neuen Werte $\vec{f}_i^{(2)}$, $0 \leq i \leq 11$, aus den oben berechneten Werten $\vec{f}_i^{(1)}$, $0 \leq i \leq 5$, zu bestimmen sind. Insgesamt ergibt sich dann das in Abb. 4.7-3 skizzierte Bild. Dabei sind die drei ursprünglichen Punkte wieder als ausgefüllte Kreise gegeben sowie durch Quadrate die neuen Punkte nach der ersten Iteration und durch gedrehte Quadrate die neuen Punkte nach der zweiten Iteration angedeutet.

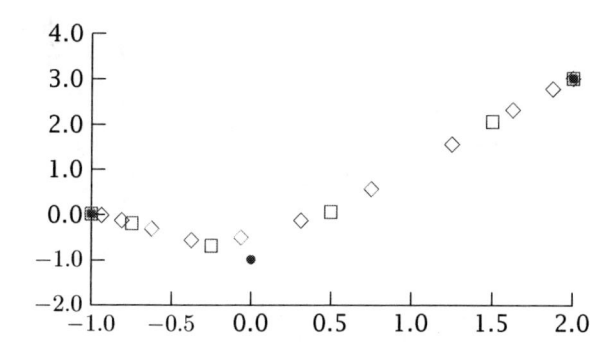

Abb. 4.7-3: Approximierende Chaikin-Subdivision.

4.8 Bilineare Interpolation über Rechtecken *

Bei der bilinearen Interpolation über Rechtecken ordnet man vier gegebenen Punkten $\vec{a}, \vec{b}, \vec{c}, \vec{d} \in \mathbf{R}^3$ eine Funktion BIR zu mit

$$BIR : [0,1]^2 \to \mathbf{R}^3,$$
$$(u,v)^T \mapsto (1-u)(1-v)\vec{a} + u(1-v)\vec{b} + (1-u)v\vec{c} + uv\vec{d}.$$

Die Funktion BIR wird bilineare Interpolationsfunktion über $[0,1]^2$ bezüglich der gegebenen Punkte $\vec{a}, \vec{b}, \vec{c}, \vec{d}$ genannt und genügt den Interpolationsbedingungen

$$BIR(0,0) = \vec{a}, \quad BIR(1,0) = \vec{b}, \quad BIR(0,1) = \vec{c}, \quad BIR(1,1) = \vec{d}.$$

Bei der **bilinearen Interpolation über Rechtecken** handelt es sich um eine einfache Strategie, vier Punkte $\vec{a}, \vec{b}, \vec{c}, \vec{d}$ des $\mathbf{R}^3$ in möglichst direkter Form durch eine **Fläche** zu verbinden (vgl. Abb. 4.8-1).

Basistext

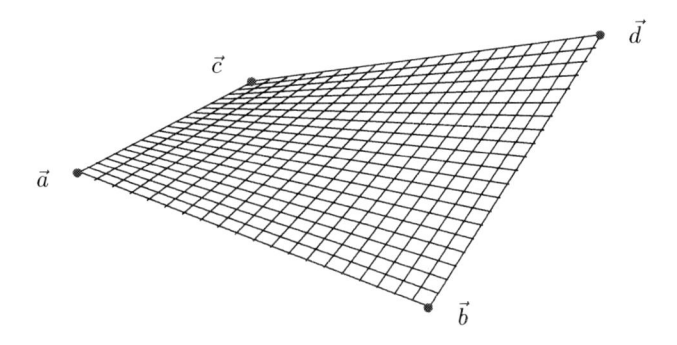

Abb. 4.8-1: Bilineare Interpolation über Rechteck.

Um dies zu realisieren, definiert man eine geeignete Funktion über dem sogenannten **Parameterintervall** $[0,1]^2 \subseteq \mathbf{R}^2$, die die gegebenen Punkte interpoliert.

Definition **Bilineare Interpolation über Rechtecken**
Es seien $\vec{a},\vec{b},\vec{c},\vec{d} \in \mathbf{R}^3$ beliebig gegeben. Dann erfüllt die Funktion BIR,

$$BIR : [0,1]^2 \to \mathbf{R}^3,$$
$$(u,v)^T \mapsto (1-u)(1-v)\vec{a} + u(1-v)\vec{b} + (1-u)v\vec{c} + uv\vec{d},$$

die **Interpolationsbedingungen**

$$BIR(0,0) = \vec{a}, \ BIR(1,0) = \vec{b}, \ BIR(0,1) = \vec{c}, \ BIR(1,1) = \vec{d}.$$

Die Funktion BIR wird **bilineare Interpolationsfunktion** über $[0,1]^2$ bezüglich der gegebenen Punkte $\vec{a},\vec{b},\vec{c},\vec{d}$ genannt.

Beispiel Gegeben seien die Punkte $\vec{a} := (0,0,3)^T$, $\vec{b} := (1,0,2)^T$, $\vec{c} := (0,1,2)^T$ und $\vec{d} := (1,1,3)^T$. Dann lautet die zugehörige **bilineare Interpolationsfunktion** $BIR : [0,1]^2 \to \mathbf{R}^3$,

Basistext

$$(1-u)(1-v)\begin{pmatrix}0\\0\\3\end{pmatrix} + u(1-v)\begin{pmatrix}1\\0\\2\end{pmatrix} + (1-u)v\begin{pmatrix}0\\1\\2\end{pmatrix} + uv\begin{pmatrix}1\\1\\3\end{pmatrix}.$$

Die Funktion ist in Abb. 4.8-2 skizziert.

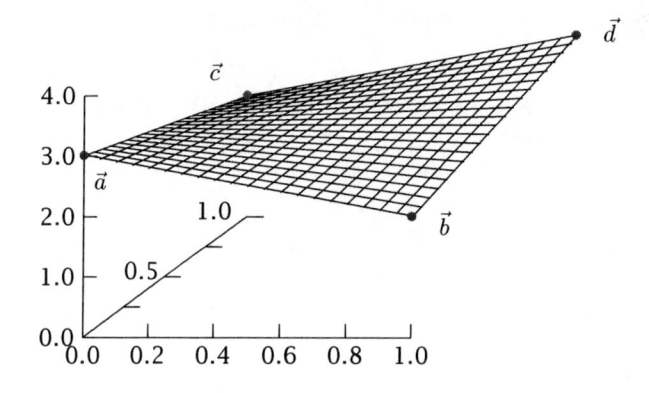

Abb. 4.8-2: Bilineare Interpolation über Rechteck.

4.9 Gouraud-Schattierung über Rechtecken *

Bei der Gouraud-Schattierung über Rechtecken ordnet man vier z.B. durch rgb-Farbwerte erweiterten Punkten $\vec{a}_f, \vec{b}_f, \vec{c}_f, \vec{d}_f \in \mathbf{R}^3 \times [0,1]^3$ **eine Funktion** GSR **zu mit**

$$GSR : [0,1]^2 \to \mathbf{R}^3 \times [0,1]^3,$$
$$(u,v)^T \mapsto (1-u)(1-v)\vec{a}_f + u(1-v)\vec{b}_f + (1-u)v\vec{c}_f + uv\vec{d}_f.$$

Die Funktion GSR **wird Gouraud-Schattierungsfunktion über** $[0,1]^2$ **bezüglich der erweiterten Punkte** $\vec{a}_f, \vec{b}_f, \vec{c}_f, \vec{d}_f$ **genannt und genügt den Interpolationsbedingungen**

$$GSR(0,0) = \vec{a}_f, \ GSR(1,0) = \vec{b}_f, \ GSR(0,1) = \vec{c}_f, \ GSR(1,1) = \vec{d}_f.$$

Basistext

150   4 Grafische Visualisierungsmethoden *

Die **Gouraud-Schattierung** (engl. *Gouraud shading*), auch als Intensitätsinterpolationsschattierung oder Farbinterpolationsschattierung bekannt, ist ein Verfahren, um Flächenstücke zu schattieren bzw. einzufärben. Benannt ist dieses Vorgehen nach seinem Entwickler Henri Gouraud (geb. 1944), der es erstmals 1971 vorstellte.

Interpolation der Farbwerte

Bei der **Gouraud-Schattierung** werden zunächst die Farben des darzustellenden Flächenstücks an dessen Eckpunkten (engl. *vertices*) berechnet. Dies geschieht i. Allg. durch **Bildung arithmetischer Mittel der Farben** aller Flächenstücke, die diesen Eckpunkt gemeinsam haben. Treffen also z.B. an einem Eckpunkt fünf Flächenstücke mit den rgb-Farb- bzw. Grauwerten $\vec{f}^{(i)} \in [0,1]^3$ bzw. $g^{(i)} \in [0,1]$ für $1 \leq i \leq 5$ zusammen, dann ordnet man dem Eckpunkt den rgb-Farb- bzw. Grauwert

$$\vec{f} := \frac{1}{5}\sum_{i=1}^{5} \vec{f}^{(i)} \quad \text{bzw.} \quad g := \frac{1}{5}\sum_{i=1}^{5} g^{(i)}$$

zu. Dabei darf natürlich anstelle des rgb-Farbmodells auch jedes andere Farbmodell zugrunde liegen. Daran schließt dann die eigentliche **Gouraud-Schattierung** an, die für jedes Flächenstück einzeln durchzuführen ist. Speziell bei der **Gouraud-Schattierung über Rechtecken** wird jedem Punkt auf der durch **bilineare Interpolation** der vier jeweiligen Eckpunkte $\vec{a}, \vec{b}, \vec{c}, \vec{d} \in \mathbf{R}^3$ entstehenden Fläche genau ein Farb- oder Grauwert zugeordnet, der seinerseits ebenfalls durch **bilineare Interpolation der Farb- oder Grauwerte** der Eckpunkte entsteht (vgl. Abb. 4.9-1).

Um im Folgenden die Notation etwas übersichtlich zu halten, wird ab jetzt nur noch der Fall von rgb-Farbwerten und nicht mehr der Grauwert-Fall betrachtet. Desweiteren wird jedem Punkt $\vec{x} \in \mathbf{R}^3$ ein rgb-Farbwert $\vec{f} \in [0,1]^3$ zugeordnet und dies in einem **erweiterten Punkt** $\vec{x}_f \in \mathbf{R}^3 \times [0,1]^3$ notiert,

$$\vec{x}_f := (x_1, x_2, x_3, f_1, f_2, f_3)^T \in \mathbf{R}^3 \times [0,1]^3 \ .$$

Basistext

4.9 Gouraud-Schattierung über Rechtecken *

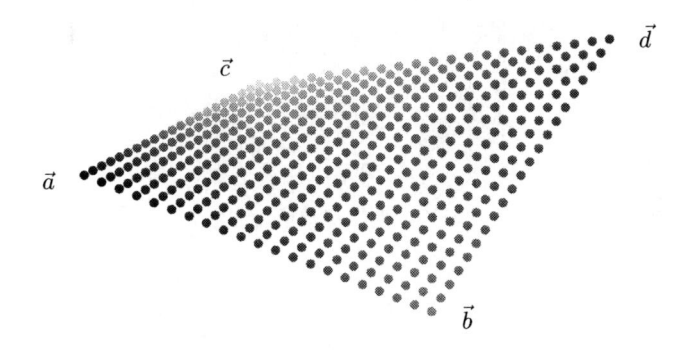

Abb. 4.9-1: Gouraud-Schattierung über Rechteck.

Gouraud-Schattierung über Rechtecken *Definition*
Es seien die durch zugehörige rgb-Farbwerte erweiterten Punkte $\vec{a}_f, \vec{b}_f, \vec{c}_f, \vec{d}_f \in \mathbf{R}^3 \times [0,1]^3$ beliebig gegeben. Dann erfüllt die Funktion GSR,

$$GSR: [0,1]^2 \to \mathbf{R}^3 \times [0,1]^3,$$
$$(u,v)^T \mapsto (1-u)(1-v)\vec{a}_f + u(1-v)\vec{b}_f + (1-u)v\vec{c}_f + uv\vec{d}_f,$$

die **Interpolationsbedingungen**

$$GSR(0,0) = \vec{a}_f, \; GSR(1,0) = \vec{b}_f, \; GSR(0,1) = \vec{c}_f, \; GSR(1,1) = \vec{d}_f.$$

Die Funktion GSR wird **Gouraud-Schattierungsfunktion** über $[0,1]^2$ bezüglich der erweiterten Punkte $\vec{a}_f, \vec{b}_f, \vec{c}_f, \vec{d}_f$ genannt.

Gegeben seien die erweiterten Punkte $\vec{a}_f := (0,0,3,0,0,1)^T$, *Beispiel*
$\vec{b}_f := (1,0,2,0,1,0)^T$, $\vec{c}_f := (0,1,2,0.9,0.9,0.9)^T$ und $\vec{d}_f := (1,1,3,1,0,0)^T$. Dann lautet die zugehörige **Gouraud-Schattierungsfunktion** $GSR : [0,1]^2 \to \mathbf{R}^3 \times [0,1]^3$,

Basistext

$$(1-u)(1-v)\begin{pmatrix}0\\0\\3\\0\\0\\1\end{pmatrix} + u(1-v)\begin{pmatrix}1\\0\\2\\0\\1\\0\end{pmatrix} + (1-u)v\begin{pmatrix}0\\1\\2\\0.9\\0.9\\0.9\end{pmatrix} + uv\begin{pmatrix}1\\1\\3\\1\\0\\0\end{pmatrix}.$$

Die entstehende Schattierung ist in Abb. 4.9-2 skizziert.

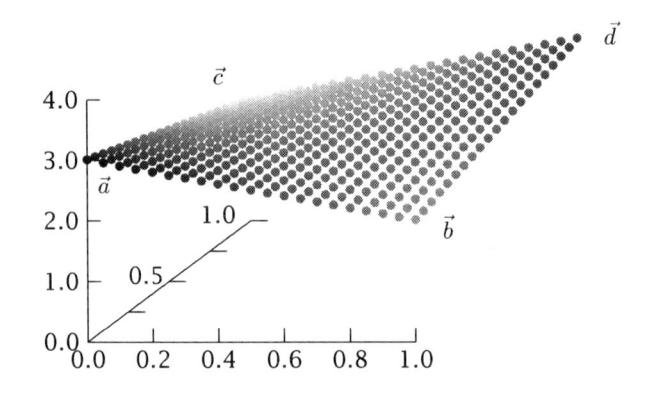

Abb. 4.9-2: Gouraud-Schattierung über Rechteck.

Bemerkung

Vor- und Nachteile der Gouraud-Schattierung: Die Vorteile der **Gouraud-Schattierung** liegen in der optisch erzeugten Glättung und Entkantung des modellierten Objekts sowie in ihrer Geschwindigkeit. Nachteilig ist, dass die z.B. für die Reflektionsbestimmung erforderlichen Normalenvektoren der Teilflächen nur zur Bestimmung der Farb- bzw. Grauwerte in den Eckpunkten herangezogen werden und ansonsten keine Rolle mehr spielen. Dies hat zur Folge, dass z.B. das Aussehen des Objekts bei Beleuchtung nicht wirklich realistisch ist (schlecht lokalisierte Glanzlichter). Dieses Defizit gibt Anlass zur Verbesserung und ist genau Gegenstand

Basistext

der sogenannten **Phong-Schattierung** (vgl. Wissensbaustein »Phong-Schattierung über Rechtecken« (S. 153)).

4.10 Phong-Schattierung über Rechtecken *

Bei der Phong-Schattierung über Rechtecken ordnet man vier durch Normalenvektoren erweiterten Punkten $\vec{a}_n, \vec{b}_n, \vec{c}_n, \vec{d}_n \in \mathbf{R}^3 \times [-1,1]^3$ **eine Funktion** PSR **zu mit**

$$PSR : [0,1]^2 \to \mathbf{R}^3 \times [-1,1]^3,$$
$$(u,v)^T \mapsto (1-u)(1-v)\vec{a}_n + u(1-v)\vec{b}_n + (1-u)v\vec{c}_n + uv\vec{d}_n.$$

Die Funktion PSR **wird Phong-Schattierungsfunktion über** $[0,1]^2$ **bezüglich der erweiterten Punkte** $\vec{a}_n, \vec{b}_n, \vec{c}_n, \vec{d}_n$ **genannt und genügt den Interpolationsbedingungen**

$$PSR(0,0) = \vec{a}_n, \quad PSR(1,0) = \vec{b}_n, \quad PSR(0,1) = \vec{c}_n, \quad PSR(1,1) = \vec{d}_n.$$

Bei der **Phong-Schattierung** (engl. *Phong shading*), die auch Normalenvektorinterpolationsschattierung genannt wird, handelt es sich um ein Verfahren aus der Computer-Grafik, um Flächenstücke mit Farbschattierungen zu versehen. Es stellt eine Verbesserung der **Gouraud-Schattierung** dar und ist benannt nach seinem Entwickler Bui Tuong Phong (1942-1975), der es erstmals 1973 vorstellte.

Phong-Schattierung

Die Grundlage des Verfahrens bilden die für die Bestimmung des Sichtbarkeits-, Helligkeits- und Reflektionsverhaltens entscheidenden **Normalenvektoren** von Flächenstücken. Dies sind auf Länge 1 normierte Vektoren in $\mathbf{R}^3$, die senkrecht auf dem jeweiligen Flächenstück stehen und deren Skalarprodukt z.B. mit dem Richtungsvektor einer Lichtquelle ein Maß für die Helligkeit bzw. für die Farbe des Flächenstücks liefern. Die prinzipielle **Idee der Phong-Schattie-**

Interpolation der Normalenvektoren

Basistext

rung besteht nun darin, nicht ganzen Flächenstücken Normalenvektoren zuzuordnen, sondern im Extremfall jedem einzelnen Punkt auf dem Flächenstück einen individuellen Normalenvektor zuzuweisen. Damit lässt sich das optische Erscheinen des Flächenstücks sehr gleichmäßig verändern und so ein außerordentlich realitätsnaher Gesamteindruck erzeugen. Im Prinzip ist das Vorgehen bei der Phong-Schattierung ähnlich wie bei der Gouraud-Schattierung: Man muss lediglich die zu interpolierenden Farb- oder Grauwerte durch **zu interpolierende Normalenvektoren** ersetzen!

Details zur Phong-Schattierung

Im Detail geht man bei der **Phong-Schattierung** wie folgt vor: Zunächst werden die Normalenvektoren des darzustellenden Flächenstücks an dessen Eckpunkten (engl. *vertices*) berechnet. Dies geschieht i. Allg. durch **Bildung arithmetischer Mittel der Normalenvektoren** aller Flächenstücke, die diesen Eckpunkt gemeinsam haben, und anschließender neuer Normierung. Treffen also z.B. an einem Eckpunkt fünf Flächenstücke mit den zugeordneten Normalenvektoren $\vec{n}^{(i)} \in [-1,1]^3$, $1 \leq i \leq 5$, zusammen, dann ordnet man dem Eckpunkt den Vektor

$$\vec{n} := \frac{1}{5} \sum_{i=1}^{5} \vec{n}^{(i)}$$

zu und normiert danach den Vektor $\vec{n}$ wieder auf Länge 1 (falls $\vec{n} = \vec{0}$ gilt, liegt eine sehr spezielle Situation vor, die einer besonderen Behandlung bedarf). Daran schließt dann die eigentliche **Phong-Schattierung** an, die für jedes Flächenstück einzeln durchzuführen ist. Speziell bei der **Phong-Schattierung über Rechtecken** wird jedem Punkt auf der durch **bilineare Interpolation** der vier jeweiligen Eckpunkte $\vec{a}, \vec{b}, \vec{c}, \vec{d} \in \mathbf{R}^3$ entstehenden Fläche genau ein sogenannter **Phong-Vektor** zugeordnet, der seinerseits ebenfalls durch **bilineare Interpolation der Normalenvektoren** der Eckpunkte entsteht (vgl. Abb. 4.10-1). Anschließend werden diese Phong-Vektoren wieder auf Länge 1 normiert,

Basistext

4.10 Phong-Schattierung über Rechtecken * 155

wobei der seltene Sonderfall, dass ein oder mehrere dieser Vektoren gleich dem Nullvektor sind, wieder einer speziellen Behandlung bedarf.

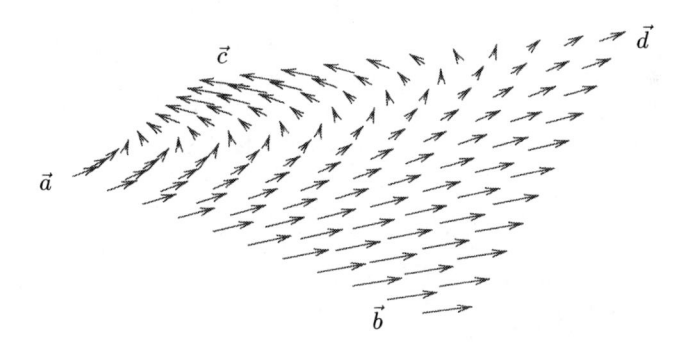

Abb. 4.10-1: Phong-Vektoren über Rechteck.

Um die Phong-Schattierung kompakt definieren zu können, wird nun jedem Punkt $\vec{x} \in \mathbf{R}^3$ ein Phong-Vektor $\vec{n} \in [-1,1]^3$ zugeordnet und dies in einem **erweiterten Punkt** $\vec{x}_n \in \mathbf{R}^3 \times [-1,1]^3$ notiert,

$$\vec{x}_n := (x_1, x_2, x_3, n_1, n_2, n_3)^T \in \mathbf{R}^3 \times [-1,1]^3 .$$

Phong-Schattierung über Rechtecken Definition
Es seien die durch zugehörige Normalenvektoren erweiterten Punkte $\vec{a}_n, \vec{b}_n, \vec{c}_n, \vec{d}_n \in \mathbf{R}^3 \times [-1,1]^3$ beliebig gegeben. Dann erfüllt die Funktion PSR,

$$PSR : [0,1]^2 \to \mathbf{R}^3 \times [-1,1]^3 ,$$
$$(u,v)^T \mapsto (1-u)(1-v)\vec{a}_n + u(1-v)\vec{b}_n + (1-u)v\vec{c}_n + uv\vec{d}_n ,$$

die **Interpolationsbedingungen**

$$PSR(0,0) = \vec{a}_n, \ PSR(1,0) = \vec{b}_n, \ PSR(0,1) = \vec{c}_n, \ PSR(1,1) = \vec{d}_n.$$

Basistext

Die Funktion PSR wird **Phong-Schattierungsfunktion** über $[0,1]^2$ bezüglich der erweiterten Punkte $\vec{a}_n, \vec{b}_n, \vec{c}_n, \vec{d}_n$ genannt.

Beispiel Gegeben seien die erweiterten Punkte $\vec{a}_n := (0,0,3,0.7,0,0.7)^T$, $\vec{b}_n := (1,0,2,0.9,0.4,0)^T$, $\vec{c}_n := (0,1,2,-0.9,0.4,0)^T$ und $\vec{d}_n := (1,1,3,0.7,0,0.7)^T$. Dann lautet die zugehörige **Phong-Schattierungsfunktion** $PSR : [0,1]^2 \to \mathbf{R}^3 \times [-1,1]^3$,

$$(1-u)(1-v)\begin{pmatrix}0\\0\\3\\0.7\\0\\0.7\end{pmatrix} + u(1-v)\begin{pmatrix}1\\0\\2\\0.9\\0.4\\0\end{pmatrix} + (1-u)v\begin{pmatrix}0\\1\\2\\-0.9\\0.4\\0\end{pmatrix} + uv\begin{pmatrix}1\\1\\3\\0.7\\0\\0.7\end{pmatrix}.$$

Die entstehenden Phong-Vektoren sind in Abb. 4.10-2 skizziert.

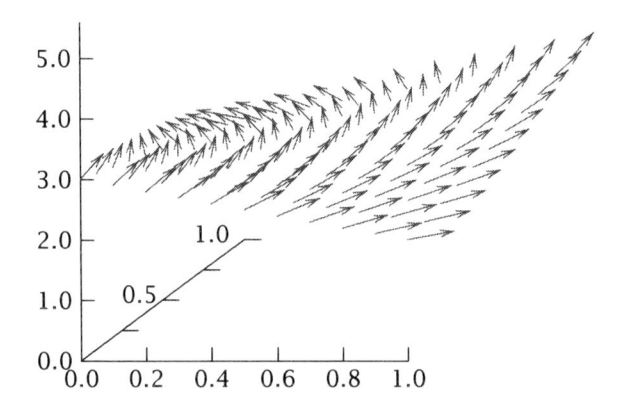

Abb. 4.10-2: Phong-Vektoren über Rechteck.

Vor- und Nachteile der Phong-Schattierung: Die Vorteile der **Phong-Schattierung** liegen in der optisch sehr überzeugenden Glättung und Entkantung des modellierten Objekts sowie in der außerordentlich realistischen Darstellung des Reflektionsverhaltens (gut lokalisierte Glanzlichter), wenn man die durch sie erzeugten Phong-Vektoren konsequent zur Berechnung von Sichtbarkeits-, Helligkeits- und Reflektionsinformationen heranzieht. Hier ist sie der **Gouraud-Schattierung** deutlich überlegen. Nachteilig ist, dass die im Extremfall für jeden Flächenpunkt aufwendig zu berechnende Information verhältnismäßig viel Rechenzeit in Anspruch nimmt und so bei zeitkritischen Grafik-Anwendungen problematisch ist.

Bemerkung

4.11 Transfinite Interpolation über Rechtecken **

Bei der transfiniten Interpolation über Rechtecken geht es um die Bestimmung von Flächen über rechteckigen Parametergebieten, die am Rand mit vorgegebenen Kurven übereinstimmen. Im ersten, einfachen Fall ordnet man zwei gegebenen Kurven $c_1, c_2 : [0,1] \to \mathbf{R}^3$ **eine Funktion** TIR **zu mit**

$$TIR : [0,1]^2 \to \mathbf{R}^3 ,$$
$$(u,v)^T \mapsto (1-u)c_1(v) + uc_2(v) .$$

Die Funktion TIR **wird transfinite Interpolationsfunktion über** $[0,1]^2$ **bezüglich der gegebenen Kurven** c_1, c_2 **genannt und genügt den Interpolationsbedingungen**

$$TIR(0,v) = c_1(v) , \quad v \in [0,1] ,$$
$$TIR(1,v) = c_2(v) , \quad v \in [0,1] .$$

Basistext

Im zweiten, komplizierteren Fall ordnet man vier gegebenen Kurven $c_1, c_2, c_3, c_4 : [0,1] \to \mathbf{R}^3$, die die **Schnittpunktbedingungen** $c_1(0) = c_2(0)$, $c_2(1) = c_3(0)$, $c_3(1) = c_4(1)$ und $c_4(0) = c_1(1)$ **erfüllen, eine Funktion** CIR **zu mit**

$$CIR : [0,1]^2 \to \mathbf{R}^3,$$
$$(u,v)^T \mapsto (1-v)c_1(u) + vc_3(u) + (1-u)c_2(v) + uc_4(v)$$
$$-(1-u)(1-v)c_1(0) - u(1-v)c_1(1) - (1-u)vc_3(0) - uvc_3(1).$$

Die Funktion CIR wird **Coons-Interpolationsfunktion über** $[0,1]^2$ **bezüglich der gegebenen Kurven** c_1, c_2, c_3, c_4 **genannt und genügt den Interpolationsbedingungen**

$$CIR(u,0) = c_1(u), \quad u \in [0,1],$$
$$CIR(u,1) = c_3(u), \quad u \in [0,1],$$
$$CIR(0,v) = c_2(v), \quad v \in [0,1],$$
$$CIR(1,v) = c_4(v), \quad v \in [0,1].$$

transfinite Interpolation

Die Idee der **transfiniten Interpolation** besteht darin, nicht nur **einige wenige Punkte** zu interpolieren und ihre Lage auf dem Grafen der Modellierungsfunktion zu garantieren, sondern ganze Kurven, also **unendlich viele Punkte**, zu interpolieren. Historisch gesehen gehen Konzepte dieses Typs auf Steven Anson Coons zurück, der sich in den 60-er Jahren des vergangenen Jahrhunderts am MIT als einer der Ersten mit diesem verallgemeinerten Interpolationskonzept beschäftigte. Seitens der praktischen Anwendung sind derartige Interpolationen natürlich ausgesprochen wünschenswert, da man z.B. im **Schiff- oder Flugzeugbau** häufig gewisse Randkonturen fest vorgegeben hat und dazwischen eine sinnvolle Fläche spannen muss. Bei der ersten Art der **transfiniten Interpolation über Rechtecken** handelt es sich um eine einfache Strategie, zwei Kurven $c_1, c_2 : [0,1] \to \mathbf{R}^3$ in $\mathbf{R}^3$ in möglichst direkter Form durch eine **Fläche** zu verbinden (vgl. Abb. 4.11-1).

Basistext

$c_2(v)$

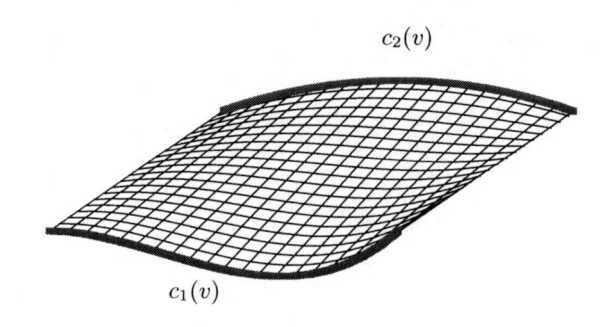

$c_1(v)$

Abb. 4.11-1: Transfinite Interpolation über Rechteck.

Um dies zu realisieren, definiert man eine geeignete Funktion über dem **Parameterintervall** $[0,1]^2 \subseteq \mathbf{R}^2$, die die gegebenen Kurven interpoliert. Man kommt so zu folgender Definition, deren zusätzliche Behauptung hinsichtlich der erhaltenen Interpolationseigenschaften leicht durch Einsetzen verifiziert werden kann.

Transfinite Interpolation über Rechtecken   Definition
Es seien zwei Kurven $c_1, c_2 : [0,1] \to \mathbf{R}^3$ beliebig gegeben. Dann erfüllt die Funktion TIR,

$$TIR : [0,1]^2 \to \mathbf{R}^3,$$
$$(u,v)^T \mapsto (1-u)c_1(v) + uc_2(v),$$

die **Interpolationsbedingungen**

$$TIR(0, v) = c_1(v), \quad v \in [0,1],$$
$$TIR(1, v) = c_2(v), \quad v \in [0,1].$$

Die Funktion TIR wird **transfinite Interpolationsfunktion** über $[0,1]^2$ bezüglich der gegebenen Kurven c_1, c_2 genannt.

Basistext

Beispiel Gegeben seien die beiden Kurven $c_1, c_2 : [0,1] \to \mathbf{R}^3$ gemäß

$$c_1(t) := \begin{pmatrix} 0 \\ t \\ 2.5 + 2\sqrt{0.25 - (t-0.5)^2} \end{pmatrix},$$

$$c_2(t) := \begin{pmatrix} 1 \\ t \\ 2.5 - 2\sqrt{0.25 - (t-0.5)^2} \end{pmatrix},$$

für $t \in [0,1]$. Dann lautet die zugehörige **transfinite Interpolationsfunktion** $TIR : [0,1]^2 \to \mathbf{R}^3$,

$$(1-u) \begin{pmatrix} 0 \\ v \\ 2.5 + 2\sqrt{0.25 - (v-0.5)^2} \end{pmatrix} + u \begin{pmatrix} 1 \\ v \\ 2.5 - 2\sqrt{0.25 - (v-0.5)^2} \end{pmatrix}.$$

Die Funktion ist in Abb. 4.11-2 skizziert. Sie stellt eine Fläche dar, die zwei durch die beiden vorgegebenen Kurven definierte Halbkreise (einer nach oben und einer nach unten geöffnet) miteinander verbindet. Dabei sind die Halbkreise aufgrund der unterschiedlichen Skalierung der Achsen sowie der perspektivischen Verzerrung nur als Bögen erkennbar.

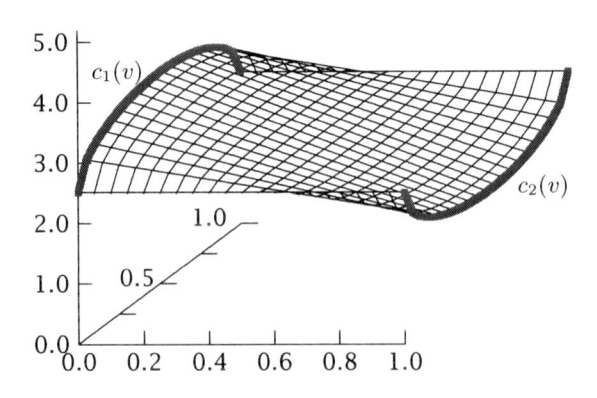

Abb. 4.11-2: *Transfinite Interpolation über Rechteck.*

Basistext

4.11 Transfinite Interpolation über Rechtecken **

Bei der nächsten Art der **transfiniten Interpolation über Rechtecken** handelt es sich um eine schon etwas kompliziertere Strategie, um insgesamt vier Kurven $c_1, c_2, c_3, c_4 : [0,1] \to \mathbf{R}^3$ in $\mathbf{R}^3$, die noch gewissen Bedingungen genügen müssen, in möglichst direkter Form durch eine **Fläche** zu verbinden (vgl. Abb. 4.11-3). Diese Technik wird in der Literatur als **Coons-Interpolation über Rechtecken** bezeichnet.

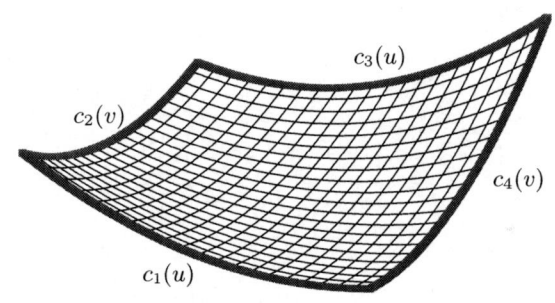

Abb. 4.11-3: Coons-Interpolation über Rechteck.

Das genaue Vorgehen wird wieder in einer präzisen Definition festgehalten, deren zusätzliche Behauptung hinsichtlich der erhaltenen Interpolationseigenschaften auch hier leicht durch Einsetzen verifiziert werden kann.

Coons-Interpolation über Rechtecken   Definition
Es seien vier Kurven $c_1, c_2, c_3, c_4 : [0,1] \to \mathbf{R}^3$ gegeben, die den **Schnittpunktbedingungen** $c_1(0) = c_2(0)$, $c_2(1) = c_3(0)$, $c_3(1) = c_4(1)$ und $c_4(0) = c_1(1)$ genügen. Dann erfüllt die Funktion CIR,

$CIR : [0,1]^2 \to \mathbf{R}^3$,
$(u,v)^T \mapsto (1-v)c_1(u) + vc_3(u) + (1-u)c_2(v) + uc_4(v)$
$\quad -(1-u)(1-v)c_1(0) - u(1-v)c_1(1) - (1-u)vc_3(0) - uvc_3(1),$

Basistext

die **Interpolationsbedingungen**

$$CIR(u,0) = c_1(u)\,,\quad u \in [0,1]\,,$$
$$CIR(u,1) = c_3(u)\,,\quad u \in [0,1]\,,$$
$$CIR(0,v) = c_2(v)\,,\quad v \in [0,1]\,,$$
$$CIR(1,v) = c_4(v)\,,\quad v \in [0,1]\,.$$

Die Funktion CIR wird **Coons-Interpolationsfunktion** über $[0,1]^2$ bezüglich der gegebenen Kurven c_1, c_2, c_3, c_4 genannt.

Beispiel Gegeben seien die vier Kurven $c_1, c_2, c_3, c_4 : [0,1] \to \mathbf{R}^3$ gemäß

$$c_1(t) := \begin{pmatrix} -t \\ -t^2 \\ -t^3 \end{pmatrix}, \quad c_2(t) := \begin{pmatrix} t^3 \\ t \\ t^2 \end{pmatrix},$$

$$c_3(t) := \begin{pmatrix} \cos(\pi t) \\ 1-t \\ 1+t \\ 1 \end{pmatrix}, \quad c_4(t) := \begin{pmatrix} -1 \\ t^2 - 1 \\ 2t - 1 \end{pmatrix},$$

für $t \in [0,1]$. Man prüft leicht nach, dass die Kurven den **Schnittpunktbedingungen** $c_1(0) = c_2(0)$, $c_2(1) = c_3(0)$, $c_3(1) = c_4(1)$ und $c_4(0) = c_1(1)$ genügen. Somit lautet die zugehörige **Coons-Interpolationsfunktion** $CIR : [0,1]^2 \to \mathbf{R}^3$,

$$\begin{pmatrix} (1-v)(-u) + v\cos(\pi u) + (1-u)v^3 + u(-1) + u(1-v) - (1-u)v + uv \\ (1-v)(-u^2) + v\dfrac{1-u}{1+u} + (1-u)v + u(v^2-1) + u(1-v) - (1-u)v \\ (1-v)(-u^3) + v + (1-u)v^2 + u(2v-1) + u(1-v) - (1-u)v - uv \end{pmatrix}.$$

Die Funktion ist in Abb. 4.11-4 skizziert und realisiert schon eine recht komplizierte, aber geometrisch angemessene flächenmäßige Füllung des Raums zwischen den vier Kurven.

Basistext

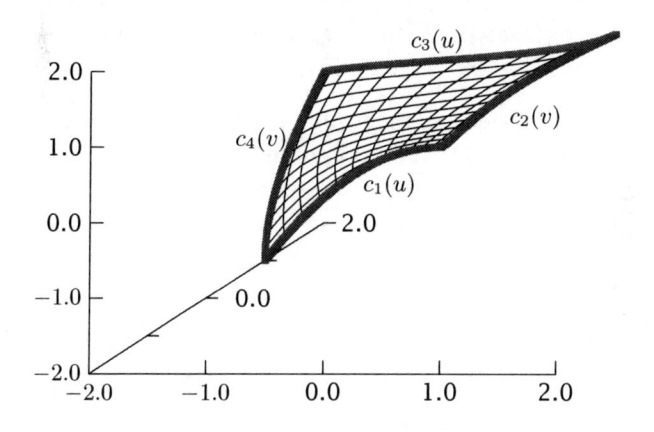

Abb. 4.11-4: Coons-Interpolation über Rechteck.

4.12 Polynomiale Approximation über Rechtecken **

Bei der polynomialen Approximation über Rechtecken handelt es sich im einfachsten Fall bei einem gegebenen dreidimensionalen Datensatz über einem quadratischen Gitter $(\frac{i}{n}, \frac{j}{n}, z_{ij})^T \in [0,1]^2 \times \mathbf{R}$ **mit** $0 \leq i,j \leq n$ **und** $n \in \mathbf{N}^*$ **um die Berechnung des sogenannten Tensorprodukt-Bézier-Polynoms** TBP_n **vom Höchstgrad** n**,**

$$TBP_n : [0,1]^2 \to \mathbf{R},$$
$$(x,y)^T \mapsto \sum_{i=0}^{n} \sum_{j=0}^{n} z_{ij} b_{i,j,n}(x,y).$$

Dabei bezeichnen die Funktionen $b_{i,j,n}(x,y) := b_{i,n}(x)b_{j,n}(y)$ **die Tensorprodukt-Bernstein-Grundpolynome, die ihrerseits aus den bekannten Bernstein-Grundpolynomen** $b_{k,n}(t) := \binom{n}{k} t^k (1-t)^{n-k}$**,** $0 \leq k \leq n$**, aufgebaut sind. Als Auswertungsalgorithmus kommt eine**

Basistext

naheliegende **Verallgemeinerung des de Casteljau-Algorithmus zur Anwendung.**

Nachdem in den vorausgegangenen Wissensbausteinen »Bilineare Interpolation über Rechtecken« (S. 147) und »Transfinite Interpolation über Rechtecken« (S. 157) ausschließlich **interpolierende Strategien** in $\mathbf{R}^3$ diskutiert wurden, soll es im Folgenden um eine rein **approximierende Strategie** gehen. Die generelle Idee der einfachsten **polynomialen Approximation über Rechtecken** besteht darin, dem über dem **quadratischen Gitter** $(\frac{i}{n}, \frac{j}{n})^T \in [0,1]^2$ mit $n \in \mathbf{N}^*$, $i, j \in \mathbf{N}$ und $0 \leq i, j \leq n$ gegebenen Datensatz $(\frac{i}{n}, \frac{j}{n}, z_{ij})^T \in [0,1]^2 \times \mathbf{R}$ (vgl. Abb. 4.12-1) eine geeignete approximierende Funktion zuzuordnen, die in geschickter Weise aus **Bernstein-Grundpolynomen** $b_{k,n} : \mathbf{R} \to \mathbf{R}$,

$$b_{k,n}(t) := \binom{n}{k} t^k (1-t)^{n-k}, \quad t \in \mathbf{R},$$

zusammengesetzt ist.

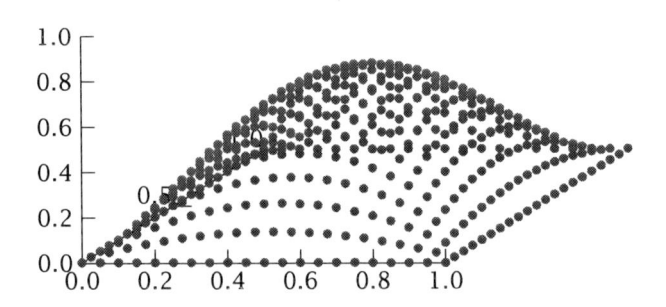

Abb. 4.12-1: Quadratische Gitterdaten.

Im Folgenden werden diese polynomialen approximierenden Funktionen Schritt für Schritt eingeführt und anschließend anhand eines kleinen Beispiels in ihrer Anwendung

4.12 Polynomiale Approximation über Rechtecken **

gezeigt. Begonnen wird mit den sogenannten **Tensorprodukt-Bernstein-Grundpolynomen**, von denen eines exemplarisch in Abb. 4.12-2 skizziert ist.

Tensorprodukt-Bernstein-Grundpolynome — Definition
Es seien $i, j, n \in \mathbf{N}$ mit $0 \leq i, j \leq n$ beliebig gegeben. Dann bezeichnet man die Funktion $b_{i,j,n}$,

$$b_{i,j,n} : [0,1]^2 \to \mathbf{R},$$
$$(x,y)^T \mapsto b_{i,n}(x) b_{j,n}(y),$$

als (i,j)-tes **Tensorprodukt-Bernstein-Grundpolynom** vom Grad n. Dabei bezeichnen natürlich $b_{k,n}(t) := \binom{n}{k} t^k (1-t)^{n-k}$ für $0 \leq k \leq n$ die bekannten Bernstein-Grundpolynome vom Grad n in einer Variablen $t \in \mathbf{R}$.

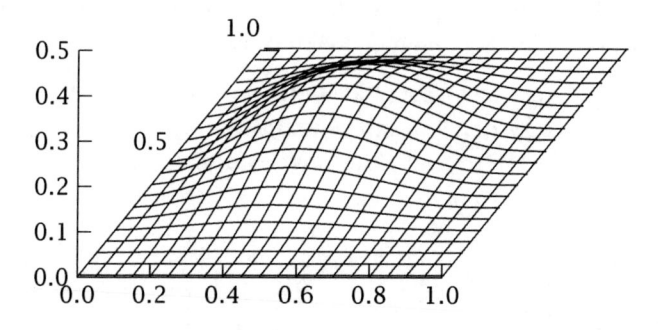

Abb. 4.12-2: Tensorprodukt-Bernstein-Grundpolynom $b_{2,3,5}$.

Die **Tensorprodukt-Bernstein-Grundpolynome** haben einige interessante Eigenschaften, von denen die wichtigsten im folgenden Satz festgehalten werden.

Basistext

Satz **Tensorprodukt-Bernstein-Grundpolynome**
Es seien $i, j, n \in \mathbf{N}$ mit $0 \leq i, j \leq n$ und $(x, y)^T \in [0, 1]^2$ beliebig gegeben sowie in den Fällen der Extremaleigenschaft und der Zerlegungen der Identitäten auch noch $n \geq 1$. Dann gilt:

- $b_{i,j,n}(x, y) \geq 0$ **(Nichtnegativität)**
- $b_{i,j,n}(\frac{i}{n}, \frac{j}{n}) \geq b_{i,j,n}(x, y)$ **(Extremaleigenschaft)**
- $\sum_{i=0}^{n} \sum_{j=0}^{n} b_{i,j,n}(x, y) = 1$ **(Zerlegung der Eins)**
- $\sum_{i=0}^{n} \sum_{j=0}^{n} \frac{i}{n} b_{i,j,n}(x, y) = x$ **(Zerlegung der x-Identität)**
- $\sum_{i=0}^{n} \sum_{j=0}^{n} \frac{j}{n} b_{i,j,n}(x, y) = y$ **(Zerlegung der y-Identität)**

Beweisen Sie durch einfaches Nachrechnen sowie durch Ausnutzung der entsprechenden Ergebnisse für die Bernstein-Grundpolynome (vgl. dazu z.B. /Lenze 06a/) die Korrektheit der im obigen Satz angegebenen Aussagen.

Mit Hilfe der Tensorprodukt-Bernstein-Grundpolynome können nun approximierende Funktionen in zwei Veränderlichen definiert werden, die sogenannten **Tensorprodukt-Bézier-Polynome**.

Definition **Tensorprodukt-Bézier-Polynome**
Es sei $n \in \mathbf{N}^*$ beliebig gegeben und $(\frac{i}{n}, \frac{j}{n}, z_{ij})^T \in [0, 1]^2 \times \mathbf{R}$ mit $0 \leq i, j \leq n$ ein über einem **quadratischen Gitter** gegebener Datensatz in $\mathbf{R}^3$. Dann bezeichnet man die Funktion TBP_n,

$$TBP_n : [0, 1]^2 \to \mathbf{R},$$
$$(x, y)^T \mapsto \sum_{i=0}^{n} \sum_{j=0}^{n} z_{ij} b_{i,j,n}(x, y),$$

als approximierendes **Tensorprodukt-Bézier-Polynom** vom Höchstgrad n bezüglich des gegebenen Datensatzes.

Basistext

4.12 Polynomiale Approximation über Rechtecken **

Beispiel

Es sei als zu approximierende Testfunktion die Funktion f,

$$f : [0,1]^2 \to \mathbf{R},$$
$$(x,y)^T \mapsto \sin(\pi x)\sin(\pi y),$$

gegeben. Setzt man nun z.B. $n := 5$ und generiert aus f den zu approximierenden Datensatz

$$z_{i,j} := f(\tfrac{i}{5},\tfrac{j}{5}) = \sin(\tfrac{i\pi}{5})\sin(\tfrac{j\pi}{5}), \quad 0 \leq i,j \leq 5,$$

dann lautet das zugehörige **Tensorprodukt-Bézier-Polynom** TBP_5,

$$TBP_5 : [0,1]^2 \to \mathbf{R},$$
$$(x,y)^T \mapsto \sum_{i=0}^{5}\sum_{j=0}^{5} \sin(\frac{i\pi}{5})\sin(\frac{j\pi}{5})b_{i,j,5}(x,y).$$

In Abb. 4.12-3 ist TBP_5 zusammen mit den insgesamt 36 zu approximierenden Punkten skizziert.

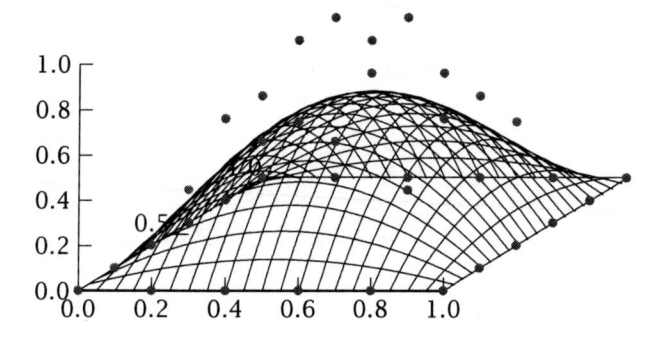

Abb. 4.12-3: Tensorprodukt-Bézier-Polynom TBP_5.

Praxis der Tensorprodukt-Bézier-Polynome: Die effiziente Auswertung der **Tensorprodukt-Bézier-Polynome** kann wieder mit Hilfe des **de Casteljau-Algo-**

Bemerkung

Basistext

rithmus realisiert werden (vgl. Wissensbaustein »Polynomiale Approximation nach de Casteljau« (S. 126)). Er ist dabei insgesamt $(n + 2)$-mal anzuwenden und somit von der Komplexität $O(n^3)$ (weitere Details findet man z.B. in /Farin 02/, /Farin 94/, /Prautzsch 02/ oder /Salomon 05/).

4.13 Lineare Interpolation über Dreiecken *

Bei der linearen Interpolation über Dreiecken ordnet man drei gegebenen Punkten $\vec{a}, \vec{b}, \vec{c} \in \mathbf{R}^3$ eine Funktion LID zu mit

$$LID : \{(u,v,w)^T \in [0,1]^3 \mid u+v+w = 1\} \to \mathbf{R}^3,$$
$$(u,v,w)^T \mapsto u\vec{a} + v\vec{b} + w\vec{c}.$$

Die Funktion LID wird lineare Interpolationsfunktion über $\{(u,v,w)^T \in [0,1]^3 \mid u+v+w = 1\}$ bezüglich der gegebenen Punkte $\vec{a}, \vec{b}, \vec{c}$ genannt und genügt den Interpolationsbedingungen

$$LID(1,0,0) = \vec{a}, \quad LID(0,1,0) = \vec{b}, \quad LID(0,0,1) = \vec{c}.$$

Bei der **linearen Interpolation über Dreiecken** handelt es sich um eine einfache Strategie, drei Punkte $\vec{a}, \vec{b}, \vec{c}$ des $\mathbf{R}^3$ in möglichst direkter Form durch eine **Fläche** zu verbinden (vgl. Abb. 4.13-1).

Um dies zu realisieren, definiert man eine geeignete Funktion über dem **baryzentrischen Parametergebiet** $\{(u,v,w)^T \in [0,1]^3 \mid u+v+w = 1\}$, die die gegebenen Punkte interpoliert. Die Funktion wird genau einen Teil einer **Ebene** realisieren (bzgl. Ebenen siehe z.B. /Lenze 06b/), und die Parameter können, wie durch den Namen bereits angedeutet, als **baryzentrische Koordinaten** angesehen werden,

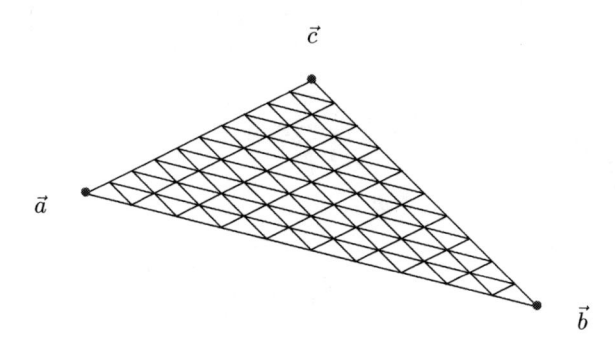

Abb. 4.13-1: *Lineare Interpolation über Dreieck.*

die ebenfalls z.B. in /Lenze 06b/ detailliert eingeführt werden.

Lineare Interpolation über Dreiecken — Definition
Es seien $\vec{a}, \vec{b}, \vec{c} \in \mathbf{R}^3$ beliebig gegeben. Dann erfüllt die Funktion LID,

$$LID : \{(u,v,w)^T \in [0,1]^3 \mid u+v+w = 1\} \to \mathbf{R}^3,$$
$$(u,v,w)^T \mapsto u\vec{a} + v\vec{b} + w\vec{c},$$

die **Interpolationsbedingungen**

$$LID(1,0,0) = \vec{a}, \quad LID(0,1,0) = \vec{b}, \quad LID(0,0,1) = \vec{c}.$$

Die Funktion LID wird **lineare Interpolationsfunktion** über $\{(u,v,w)^T \in [0,1]^3 \mid u+v+w = 1\}$ bezüglich der gegebenen Punkte $\vec{a}, \vec{b}, \vec{c}$ genannt.

Gegeben seien die Punkte $\vec{a} := (0,0,2)^T$, $\vec{b} := (1,0,3)^T$ und — Beispiel
$\vec{c} := (0,1,2)^T$. Dann lautet die zugehörige **lineare Interpolationsfunktion** $LID : \{(u,v,w)^T \in [0,1]^3 \mid u+v+w = 1\} \to \mathbf{R}^3$,

Basistext

$$\begin{pmatrix} u \\ v \\ w \end{pmatrix} \mapsto u \begin{pmatrix} 0 \\ 0 \\ 2 \end{pmatrix} + v \begin{pmatrix} 1 \\ 0 \\ 3 \end{pmatrix} + w \begin{pmatrix} 0 \\ 1 \\ 2 \end{pmatrix}.$$

Die Funktion ist in Abb. 4.13-2 skizziert.

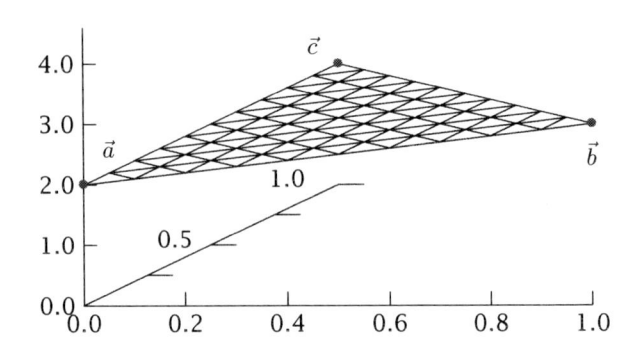

Abb. 4.13-2: Lineare Interpolation über Dreieck.

Tipp **Programmierung baryzentrischer Koordinaten:** Eine einfache Möglichkeit, **baryzentrische Koordinaten** zu generieren und programmtechnisch abzuarbeiten, könnte z.B. wie folgt aussehen:

```
public void baryzentrisch(int n)
{
    double u,v,w;
    for(int i=0;i<=n;i++)
    for(int j=0;j<=n-i;j++)
    {
        int k=n-i-j;
        u=(double)i/n; v=(double)j/n; w=(double)k/n;
        System.out.println(u+" "+v+" "+w);
    }
}
```

Basistext

4.14 Gouraud-Schattierung über Dreiecken *

Bei der Gouraud-Schattierung über Dreiecken ordnet man drei z.B. durch rgb-Farbwerte erweiterten Punkten $\vec{a}_f, \vec{b}_f, \vec{c}_f \in \mathbf{R}^3 \times [0,1]^3$ eine Funktion GSD zu mit

$$GSD : \{(u,v,w)^T \in [0,1]^3 \mid u+v+w = 1\} \to \mathbf{R}^3 \times [0,1]^3,$$
$$(u,v,w)^T \mapsto u\vec{a}_f + v\vec{b}_f + w\vec{c}_f.$$

Die Funktion GSD wird **Gouraud-Schattierungsfunktion** über $\{(u,v,w)^T \in [0,1]^3 \mid u+v+w = 1\}$ **bezüglich der erweiterten Punkte** $\vec{a}_f, \vec{b}_f, \vec{c}_f$ **genannt und genügt den Interpolationsbedingungen**

$$GSD(1,0,0) = \vec{a}_f, \quad GSD(0,1,0) = \vec{b}_f, \quad GSD(0,0,1) = \vec{c}_f.$$

Bei der **Gouraud-Schattierung über Dreiecken** handelt es sich um die naheliegende Verallgemeinerung der Idee der Gouraud-Schattierung über Rechtecken (vgl. Wissensbaustein »Gouraud-Schattierung über Rechtecken« (S. 149)). Dabei werden zunächst wieder die Farben des darzustellenden Flächenstücks an dessen Eckpunkten (engl. *vertices*) berechnet. Dies geschieht auch hier durch **Bildung arithmetischer Mittel der Farben** aller Flächenstücke, die diesen Eckpunkt gemeinsam haben. Treffen also z.B. an einem Eckpunkt fünf Flächenstücke mit den rgb-Farb- bzw. Grauwerten $\vec{f}^{(i)} \in [0,1]^3$ bzw. $g^{(i)} \in [0,1]$ für $1 \leq i \leq 5$ zusammen, dann ordnet man dem Eckpunkt den rgb-Farb- bzw. Grauwert

$$\vec{f} := \frac{1}{5}\sum_{i=1}^{5} \vec{f}^{(i)} \quad \text{bzw.} \quad g := \frac{1}{5}\sum_{i=1}^{5} g^{(i)}$$

zu. Dabei darf natürlich anstelle des rgb-Farbmodells auch wieder jedes andere Farbmodell zugrunde liegen. Daran schließt dann die eigentliche **Gouraud-Schattierung** an, die für jedes Flächenstück einzeln durchzuführen ist. Speziell bei der **Gouraud-Schattierung über Dreiecken** wird jedem Punkt auf der durch **lineare Interpolation** der drei jeweiligen Eckpunkte $\vec{a}, \vec{b}, \vec{c} \in \mathbf{R}^3$ entstehenden Fläche genau ein Farb- oder Grauwert zugeordnet, der seinerseits ebenfalls durch **lineare Interpolation der Farb- oder Grauwerte** der Eckpunkte entsteht (vgl. Abb. 4.14-1).

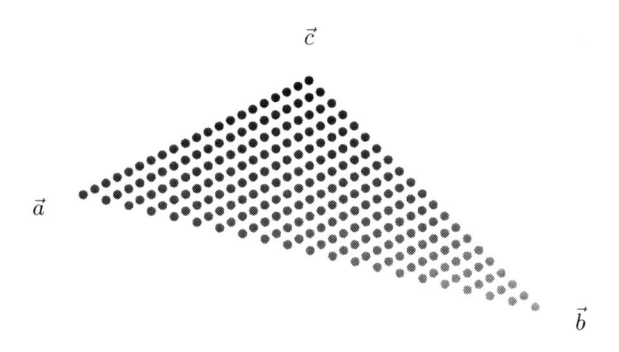

Abb. 4.14-1: Gouraud-Schattierung über Dreieck.

Um die Notation wieder übersichtlich zu halten, wird ab jetzt nur noch der Fall von rgb-Farbwerten und nicht mehr der Grauwert-Fall betrachtet. Desweiteren wird jedem Punkt $\vec{x} \in \mathbf{R}^3$ ein rgb-Farbwert $\vec{f} \in [0,1]^3$ zugeordnet und dies in einem **erweiterten Punkt** $\vec{x}_f \in \mathbf{R}^3 \times [0,1]^3$ notiert,

$$\vec{x}_f := (x_1, x_2, x_3, f_1, f_2, f_3)^T \in \mathbf{R}^3 \times [0,1]^3 \ .$$

Definition

Gouraud-Schattierung über Dreiecken
Es seien die durch zugehörige rgb-Farbwerte erweiterten Punkte $\vec{a}_f, \vec{b}_f, \vec{c}_f \in \mathbf{R}^3 \times [0,1]^3$ beliebig gegeben. Dann erfüllt die Funktion GSD,

$$GSD : \{(u,v,w)^T \in [0,1]^3 \mid u+v+w = 1\} \to \mathbf{R}^3 \times [0,1]^3 \ ,$$
$$(u,v,w)^T \mapsto u\vec{a}_f + v\vec{b}_f + w\vec{c}_f \ ,$$

Basistext

4.14 Gouraud-Schattierung über Dreiecken *

die **Interpolationsbedingungen**

$$GSD(1,0,0) = \vec{a}_f, \quad GSD(0,1,0) = \vec{b}_f, \quad GSD(0,0,1) = \vec{c}_f.$$

Die Funktion GSD wird **Gouraud-Schattierungsfunktion** über $\{(u,v,w)^T \in [0,1]^3 \mid u+v+w = 1\}$ bezüglich der erweiterten Punkte $\vec{a}_f, \vec{b}_f, \vec{c}_f$ genannt.

Gegeben seien die erweiterten Punkte $\vec{a}_f := (0,0,2,1,0,0)^T$, $\vec{b}_f := (1,0,3,0,1,0)^T$ und $\vec{c}_f := (0,1,2,0,0,1)^T$. Dann lautet die zugehörige **Gouraud-Schattierungsfunktion** $GSD : \{(u,v,w)^T \in [0,1]^3 \mid u+v+w = 1\} \to \mathbf{R}^3 \times [0,1]^3$,

$$\begin{pmatrix} u \\ v \\ w \end{pmatrix} \mapsto u \begin{pmatrix} 0 \\ 0 \\ 2 \\ 1 \\ 0 \\ 0 \end{pmatrix} + v \begin{pmatrix} 1 \\ 0 \\ 3 \\ 0 \\ 1 \\ 0 \end{pmatrix} + w \begin{pmatrix} 0 \\ 1 \\ 2 \\ 0 \\ 0 \\ 1 \end{pmatrix}.$$

Beispiel

Die entstehende Schattierung ist in Abb. 4.14-2 skizziert.

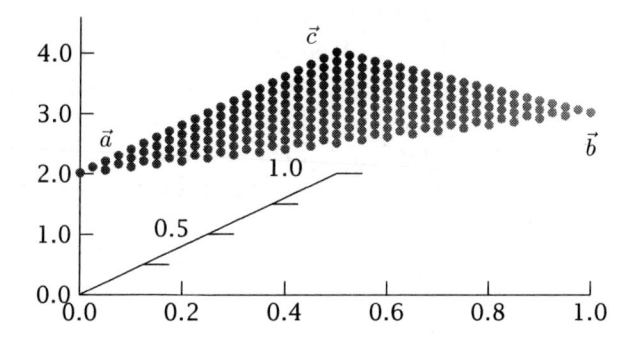

Abb. 4.14-2: Gouraud-Schattierung über Dreieck.

Basistext

4.15 Phong-Schattierung über Dreiecken *

Bei der Phong-Schattierung über Dreiecken ordnet man drei durch Normalenvektoren erweiterten Punkten $\vec{a}_n, \vec{b}_n, \vec{c}_n \in \mathbb{R}^3 \times [-1,1]^3$ **eine Funktion** PSD **zu mit**

$$PSD : \{(u,v,w)^T \in [0,1]^3 \mid u+v+w = 1\} \to \mathbb{R}^3 \times [-1,1]^3,$$
$$(u,v,w)^T \mapsto u\vec{a}_n + v\vec{b}_n + w\vec{c}_n.$$

Die Funktion PSD **wird Phong-Schattierungsfunktion über** $\{(u,v,w)^T \in [0,1]^3 \mid u+v+w=1\}$ **bezüglich der erweiterten Punkte** $\vec{a}_n, \vec{b}_n, \vec{c}_n$ **genannt und genügt den Interpolationsbedingungen**

$$PSD(1,0,0) = \vec{a}_n, \quad PSD(0,1,0) = \vec{b}_n, \quad PSD(0,0,1) = \vec{c}_n.$$

Phong-Schattierung

Bei der **Phong-Schattierung über Dreiecken** handelt es sich um die naheliegende Verallgemeinerung der Idee der Phong-Schattierung über Rechtecken (vgl. Wissensbaustein »Phong-Schattierung über Rechtecken« (S. 153)). Dabei werden zunächst wieder die Normalenvektoren des darzustellenden Flächenstücks an dessen Eckpunkten berechnet. Dies geschieht auch hier durch **Bildung arithmetischer Mittel der Normalenvektoren** aller Flächenstücke, die diesen Eckpunkt gemeinsam haben, und anschließender neuer Normierung. Treffen also z.B. an einem Eckpunkt fünf Flächenstücke mit den Normalenvektoren $\vec{n}^{(i)} \in [-1,1]^3$, $1 \le i \le 5$, zusammen, dann ordnet man dem Eckpunkt den Vektor

$$\vec{n} := \frac{1}{5} \sum_{i=1}^{5} \vec{n}^{(i)}$$

zu und normiert danach den Vektor $\vec{n}$ wieder auf Länge 1 (falls $\vec{n} = \vec{0}$ gilt, liegt eine sehr spezielle Situation vor, die einer besonderen Behandlung bedarf). Daran schließt dann die eigentliche **Phong-Schattierung** an, die für jedes Flächenstück einzeln durchzuführen ist. Speziell bei der

Basistext

4.15 Phong-Schattierung über Dreiecken *

Phong-Schattierung über Dreiecken wird jedem Punkt auf der durch **lineare Interpolation** der drei jeweiligen Eckpunkte $\vec{a}, \vec{b}, \vec{c} \in \mathbf{R}^3$ entstehenden Fläche genau ein sogenannter **Phong-Vektor** zugeordnet, der seinerseits ebenfalls durch **lineare Interpolation der Normalenvektoren** der Eckpunkte entsteht (vgl. Abb. 4.15-1). Anschließend werden diese Phong-Vektoren wieder auf Länge 1 normiert, wobei der seltene Sonderfall, dass ein oder mehrere dieser Vektoren gleich dem Nullvektor sind, wieder einer speziellen Behandlung bedarf.

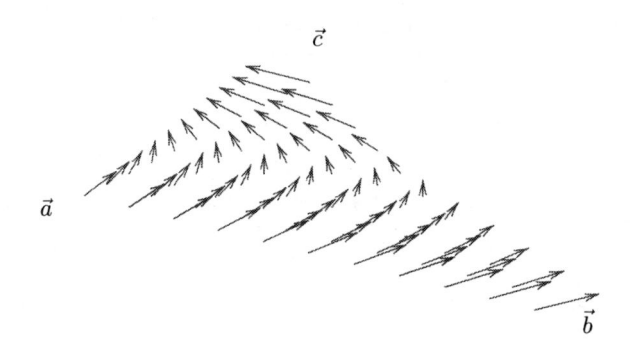

Abb. 4.15-1: Phong-Vektoren über Dreieck.

Zur kompakten Definition der Phong-Schattierung über Dreiecken wird wieder jedem Punkt $\vec{x} \in \mathbf{R}^3$ ein Phong-Vektor $\vec{n} \in [-1, 1]^3$ zugeordnet und dies in einem **erweiterten Punkt** $\vec{x}_n \in \mathbf{R}^3 \times [-1, 1]^3$ notiert,

$$\vec{x}_n := (x_1, x_2, x_3, n_1, n_2, n_3)^T \in \mathbf{R}^3 \times [-1, 1]^3 \ .$$

Phong-Schattierung über Dreiecken Definition
Es seien die durch zugehörige Normalenvektoren erweiterten Punkte $\vec{a}_n, \vec{b}_n, \vec{c}_n \in \mathbf{R}^3 \times [-1, 1]^3$ beliebig gegeben. Dann erfüllt die Funktion PSD,

Basistext

$$PSD : \{(u,v,w)^T \in [0,1]^3 \mid u+v+w = 1\} \to \mathbf{R}^3 \times [-1,1]^3,$$
$$(u,v,w)^T \mapsto u\vec{a}_n + v\vec{b}_n + w\vec{c}_n,$$

die **Interpolationsbedingungen**
$$PSD(1,0,0) = \vec{a}_n, \quad PSD(0,1,0) = \vec{b}_n, \quad PSD(0,0,1) = \vec{c}_n.$$

Die Funktion PSD wird **Phong-Schattierungsfunktion** über $\{(u,v,w)^T \in [0,1]^3 \mid u+v+w = 1\}$ bezüglich der erweiterten Punkte $\vec{a}_n, \vec{b}_n, \vec{c}_n$ genannt.

Beispiel

Gegeben seien die erweiterten Punkte $\vec{a}_n := (0,0,2,0.7,0,0.7)^T$, $\vec{b}_n := (1,0,3,0.9,0.4,0)^T$ und $\vec{c}_n := (0,1,2,-0.9,0.4,0)^T$. Dann lautet die zugehörige **Phong-Schattierungsfunktion** $PSD : \{(u,v,w)^T \in [0,1]^3 \mid u+v+w = 1\} \to \mathbf{R}^3 \times [-1,1]^3$,

$$\begin{pmatrix} u \\ v \\ w \end{pmatrix} \mapsto u \begin{pmatrix} 0 \\ 0 \\ 2 \\ 0.7 \\ 0 \\ 0.7 \end{pmatrix} + v \begin{pmatrix} 1 \\ 0 \\ 3 \\ 0.9 \\ 0.4 \\ 0 \end{pmatrix} + w \begin{pmatrix} 0 \\ 1 \\ 2 \\ -0.9 \\ 0.4 \\ 0 \end{pmatrix}.$$

Die entstehenden Phong-Vektoren sind in Abb. 4.15-2 skizziert.

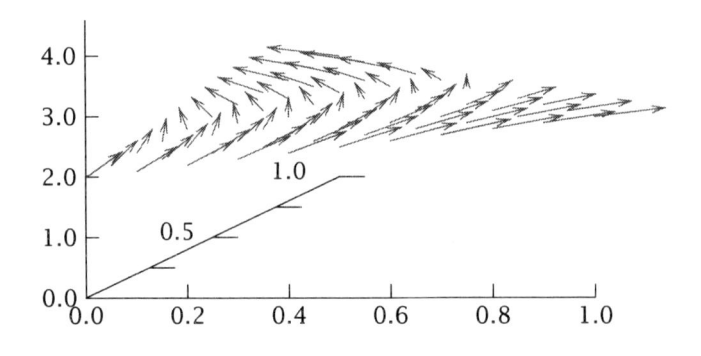

Abb. 4.15-2: Phong-Vektoren über Dreieck.

Basistext

4.16 Transfinite Interpolation über Dreiecken **

Bei der transfiniten Interpolation über Dreiecken geht es um die Bestimmung von Flächen über dreieckigen Parametergebieten, die am Rand mit vorgegebenen Kurven übereinstimmen. Im ersten, einfachen Fall ordnet man zwei gegebenen Kurven $c_1, c_2 : [0,1] \to \mathbf{R}^3$, die die Schnittpunktbedingung $c_1(0) = c_2(0)$ erfüllen, eine Funktion TID zu mit

$$TID : \{(u,v,w)^T \in [0,1]^3 \mid u+v+w=1\} \to \mathbf{R}^3 ,$$
$$(u,v,w)^T \mapsto \frac{u}{u+v} c_1(u) + \frac{v}{u+v} c_2(v) .$$

Die Funktion TID wird transfinite Interpolationsfunktion über $\{(u,v,w)^T \in [0,1]^3 \mid u+v+w=1\}$ bezüglich der gegebenen Kurven c_1, c_2 genannt und genügt den Interpolationsbedingungen

$$TID(u, 0, 1-u) = c_1(u), \quad u \in [0,1],$$
$$TID(0, v, 1-v) = c_2(v), \quad v \in [0,1].$$

Im zweiten, komplizierteren Fall ordnet man drei gegebenen Kurven $c_1, c_2, c_3 : [0,1] \to \mathbf{R}^3$, die die Schnittpunktbedingungen $c_1(0) = c_2(1)$, $c_1(1) = c_3(0)$ und $c_3(1) = c_2(0)$ erfüllen, eine Funktion CID zu mit

$$CID : \{(u,v,w)^T \in [0,1]^3 \mid u+v+w=1\} \to \mathbf{R}^3 ,$$
$$(u,v,w)^T \mapsto \frac{uw}{v+w} c_3(w) + \frac{uv}{v+w} c_1(u) + \frac{vu}{u+w} c_1(u)$$
$$+ \frac{vw}{u+w} c_2(v) + \frac{wu}{u+v} c_3(w) + \frac{wv}{u+v} c_2(v) .$$

Die Funktion CID wird Coons-Interpolationsfunktion über $\{(u,v,w)^T \in [0,1]^3 \mid u+v+w=1\}$ bezüglich der gegebenen Kurven c_1, c_2, c_3 genannt und genügt den Interpolationsbedingungen

$$CID(u, 1-u, 0) = c_1(u), \quad u \in [0,1],$$
$$CID(0, v, 1-v) = c_2(v), \quad v \in [0,1],$$
$$CID(1-w, 0, w) = c_3(w), \quad w \in [0,1].$$

Basistext

transfinite Interpolation

Bei der **transfiniten Interpolation über Dreiecken** handelt es sich wieder um eine naheliegende Übertragung der entsprechenden Ergebnisse für Rechtecke auf den Fall von Dreiecken (vgl. Wissensbaustein »Transfinite Interpolation über Rechtecken« (S. 157)). Bei der ersten Art der **transfiniten Interpolation über Dreiecken** geht es dabei um eine einfache Strategie, zwei in einem gemeinsamen Punkt beginnende Kurven $c_1, c_2 : [0,1] \to \mathbf{R}^3$ in $\mathbf{R}^3$ in möglichst direkter Form durch eine **Fläche** zu verbinden (vgl. Abb. 4.16-1).

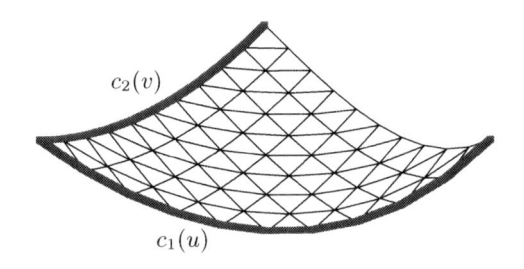

Abb. 4.16-1: Transfinite Interpolation über Dreieck.

Um dies zu realisieren, definiert man wieder eine geeignete interpolierende Funktion, hier allerdings nicht über dem **quadratischen Parameterintervall** $[0,1]^2 \subseteq \mathbf{R}^2$, sondern über dem **baryzentrischen Parametergebiet** $\{(u,v,w)^T \in [0,1]^3 \mid u+v+w = 1\}$. Die in der folgenden Definition explizit enthaltene Behauptung hinsichtlich der Interpolationseigenschaften kann leicht durch Einsetzen verifiziert werden.

Definition

Transfinite Interpolation über Dreiecken
Es seien zwei Kurven $c_1, c_2 : [0,1] \to \mathbf{R}^3$ gegeben, die der **Schnittpunktbedingung** $c_1(0) = c_2(0)$ genügen. Dann erfüllt die Funktion TID,

Basistext

4.16 Transfinite Interpolation über Dreiecken **

$$TID : \{(u,v,w)^T \in [0,1]^3 \mid u+v+w = 1\} \to \mathbf{R}^3,$$
$$(u,v,w)^T \mapsto \frac{u}{u+v} c_1(u) + \frac{v}{u+v} c_2(v),$$

die **Interpolationsbedingungen**

$$TID(u, 0, 1-u) = c_1(u), \quad u \in [0,1],$$
$$TID(0, v, 1-v) = c_2(v), \quad v \in [0,1].$$

Die Funktion TID wird **transfinite Interpolationsfunktion** über $\{(u,v,w)^T \in [0,1]^3 \mid u+v+w = 1\}$ bezüglich der gegebenen Kurven c_1, c_2 genannt.

Gegeben seien die beiden Kurven $c_1, c_2 : [0,1] \to \mathbf{R}^3$ gemäß   Beispiel

$$c_1(t) := \begin{pmatrix} t \\ 0 \\ 2.5 + 2\sqrt{0.25 - (t-0.5)^2} \end{pmatrix},$$

$$c_2(t) := \begin{pmatrix} 0 \\ t \\ 2.5 - 2\sqrt{0.25 - (t-0.5)^2} \end{pmatrix},$$

für $t \in [0,1]$. Offensichtlich ist die **Schnittpunktbedingung** $c_1(0) = c_2(0)$ erfüllt. Somit lautet die zugehörige **transfinite Interpolationsfunktion** $TID : \{(u,v,w)^T \in [0,1]^3 \mid u+v+w = 1\} \to \mathbf{R}^3$,

$$\frac{u}{u+v} \begin{pmatrix} u \\ 0 \\ 2.5 + 2\sqrt{0.25 - (u-0.5)^2} \end{pmatrix} + \frac{v}{u+v} \begin{pmatrix} 0 \\ v \\ 2.5 - 2\sqrt{0.25 - (v-0.5)^2} \end{pmatrix}.$$

Die Funktion ist in Abb. 4.16-2 skizziert. Sie stellt eine Fläche dar, die zwei durch die beiden vorgegebenen Kurven definierte Halbkreise (einer nach oben und einer nach unten geöffnet) miteinander verbindet. Dabei sind die Halbkreise aufgrund der unterschiedlichen Skalierung der Achsen sowie der perspektivischen Verzerrung nur als Bögen erkennbar.

Basistext

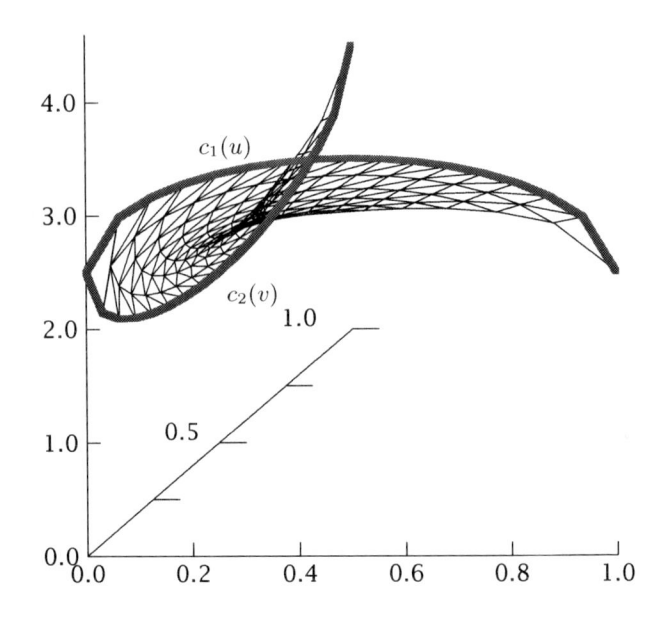

Abb. 4.16-2: Transfinite Interpolation über Dreieck.

Bei der nächsten Art der **transfiniten Interpolation über Dreiecken** handelt es sich um eine etwas kompliziertere Strategie, um insgesamt drei Kurven $c_1, c_2, c_3 : [0, 1] \to \mathbf{R}^3$ in $\mathbf{R}^3$, die noch gewissen Bedingungen genügen müssen, in möglichst direkter Form durch eine **Fläche** zu verbinden (vgl. Abb. 4.16-3). Diese Technik wird in der Literatur in Analogie zu der Bezeichnung im Fall der Rechtecke als **Coons-Interpolation über Dreiecken** bezeichnet (vgl. Wissensbaustein »Transfinite Interpolation über Rechtecken« (S. 157)).

Das genaue Vorgehen wird wieder in einer präzisen Definition festgehalten, deren zusätzliche Behauptung hinsichtlich der erhaltenen Interpolationseigenschaften auch hier leicht durch Einsetzen verifiziert werden kann.

Basistext

4.16 Transfinite Interpolation über Dreiecken **

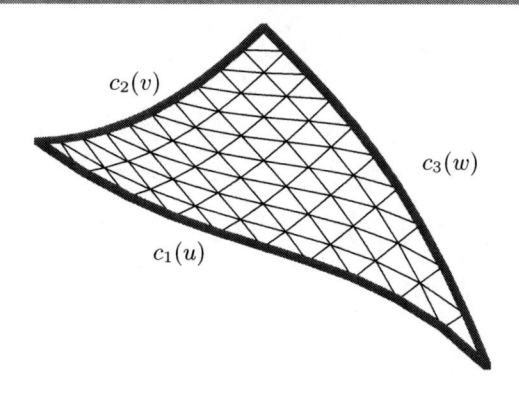

Abb. 4.16-3: Coons-Interpolation über Dreieck.

Coons-Interpolation über Dreiecken — Definition
Es seien drei Kurven $c_1, c_2, c_3 : [0,1] \to \mathbf{R}^3$ gegeben, die den **Schnittpunktbedingungen** $c_1(0) = c_2(1)$, $c_1(1) = c_3(0)$ und $c_3(1) = c_2(0)$ genügen. Dann erfüllt die Funktion CID,

$$CID : \{(u,v,w)^T \in [0,1]^3 \mid u+v+w = 1\} \to \mathbf{R}^3,$$
$$(u,v,w)^T \mapsto \frac{uw}{v+w}c_3(w) + \frac{uv}{v+w}c_1(u) + \frac{vu}{u+w}c_1(u)$$
$$+ \frac{vw}{u+w}c_2(v) + \frac{wu}{u+v}c_3(w) + \frac{wv}{u+v}c_2(v),$$

die **Interpolationsbedingungen**

$$CID(u, 1-u, 0) = c_1(u),\ u \in [0,1],$$
$$CID(0, v, 1-v) = c_2(v),\ v \in [0,1],$$
$$CID(1-w, 0, w) = c_3(w),\ w \in [0,1].$$

Die Funktion CID wird **Coons-Interpolationsfunktion** über $\{(u,v,w)^T \in [0,1]^3 \mid u+v+w = 1\}$ bezüglich der gegebenen Kurven c_1, c_2, c_3 genannt.

Gegeben seien die drei Kurven $c_1, c_2, c_3 : [0,1] \to \mathbf{R}^3$ gemäß — Beispiel

$$c_1(t) := \begin{pmatrix} 2t - t^2 \\ t^2 - t^3 \\ t^3 - t^4 \end{pmatrix},\ c_2(t) := \begin{pmatrix} t^2 - t \\ t - 1 \\ t^3 - 1 \end{pmatrix},\ c_3(t) := \begin{pmatrix} 1 - t^2 \\ -t^3 \\ -t \end{pmatrix},$$

Basistext

für $t \in [0,1]$. Man prüft leicht nach, dass die Kurven den **Schnittpunktbedingungen** $c_1(0) = c_2(1)$, $c_1(1) = c_3(0)$ und $c_3(1) = c_2(0)$ genügen. Somit lautet die zugehörige **Coons-Interpolationsfunktion** $CID : \{(u,v,w)^T \in [0,1]^3 \mid u+v+w = 1\} \to \mathbf{R}^3$,

$$\begin{pmatrix} \frac{uw(1-w^2)}{v+w} + \frac{uv(2u-u^2))}{v+w} + \frac{vu(2u-u^2)}{u+w} + \frac{vw(v^2-v)}{u+w} \\ \frac{uw(-w^3)}{v+w} + \frac{uv(u^2-u^3)}{v+w} + \frac{vu(u^2-u^3)}{u+w} + \frac{vw(v-1)}{u+w} \\ \frac{uw(-w)}{v+w} + \frac{uv(u^3-u^4)}{v+w} + \frac{vu(u^3-u^4)}{u+w} + \frac{vw(v^3-1)}{u+w} \\ + \frac{wu(1-w^2)}{u+v} + \frac{wv(v^2-v)}{u+v} \\ + \frac{wu(-w^3)}{u+v} + \frac{wv(v-1)}{u+v} \\ + \frac{wu(-w)}{u+v} + \frac{wv(v^3-1)}{u+v} \end{pmatrix}.$$

Die Funktion ist in Abb. 4.16-4 skizziert und realisiert schon eine recht komplizierte, aber geometrisch angemessene flächenmäßige Füllung des Raums zwischen den drei Kurven.

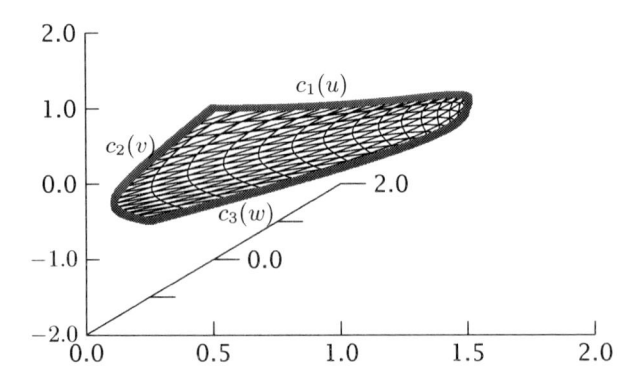

Abb. 4.16-4: Coons-Interpolation über Dreieck.

Basistext

4.17 Polynomiale Approximation über Dreiecken **

Bei der polynomialen Approximation über Dreiecken handelt es sich im einfachsten Fall bei einem gegebenen dreidimensionalen Datensatz über einem baryzentrischen Gitter $(\frac{i}{n}, \frac{j}{n}, \frac{k}{n}, z_{ijk})^T \in [0,1]^3 \times \mathbf{R}$ mit $n \in \mathbf{N}^*$ und $i+j+k = n$ um die Berechnung des sogenannten baryzentrischen Bézier-Polynoms BBP_n vom Höchstgrad n,

$$BBP_n : \{(u,v,w)^T \in [0,1]^3 \mid u+v+w = 1\} \to \mathbf{R},$$
$$(u,v,w)^T \mapsto \sum_{\substack{i,j,k \geq 0 \\ i+j+k=n}} z_{ijk} b_{i,j,k,n}(u,v,w).$$

Dabei bezeichnen die Funktionen $b_{i,j,k,n}$,

$$b_{i,j,k,n} : \{(u,v,w)^T \in [0,1]^3 \mid u+v+w = 1\} \to \mathbf{R},$$
$$(u,v,w)^T \mapsto \frac{n!}{i!j!k!} u^i v^j w^k,$$

die sogenannten baryzentrischen Bernstein-Grundpolynome. Als Auswertungsalgorithmus kommt eine verallgemeinerte Variante des de Casteljau-Algorithmus zur Anwendung.

Nachdem in den vorausgegangenen Wissensbausteinen »Lineare Interpolation über Dreiecken« (S. 168) und »Transfinite Interpolation über Dreiecken« (S. 177) ausschließlich **interpolierende Strategien** über baryzentrischen Parametergebieten in $\mathbf{R}^3$ diskutiert wurden, soll es im Folgenden wieder um eine rein **approximierende Strategie** gehen. Die generelle Idee der einfachsten **polynomialen Approximation über Dreiecken** besteht darin, dem über dem **baryzentrischen Gitter** $(\frac{i}{n}, \frac{j}{n}, \frac{k}{n})^T \in [0,1]^3$ mit $n \in \mathbf{N}^*$, $i,j,k \in \mathbf{N}$ und $i+j+k = n$ gegebenen Datensatz $(\frac{i}{n}, \frac{j}{n}, \frac{k}{n}, z_{ijk})^T \in [0,1]^3 \times \mathbf{R}$ (vgl. Abb. 4.17-1) eine geeignete approximierende Funktion zuzuordnen, die wieder in geschickter Weise aus Funktionen zusammengesetzt sind, die den bekannten **Bernstein-Grundpolynomen** ähnlich sind.

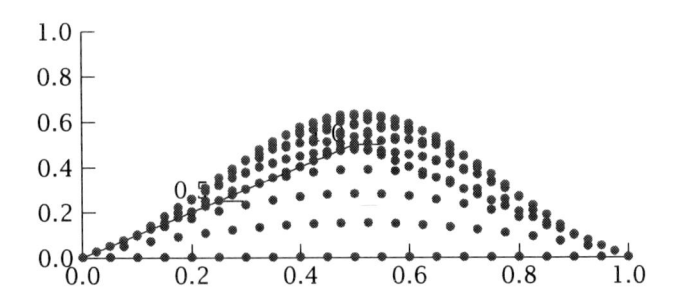

Abb. 4.17-1: Baryzentrische Gitterdaten.

Im Folgenden werden diese polynomialen approximierenden Funktionen Schritt für Schritt eingeführt und anschließend anhand eines kleinen Beispiels in ihrer Anwendung gezeigt. Begonnen wird mit den sogenannten **baryzentrischen Bernstein-Grundpolynomen**, von denen eines exemplarisch in Abb. 4.17-2 skizziert ist.

Definition   **Baryzentrische Bernstein-Grundpolynome**
Es seien $i, j, k, n \in \mathbf{N}$ mit $i + j + k = n$ beliebig gegeben. Dann bezeichnet man die Funktion $b_{i,j,k,n}$,

$$b_{i,j,k,n} : \{(u, v, w)^T \in [0, 1]^3 \mid u + v + w = 1\} \to \mathbf{R},$$
$$(u, v, w)^T \mapsto \frac{n!}{i! j! k!} u^i v^j w^k,$$

als (i, j, k)-**tes baryzentrisches Bernstein-Grundpolynom** vom Grad n.

Die **baryzentrischen Bernstein-Grundpolynome** haben einige interessante Eigenschaften, von denen die wichtigsten im folgenden Satz festgehalten werden.

Basistext

4.17 Polynomiale Approximation über Dreiecken **

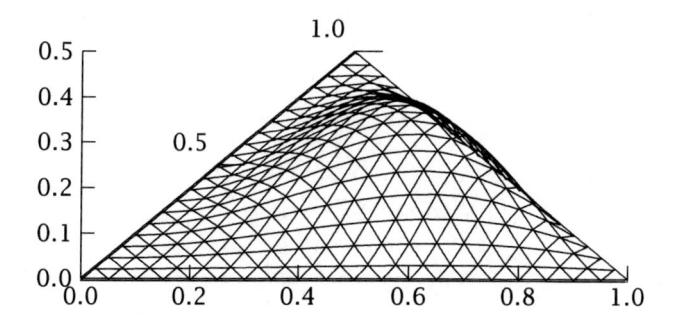

Abb. 4.17-2: Baryzentrisches Bernstein-Grundpolynom $b_{1,2,2,5}$.

Baryzentrische Bernstein-Grundpolynome — Satz

Es seien $i, j, k, n \in \mathbf{N}$ mit $i + j + k = n$ und $(u, v, w)^T \in [0, 1]^3$ mit $u + v + w = 1$ beliebig gegeben sowie in den Fällen der Extremaleigenschaft und der Zerlegungen der Identitäten auch noch $n \geq 1$. Dann gilt:

- $b_{i,j,k,n}(u, v, w) \geq 0$ (Nichtnegativität)
- $b_{i,j,k,n}(\frac{i}{n}, \frac{j}{n}, \frac{k}{n}) \geq b_{i,j,k,n}(u, v, w)$ (Extremaleigenschaft)
- $\sum_{\substack{i,j,k \geq 0 \\ i+j+k=n}} b_{i,j,k,n}(u, v, w) = 1$ (Zerlegung der Eins)
- $\sum_{\substack{i,j,k \geq 0 \\ i+j+k=n}} \frac{i}{n} b_{i,j,k,n}(u, v, w) = u$ (Zerlegung der u-Identität)
- $\sum_{\substack{i,j,k \geq 0 \\ i+j+k=n}} \frac{j}{n} b_{i,j,k,n}(u, v, w) = v$ (Zerlegung der v-Identität)
- $\sum_{\substack{i,j,k \geq 0 \\ i+j+k=n}} \frac{k}{n} b_{i,j,k,n}(u, v, w) = w$ (Zerlegung der w-Identität)

Beweisen Sie durch einfaches Nachrechnen und durch Ausnutzung der binomischen Summenformel (vgl. dazu z.B. /Lenze 06a/) die Korrektheit der im obigen Satz angegebenen Aussagen.

Basistext

Mit Hilfe der baryzentrischen Bernstein-Grundpolynome können nun approximierende Funktionen in drei baryzentrischen Veränderlichen definiert werden, die sogenannten **baryzentrischen Bézier-Polynome**.

Definition
Baryzentrische Bézier-Polynome
Es sei $n \in \mathbf{N}^*$ beliebig gegeben und $(\frac{i}{n}, \frac{j}{n}, \frac{k}{n}, z_{ijk})^T \in [0,1]^3 \times \mathbf{R}$ mit $i+j+k = n$ ein über einem **baryzentrischen Gitter** gegebener Datensatz in $\mathbf{R}^3$. Dann bezeichnet man die Funktion BBP_n,

$$BBP_n : \{(u,v,w)^T \in [0,1]^3 \mid u+v+w = 1\} \to \mathbf{R},$$
$$(u,v,w)^T \mapsto \sum_{\substack{i,j,k \geq 0 \\ i+j+k=n}} z_{ijk} b_{i,j,k,n}(u,v,w),$$

als approximierendes **baryzentrisches Bézier-Polynom** vom Höchstgrad n bezüglich des gegebenen Datensatzes.

Beispiel
Es sei als zu approximierende Testfunktion die Funktion f,

$$f : \{(u,v,w)^T \in [0,1]^3 \mid u+v+w = 1\} \to \mathbf{R},$$
$$(u,v,w)^T \mapsto \sin(\pi u)\sin(\pi v)\sin(\pi w),$$

gegeben. Setzt man nun z.B. $n := 5$ und generiert aus f den zu approximierenden Datensatz

$$z_{ijk} := f(\tfrac{i}{5}, \tfrac{j}{5}, \tfrac{k}{5}) = \sin(\tfrac{i\pi}{5})\sin(\tfrac{j\pi}{5})\sin(\tfrac{k\pi}{5}), \quad i+j+k = 5,$$

dann lautet das zugehörige **baryzentrische Bézier-Polynom** BBP_5,

$$BBP_5 : \{(u,v,w)^T \in [0,1]^3 \mid u+v+w = 1\} \to \mathbf{R},$$
$$(u,v,w)^T \mapsto \sum_{\substack{i,j,k \geq 0 \\ i+j+k=5}} \sin(\frac{i\pi}{5})\sin(\frac{j\pi}{5})\sin(\frac{k\pi}{5}) b_{i,j,k,5}(u,v,w).$$

In Abb. 4.17-3 ist BBP_5 zusammen mit den insgesamt 21 zu approximierenden Punkten skizziert.

Basistext

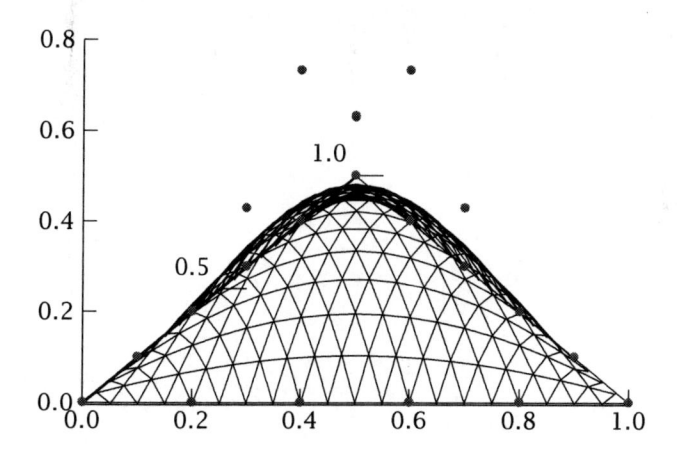

4.17 Polynomiale Approximation über Dreiecken **

Abb. 4.17-3: Baryzentrisches Bézier-Polynom BBP_5.

Praxis der baryzentrischen Bézier-Polynome: Die effiziente Auswertung der **baryzentrischen Bézier-Polynome** kann wieder mit Hilfe eines **Algorithmus vom de Casteljau-Typ** realisiert werden. Details hierzu und zu weiteren interessanten Eigenschaften der baryzentrischen Bézier-Polynome findet man z.B. in /Farin 94/, /Farin 02/, /Prautzsch 02/ oder /Salomon 05/.

Bemerkung

Basistext

5 Kryptografische Basistechniken **

Die sichere und vor Lesen durch Dritte geschützte Übermittlung von Daten und Informationen aller Art spielt im Zeitalter des *World Wide Web* eine immer größere Rolle (vgl. Abb. 5.0-1).

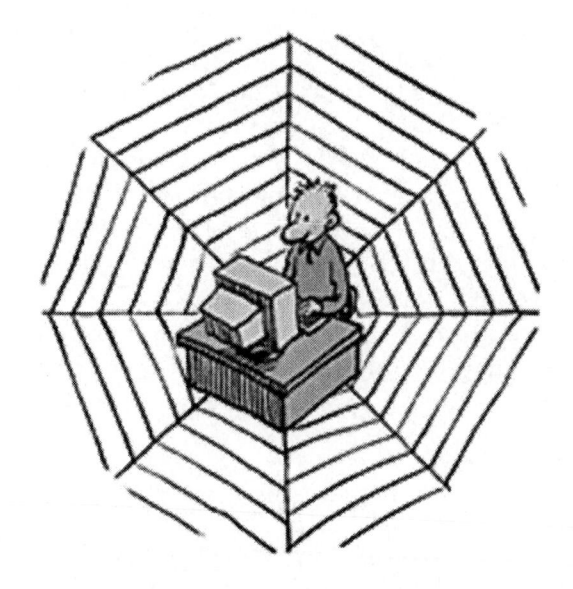

Abb. 5.0-1: World Wide Web.

Im Folgenden sollen deshalb einige grundlegende Verfahren vorgestellt werden, mit denen eine geschützte Kommunikation weitgehend möglich ist. Man bezeichnet die Wissenschaft, die sich mit diesen Techniken beschäftigt, als **Kryptografie** und unterscheidet in diesem Zusammenhang prinzipiell zwischen zwei Prototypen von Verschlüsselungsver-

Basistext

5 Kryptografische Basistechniken **

fahren: den **symmetrischen Verfahren** und den **asymmetrischen Verfahren**.

erste Idee — Um einen ersten Eindruck zu erhalten, worum es sich dabei handelt, wird im Folgenden ein kleines Beispiel betrachtet, welches zunächst ein **symmetrisches Verfahren** behandelt.

Beispiel — Alice möchte Bob per SMS die Ziffernfolge des Zahlenschlosses ihres Motorrollers übermitteln, hat aber Sorge, dass diese SMS vielleicht von Bobs Freund Peter gelesen werden könnte, dem Bob bisweilen sein Handy leiht. Zum Glück fällt ihr ein, dass sie und Bob eine Zahl verbindet, die wahrscheinlich (hoffentlich) nur die beiden kennen. Um also die Ziffernfolge **3842** ihres Zahlenschlosses sicher zu übermitteln, schreibt sie Bob folgende SMS:
Hi Bob, zieh von **5360** das Sechsfache des Produkts aus Tag und Monat ab, an dem wir uns kennengelernt haben. Gruß Alice.
Als Bob die SMS erhält, ist er zunächst etwas erstaunt, erinnert sich dann aber schnell an den **23.11**, an dem er Alice zum ersten Mal getroffen hat, und berechnet die Ziffernfolge des Zahlenschlosses als:

$$5360 - 6 \cdot 23 \cdot 11 = 5360 - 1518 = 3842.$$

Der prinzipielle Ver- und Entschlüsselungsablauf ist nochmals zusammenfassend in Abb. 5.0-2 skizziert, wobei die üblichen Abkürzungen m für *message* (Klartext, *plaintext*, *cleartext*), k für *key* (Schlüssel) und c für *ciphertext* (Chiffretext, *cryptotext*, *cryptogram*) benutzt werden.

symmetrische Verschlüsselung — Die im obigen Beispiel gewählte Verschlüsselung wird als **symmetrisch** bezeichnet, da Alice und Bob über **denselben Schlüssel** verfügen und ihn benutzen, um zu ver- und entschlüsseln. In diesem einfachen Fall war der Schlüssel k

Basistext

5 Kryptografische Basistechniken **

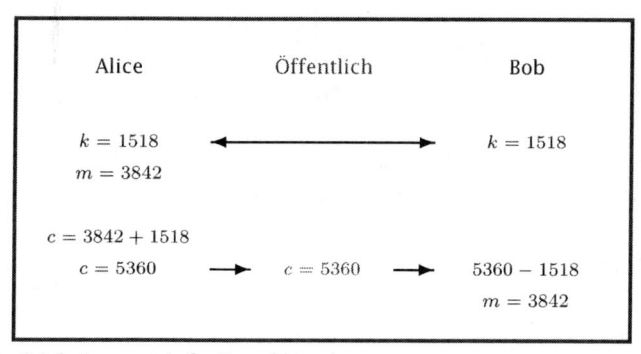

```
         Alice            Öffentlich           Bob

      k = 1518         ◄─────────►          k = 1518
      m = 3842

   c = 3842 + 1518
      c = 5360    ──►    c = 5360    ──►    5360 − 1518
                                              m = 3842
```

Abb. 5.0-2: *Symmetrische Verschlüsselung.*

die Zahl $6 \cdot 23 \cdot 11 = 1518$, die zum Verschlüsseln addiert und zum Entschlüsseln subtrahiert werden musste. Die Gefahr bei dieser Art von Verschlüsselung liegt auf der Hand. Wenn jemand die Schlüsselsvereinbarungsdetails kennt, im obigen Beispiel also den Tag des ersten Treffens von Bob und Alice, dann ist die Vertraulichkeit der Nachricht gebrochen. Kritisch ist also der sogenannte **Schlüsseltausch** bzw. die **Schlüsselvereinbarung**, bei denen sichergestellt sein muss, dass keine dritte Person Kenntnis davon hat.

Auf den ersten Blick sieht es so aus, als ob dieses Problem generell unvermeidbar ist, wenn man vertrauliche Informationen austauschen möchte. Das ist jedoch nicht der Fall, wenn man sich nämlich eines sogenannten **asymmetrischen Verfahrens** bedient. Dazu zunächst wieder ein kleines Beispiel.

zweite Idee

Alice möchte Bob erneut per SMS eine vertrauliche Information zukommen lassen, diesmal die Geheimnummer ihrer Kreditkarte, die sie Bob geliehen hat. Da sie wieder Sorge hat, dass diese SMS vielleicht von Bobs Freund Peter gelesen werden könnte und dieser inzwischen den geheimen Schlüssel basierend auf dem Tag ihres ersten Treffens

Beispiel

Basistext

mit Bob kennt, greift sie auf eine andere mit Bob abgesprochene Verschlüsselung zurück. Dazu bedarf es insgesamt vier verschiedener Schlüssel, genauer zwei **öffentlicher Schlüssel** und zwei **geheimer bzw. privater Schlüssel**. Die öffentlichen Schlüssel sind, wie der Name schon sagt, allgemein bekannt (engl. *public keys*) und lauten im vorliegenden Fall $a_p := 25$ für Alice und $b_p := 8$ für Bob. Entsprechend bezeichnen $a_s := 4$ und $b_s := 125$ die geheimen Schlüssel von Alice bzw. von Bob, die nur diesen bekannt sind (engl. *secret keys*). Genauer gilt, dass nur Alice ihren geheimen Schlüssel a_s kennt und nur Bob sein geheimer Schlüssel b_s bekannt ist! Um nun also die Ziffernfolge **7356** ihrer Geheimzahl für die Kreditkarte sicher zu übermitteln, berechnet Alice zunächst

$$7356 \cdot b_p \cdot a_s = 7356 \cdot 8 \cdot 4 = 235392$$

und schreibt anschließend Bob folgende SMS:
Hi Bob, die mit deinem öffentlichen und meinem geheimen Schlüssel berechnete Zahl lautet **235392**. Gruß Alice.
Als Bob die SMS erhält, fällt ihm sofort ein, was er zu tun hat. Er nimmt die erhaltene Zahl und multipliziert sie mit Alice öffentlichem Schlüssel und seinem geheimen Schlüssel und erhält

$$235392 \cdot a_p \cdot b_s = 235392 \cdot 25 \cdot 125 = 735600000 \,.$$

Jetzt muss er lediglich noch die hinteren Nullen streichen, bis eine vierstellige Zahl übrig bleibt, und hat so in verschlüsselter Form die Geheimzahl erhalten. Der prinzipielle Ver- und Entschlüsselungsablauf ist nochmals zusammenfassend in Abb. 5.0-3 skizziert.

asymmetrische Verschlüsselung

Die im obigen Beispiel verwandte **asymmetrische Verschlüsselung**, die dadurch ausgezeichnet ist, dass Ver- und Entschlüsselung mit **verschiedenen Schlüsseln** vor-

Basistext

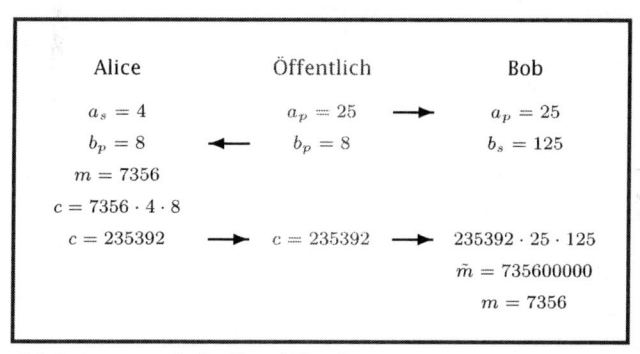

```
    Alice           Öffentlich          Bob
    a_s = 4         a_p = 25    →      a_p = 25
    b_p = 8    ←    b_p = 8            b_s = 125
    m = 7356
    c = 7356 · 4 · 8
    c = 235392  →   c = 235392  →     235392 · 25 · 125
                                       m̃ = 735600000
                                       m = 7356
```

Abb. 5.0-3: *Asymmetrische Verschlüsselung.*

genommen werden, ist nur dann wirklich sicher, wenn das eigentliche Ver- und Entschlüsselungsverfahren geheim bleibt. Das ist natürlich i. Allg. nicht der Fall! Insbesondere wissen natürlich Alice und Bob, dass ihre Schlüsselpaare gerade so gewählt sind, dass ihr jeweiliges Produkt eine Zehnerpotenz ergibt. Mit dieser Information könnte natürlich Bob sofort den geheimen Schlüssel von Alice bis auf den Faktor einer Zehnerpotenz genau bestimmen und umgekehrt ebenfalls Alice den geheimen Schlüssel von Bob.

Besser wäre es, wenn es auch bei öffentlich bekanntgegebenem Verfahren (nahezu) unmöglich ist, vom öffentlichen Schlüssel auf den geheimen Schlüssel eines Teilnehmers zu schließen. Entsprechendes gilt natürlich auch für symmetrische Verfahren: Auch bei bekanntem symmetrischen Verfahren sollte dessen Sicherheit nicht durch die Geheimhaltung des Verfahrens gewährleistet werden, sondern lediglich durch die Geheimhaltung des verwendeten Schlüssels. Genau diese grundsätzliche Forderung, erstmals explizit von Auguste Kerckhoffs (1835-1903) formuliert, ist heute als **Prinzip von Kerckhoffs** eines der fundamentalen Designkriterien moderner Verschlüsselungsverfahren.

Basistext

Überblick Um Verfahren dieses Typs im Folgenden genauer beschreiben zu können, bedarf es zunächst einiger **mathematischer Grundlagen**:

- »Gruppen« (S. 195)
- »Ringe« (S. 198)
- »Körper« (S. 202)
- »Galois-Feld GF(2)=Z_2« (S. 206)
- »Galois-Feld GF(4)« (S. 209)
- »Galois-Feld GF(8)« (S. 216)
- »Galois-Feld GF(16)« (S. 220)
- »Satz von Fermat und Euler« (S. 223)
- »Euklidischer Algorithmus« (S. 228)
- »Einwegfunktionen« (S. 237)
- »Einwegfunktionen mit Falltür« (S. 240)

Daran anschließend werden erste einfache **asymmetrische Verschlüsselungsverfahren** vorgestellt:

- »Diffie-Hellman-Verfahren« (S. 244)
- »RSA-Verfahren« (S. 247)

In den darauf folgenden Wissensbausteinen geht es dann um **symmetrische Verschlüsselungsverfahren**:

- »Vernam-Verfahren« (S. 251)
- »DES-Verfahren« (S. 254)
- »AES-Verfahren« (S. 259)

Abschließend wird dann noch in sehr kompakter Form ein Einblick in die Verschlüsselung mittels **elliptischer Kurven** gegeben:

- »Elliptische Kurven (char K > 3)« (S. 271)
- »EC-Diffie-Hellman-Verfahren (char K > 3)« (S. 279)
- »Elliptische Kurven (char K = 2)« (S. 282)
- »EC-Diffie-Hellman-Verfahren (char K = 2)« (S. 287)

Basistext

Es sind Grundkenntnisse aus der linearen Algebra erforderlich, etwa in dem Umfang wie sie in /Lenze 06b/ vermittelt werden. *Voraussetzungen*

Gezielte Hinweise zu ergänzender oder weiterführender Literatur werden jeweils innerhalb der einzelnen Wissensbausteine gegeben. An dieser Stelle seien lediglich bereits die Bücher /Bauer 00/, /Beutelspacher 05/, /Buchmann 04/, /Eckert 04/, /Ertel 03/, /Poguntke 07/, /Schmeh 04/ und /Wätjen 04/ genannt, die u.a. interessante Überblicke über die geschichtliche Entwicklung der Kryptografie geben und näher auf praktische Aspekte eingehen. Insbesondere sei in diesem Zusammenhang das Buch /Poguntke 07/ empfohlen, da es konzeptionell ähnlich aufgebaut ist wie das vorliegende Buch. In Hinblick auf die mathematischen Grundlagen aus den Bereichen der Zahlentheorie und der allgemeinen Algebra, die im Folgenden sehr direkt und ohne tiefergehende Begründungen zur Verfügung gestellt werden, seien ferner die Bücher /Remmert 95/ und /Wüstholz 04/ als Zusatzlektüre für diejenigen empfohlen, die eine umfassendere theoretische Fundierung wünschen. *Literatur*

5.1 Gruppen *

Bei einer Gruppe handelt es sich um eine nichtleere Menge mit einer inneren Verknüpfung, die das Assoziativgesetz erfüllt und ein neutrales sowie jeweils für jedes Element ein entsprechendes inverses Element enthält. Erfüllt die innere Verknüpfung auch noch das Kommutativgesetz, dann bezeichnet man die Gruppe als kommutative oder abelsche Gruppe.

Um die Ver- und Entschlüsselung von Informationen möglichst performant implementieren zu können, zieht man

Basistext

sich auf einfache Strukturen zurück, die im Rahmen einer Booleschen oder einer Integer-Arithmetik umsetzbar sind. Die erste Struktur dieses Typs mit hinreichender Funktionalität ist die sogenannte **Gruppe**.

Definition

Gruppe
Es sei G eine nichtleere Menge mit einer sogenannten inneren Verknüpfung $\oplus$, d.h.

$$\forall a,b: \; (\, a,b \in G \implies a \oplus b \in G \,).$$

Wenn für diese innere Verknüpfung und alle $a,b,c \in G$ die Rechenregeln

(A1) $\quad a \oplus b = b \oplus a$ $\quad$ (Kommutativgesetz)
(A2) $\quad (a \oplus b) \oplus c = a \oplus (b \oplus c)$ $\quad$ (Assoziativgesetz)
(A3) $\quad \exists n \in G \; \forall a \in G : a \oplus n = a$ $\quad$ (neutrales Element)
(A4) $\forall a \in G \; \exists -a \in G : a \oplus -a = n$ (inverse Elemente)

gelten, dann nennt man G eine **kommutative Gruppe** oder eine **abelsche Gruppe** (Niels Henrik Abel, 1802-1829). Gelten nur die Regeln (A2) bis (A4), dann heißt G eine **Gruppe**.

Bemerkung

Spezielle Bezeichnung in Gruppen: In einer Gruppe G bezeichnet man das neutrale Element n bezüglich der inneren Verknüpfung $\oplus$ i. Allg. als **Nullelement**. Ferner schreibt man statt n häufig einfach 0 (Null).

Beispiel

Die ganzen Zahlen **Z** bilden mit der Verknüpfung $+$ eine kommutative Gruppe. Das neutrale Element ist 0 und das inverse Element zu $a \in \mathbf{Z}$ ist das negative Element $-a \in \mathbf{Z}$.

Basistext

5.1 Gruppen *

Beispiel

Die Menge
$$\mathbf{Z}_2 := \{0, 1\}$$
bildet mit der Verknüpfung $\oplus$ gemäß

$\oplus$	0	1
0	0	1
1	1	0

eine kommutative Gruppe. Das neutrale Element ist 0 und das inverse Element zu 0 ist 0, also $-0 = 0$, und zu 1 ist 1, also $-1 = 1$. Die Kommutativität der Verknüpfung folgt direkt aus $0 \oplus 1 = 1 \oplus 0$ und die Assoziativität müsste man für alle denkbaren Fälle nachrechnen, worauf hier verzichtet werden soll.

Beispiel

Die Menge
$$\mathbf{Z}_6 := \{0, 1, 2, 3, 4, 5\}$$
bildet mit der Verknüpfung $\oplus$ gemäß

$\oplus$	0	1	2	3	4	5
0	0	1	2	3	4	5
1	1	2	3	4	5	0
2	2	3	4	5	0	1
3	3	4	5	0	1	2
4	4	5	0	1	2	3
5	5	0	1	2	3	4

eine kommutative Gruppe. Das neutrale Element ist 0 und das inverse Element zu 0 ist 0 ($-0 = 0$), zu 1 ist 5 ($-1 = 5$), zu 2 ist 4 ($-2 = 4$) etc. Die Kommutativität der Verknüpfung erkennt man an der Spiegelsymmetrie der Verknüpfungstabelle bezüglich der Hauptdiagonale und die Assoziativität müsste man mühsam nachrechnen, worauf hier verzichtet werden soll.

Basistext

Konvention

Kurzschreibweisen in Gruppen: In einer Gruppe G mit der inneren Verknüpfung $\oplus$ vereinbart man für die Rechnung folgende Kurzschreibweisen:

$$\forall a \in G \; \forall k \in \mathbf{Z}, \; k \geq 1: \quad k \cdot a := \underbrace{a \oplus a \oplus \cdots \oplus a}_{k-mal},$$

$$\forall a \in G: \quad 0 \cdot a := n \;,$$

$$\forall a \in G \; \forall k \in \mathbf{Z}, \; k \leq -1: \quad k \cdot a := \underbrace{-a \oplus -a \oplus \cdots \oplus -a}_{(-k)-mal}.$$

Wenn Missverständnisse ausgeschlossen sind und man aus dem Kontext entnehmen kann, dass k eine ganze Zahl ist und a ein Element einer Gruppe, dann lässt man vielfach auch den Malpunkt einfach weg und identifiziert ka mit $k \cdot a$. Schließlich führt man noch eine abkürzende Schreibweise für die Verknüpfung mit einem bezüglich $\oplus$ inversen Element ein, die an die bekannte Subtraktionsnotation angelehnt ist:

$$\forall a,b \in G: \quad a \ominus b := a \oplus -b \;.$$

5.2 Ringe *

Bei einem Ring handelt es sich um eine nichtleere Menge mit zwei inneren Verknüpfungen, von denen die erste die Menge zu einer kommutativen Gruppe macht, die zweite das Assoziativgesetz erfüllt und beide zusammen den beiden Distributivgesetzen genügen. Erfüllt die zweite innere Verknüpfung auch noch das Kommutativgesetz, dann bezeichnet man den Ring als kommutativen Ring. Gibt es bezüglich der zweiten inneren Verknüpfung auch noch ein beidseitig neutrales Element, dann bezeichnet man den Ring als Ring mit Einselement.

Basistext

5.2 Ringe *

Bei den **Ringen** handelt es sich um spezielle kommutative Gruppen (vgl. Wissensbaustein »Gruppen« (S. 195)) mit einer zweiten inneren Verknüpfung.

Ring — Definition
Es sei R eine nichtleere Menge mit zwei inneren Verknüpfungen $\oplus$ und $\odot$, d.h.

$$\forall a,b : (\, a,b \in R \implies a \oplus b \in R \,),$$
$$\forall a,b : (\, a,b \in R \implies a \odot b \in R \,).$$

Wenn für diese inneren Verknüpfungen und alle $a,b,c \in R$ die Rechenregeln

(A1)	$a \oplus b = b \oplus a$	**(Kommutativgesetz)**
(A2)	$(a \oplus b) \oplus c = a \oplus (b \oplus c)$	**(Assoziativgesetz)**
(A3)	$\exists n \in R\ \forall a \in R : a \oplus n = a$	**(neutrales Element)**
(A4)	$\forall a \in R\ \exists -a \in R : a \oplus -a = n$	**(inverse Elemente)**
(M1)	$a \odot b = b \odot a$	**(Kommutativgesetz)**
(M2)	$(a \odot b) \odot c = a \odot (b \odot c)$	**(Assoziativgesetz)**
(M3)	$\exists e \in R\ \forall a \in R : a \odot e = a = e \odot a$	**(neutrales Element)**
(D1)	$a \odot (b \oplus c) = (a \odot b) \oplus (a \odot c)$	**(Distributivgesetz)**
(D2)	$(b \oplus c) \odot a = (b \odot a) \oplus (c \odot a)$	**(Distributivgesetz)**

gelten, dann nennt man R einen **kommutativen Ring mit Einselement** e. Gelten nur die Regeln (A1) bis (A4) sowie (M1), (M2), (D1) und (D2), dann heißt R ein **kommutativer Ring**. Gelten nur die Regeln (A1) bis (A4) sowie (M2), (M3), (D1) und (D2), dann heißt R ein **Ring mit Einselement** e. Gelten nur die Regeln (A1) bis (A4) sowie (M2), (D1) und (D2), dann heißt R ein **Ring**.

Basistext

Bemerkung

Spezielle Bezeichnungen in Ringen: In einem Ring R bezeichnet man das neutrale Element n bezüglich der inneren Verknüpfung $\oplus$ i. Allg. als **Nullelement** und in einem Ring R mit Einselement e nennt man das neutrale Element e bezüglich der inneren Verknüpfung $\odot$ schlicht **Einselement**. Ferner schreibt man statt n häufig einfach 0 (Null) und statt e entsprechend 1 (Eins).

Bemerkung

Besonderheiten in kommutativen Ringen: In einem **kommutativen Ring** folgt stets aus (M1) und (D1) das zweite Distributivgesetz (D2), so dass dies als zusätzliche Forderung obsolet ist. Gleiches gilt in diesem Fall für die Forderung der beidseitigen Neutralität von e in (M3), von denen in einem **kommutativen Ring mit Einselement** die eine aus der jeweils anderen folgt.

Beispiel

Die ganzen Zahlen $\mathbf{Z}$ bilden mit den Verknüpfungen $+$ und $\cdot$ einen kommutativen Ring mit Einselement 1.

Beispiel

Die Menge der reellen Matrizen aus $\mathbf{R}^{2\times 2}$ bilden mit der Matrizenaddition $+$ und der Matrizenmultiplikation $\cdot$ einen Ring mit Einselement E (Einheitsmatrix in $\mathbf{R}^{2\times 2}$). Hier gilt das Kommutativgesetz bezüglich der Multiplikation bekanntlich nicht!

Restklassenringe

Im Rahmen der Verschlüsselungstechnik spielen primär gewisse **endliche kommutative Ringe mit Einselement** eine Rolle, d.h. spezielle Ringe, die nur endlich viele Elemente enthalten. Die einfachsten Ringe dieses Typs sind die Ringe $\mathbf{Z}_m$,

$$\mathbf{Z}_m := \{0, 1, 2, \ldots, m-1\},$$

mit einer natürlichen Zahl $m \in \mathbf{N}^*$, $m \geq 2$, die sogenannten **Restklassenringe modulo** m. In diesen Ringen wird für das neutrale Element bezüglich $\oplus$ die übliche Bezeich-

Basistext

nung $n = 0$ benutzt und für das neutrale Element bezüglich $\odot$ die Bezeichnung $e = 1$. Ferner schreibt man statt $a \oplus b$ häufig $a+b \pmod{m}$ und statt $a \odot b$ entsprechend $a \cdot b \pmod{m}$. Bei der Berechnung von Summen und Produkten in diesen Ringen wird zunächst wie üblich addiert und multipliziert, das Ergebnis dann aber durch m geteilt und durch den erhaltenen Rest ersetzt. Man spricht dann auch von Addition oder Multiplikation modulo m und bezeichnet dies als **modulare Arithmetik**. Am einfachsten macht man sich das Rechnen in derartigen kommutativen Ringen mit Einselement anhand eines kleinen Beispiels klar.

Für den Restklassenring

$$\mathbf{Z}_6 := \{0, 1, 2, 3, 4, 5\}$$

mit den Verknüpfungen $\oplus = + \pmod{6}$ und $\odot = \cdot \pmod{6}$ ergeben sich die folgenden Verknüpfungstabellen:

Beispiel

$\oplus$	0	1	2	3	4	5
0	0	1	2	3	4	5
1	1	2	3	4	5	0
2	2	3	4	5	0	1
3	3	4	5	0	1	2
4	4	5	0	1	2	3
5	5	0	1	2	3	4

$\odot$	0	1	2	3	4	5
0	0	0	0	0	0	0
1	0	1	2	3	4	5
2	0	2	4	0	2	4
3	0	3	0	3	0	3
4	0	4	2	0	4	2
5	0	5	4	3	2	1

Die neutralen Elemente bezüglich der beiden Verknüpfungen sollten klar sein. Die Kommutativität der beiden Verknüpfungen erkennt man sofort an der Spiegelsymmetrie der Verknüpfungstabellen bezüglich der Hauptdiagonalen, die Assoziativität müsste man nachrechnen. Ferner ist z.B. das inverse Element zu 4 bzgl. $\oplus$ gleich 2, also $-4 = 2$, denn $4 \oplus 2 = 0$. Ein inverses Element zu 4 bzgl. $\odot$ existiert aber z.B. **nicht**, denn $4 \odot a \neq 1$ für alle $a \in \mathbf{Z}_6$.

Basistext

Konvention

Kurzschreibweise in Ringen: In einem Ring R mit der zweiten inneren Verknüpfung $\odot$ vereinbart man für die Rechnung folgende Kurzschreibweise:

$$\forall a \in R \ \forall k \in \mathbf{N}^* : a^k := \underbrace{a \odot a \odot \cdots \odot a}_{k-mal} \ .$$

Konvention

Punktrechnung vor Strichrechnung: In einem Ring R mit den beiden inneren Verknüpfung $\oplus$ und $\odot$ gilt die Festlegung, dass Operationen mit $\odot$ stets vor Operationen mit $\oplus$ auszuführen sind, auch wenn keine Klammern gesetzt wurden. So gilt z.B.

$$\forall a,b,c \in R : a \odot b \oplus c := (a \odot b) \oplus c \ .$$

5.3 Körper *

Bei einem Körper handelt es sich um eine nichtleere Menge mit zwei inneren Verknüpfungen, von denen die erste die Menge zu einer kommutativen Gruppe macht, die zweite, außer für das neutrale Element der ersten Verknüpfung, ebenfalls die Rechengesetze für kommutative Gruppen erfüllt und beide zusammen dem Distributivgesetz genügen.

Bei den **Körpern** handelt es sich um spezielle kommutative Ringe mit Einselement (vgl. Wissensbaustein »Ringe« (S. 198)), in denen die zweite innere Verknüpfung zusätzlichen Bedingungen genügt. Genauer gilt, dass nun auch die zweite innere Verknüpfung die Gesetze für kommutative Gruppen erfüllen muss, allerdings unter Ausnahme des neutralen Elements der ersten Verknüpfung.

Basistext

Körper

Definition

Es sei K eine nichtleere Menge mit zwei inneren Verknüpfungen $\oplus$ und $\odot$, d.h.

$$\forall a,b: (a,b \in K \implies a \oplus b \in K),$$
$$\forall a,b: (a,b \in K \implies a \odot b \in K).$$

Wenn für diese inneren Verknüpfungen und alle $a,b,c \in K$ die Rechenregeln

(A1) $\quad a \oplus b = b \oplus a \quad$ (**Kommutativgesetz**)

(A2) $\quad (a \oplus b) \oplus c = a \oplus (b \oplus c) \quad$ (**Assoziativgesetz**)

(A3) $\quad \exists n \in K \; \forall a \in K : a \oplus n = a \quad$ (**neutrales Element**)

(A4) $\quad \forall a \in K \; \exists -a \in K : a \oplus -a = n \quad$ (**inverse Elemente**)

(M1) $\quad a \odot b = b \odot a \quad$ (**Kommutativgesetz**)

(M2) $\quad (a \odot b) \odot c = a \odot (b \odot c) \quad$ (**Assoziativgesetz**)

(M3) $\quad \exists e \in K^* \; \forall a \in K^* : a \odot e = a \quad$ (**neutrales Element**)

(M4) $\quad \forall a \in K^* \; \exists a^{-1} \in K^* : a \odot a^{-1} = e \quad$ (**inverse Elemente**)

(D) $\quad a \odot (b \oplus c) = (a \odot b) \oplus (a \odot c) \quad$ (**Distributivgesetz**)

gelten, dann nennt man K einen **Körper**. Dabei wurde die üblich Abkürzung $K^* := K \setminus \{n\}$ benutzt, d.h. die Menge K^* enthält alle Körperelemente außer dem neutralen Element bezüglich $\oplus$.

Spezielle Bezeichnungen in Körpern: In einem Körper K bezeichnet man das neutrale Element n bezüglich der inneren Verknüpfung $\oplus$ i. Allg. als **Nullelement** und das neutrale Element e bezüglich der inneren Verknüpfung $\odot$ als **Einselement**. Ferner schreibt man statt n häufig einfach 0 (Null) und statt e entsprechend 1 (Eins).

Bemerkung

Die rationalen Zahlen $\mathbf{Q}$ und auch die reellen Zahlen $\mathbf{R}$ bilden mit den Verknüpfungen $+$ und $\cdot$ einen Körper.

Beispiel

Basistext

Konvention	**Kurzschreibweise in Körpern:** In einem Körper K mit der zweiten inneren Verknüpfung $\odot$ vereinbart man für die Rechnung folgende Kurzschreibweisen, die die entsprechende Vereinbarung für Ringe naheliegend verallgemeinern:

$$\forall a \in K : \quad a^0 := e \,,$$
$$\forall a \in K^* \ \forall k \in \mathbf{Z}, \ k \leq -1: \quad a^k := \underbrace{a^{-1} \odot a^{-1} \odot \cdots \odot a^{-1}}_{(-k)-mal} \,.$$

Schließlich führt man noch zwei abkürzende Schreibweisen für die Verknüpfung mit einem bezüglich $\odot$ inversen Element ein, die an die bekannten Divisionsnotationen angelehnt sind:

$$\forall a \in K \ \forall b \in K^* : \quad \frac{a}{b} := a \oslash b := a \odot b^{-1} \,.$$

Restklassenkörper	Im Rahmen der Verschlüsselungstechnik spielen eigentlich nur gewisse **endliche Körper** eine Rolle, d.h. Körper, die nur endlich viele Elemente enthalten. Die einfachsten Körper dieses Typs sind die Körper $\mathbf{Z}_p$,

$$\mathbf{Z}_p := \{0, 1, 2, \ldots, p-1\} \,,$$

mit einer Primzahl $p \in \mathbf{N}^*$, die sogenannten **Restklassenkörper modulo** p. In diesen Körpern wird für die neutralen Elemente die übliche Bezeichnung $n = 0$ und $e = 1$ benutzt sowie $a \oplus b$ auch geschrieben als $a+b \pmod{p}$ und $a \odot b$ entsprechend geschrieben als $a \cdot b \pmod{p}$. Bei der Berechnung von Summen und Produkten in diesen Körpern wird zunächst wie üblich addiert und multipliziert, das Ergebnis dann aber durch p geteilt und durch den erhaltenen Rest ersetzt. Man spricht dann auch von Addition oder Multiplikation modulo p und bezeichnet dies als **modulare Arithmetik**. Offensichtlich sind Restklassenkörper spezielle Restklassenringe (vgl. Wissensbaustein »Ringe« (S. 198)), und zwar genau sol-

Basistext

che, bei denen die Anzahl ihrer Elemente gleich einer Primzahl ist. Am einfachsten macht man sich das Rechnen in derartigen Körpern anhand eines kleinen Beispiels klar.

Beispiel

Für den Restklassenkörper Z_5 mit den Operationen $\oplus = +\ (\bmod\ 5)$ und $\odot = \cdot\ (\bmod\ 5)$ ergeben sich die folgenden Verknüpfungstabellen:

$\oplus$	0	1	2	3	4
0	0	1	2	3	4
1	1	2	3	4	0
2	2	3	4	0	1
3	3	4	0	1	2
4	4	0	1	2	3

$\odot$	0	1	2	3	4
0	0	0	0	0	0
1	0	1	2	3	4
2	0	2	4	1	3
3	0	3	1	4	2
4	0	4	3	2	1

Die neutralen Elemente bezüglich der beiden Verknüpfungen sollten klar sein. Die Kommutativität der beiden Verknüpfungen erkennt man sofort an der Spiegelsymmetrie der Verknüpfungstabellen bezüglich der Hauptdiagonalen, die Assoziativität müsste man nachrechnen. Ferner ist z.B. das inverse Element zu 4 bzgl. $\oplus$ gleich 1, also $-4 = 1$, denn $4 \oplus 1 = 0$. Das inverse Element zu 4 bzgl. $\odot$ ist 4, also $4^{-1} = 4$, denn $4 \odot 4 = 1$.

Beispiel

Für den Restklassenkörper Z_7 mit den Operationen $\oplus = +\ (\bmod\ 7)$ und $\odot = \cdot\ (\bmod\ 7)$ ergeben sich die folgenden Verknüpfungstabellen:

$\oplus$	0	1	2	3	4	5	6
0	0	1	2	3	4	5	6
1	1	2	3	4	5	6	0
2	2	3	4	5	6	0	1
3	3	4	5	6	0	1	2
4	4	5	6	0	1	2	3
5	5	6	0	1	2	3	4
6	6	0	1	2	3	4	5

$\odot$	0	1	2	3	4	5	6
0	0	0	0	0	0	0	0
1	0	1	2	3	4	5	6
2	0	2	4	6	1	3	5
3	0	3	6	2	5	1	4
4	0	4	1	5	2	6	3
5	0	5	3	1	6	4	2
6	0	6	5	4	3	2	1

Basistext

Die neutralen Elemente bezüglich der beiden Verknüpfungen sollten klar sein. Die Kommutativität der beiden Verknüpfungen erkennt man sofort an der Spiegelsymmetrie der Verknüpfungstabellen bezüglich der Hauptdiagonalen, die Assoziativität müsste man nachrechnen. Ferner ist z.B. das inverse Element zu 4 bzgl. $\oplus$ gleich 3, also $-4 = 3$, denn $4 \oplus 3 = 0$. Das inverse Element zu 4 bzgl. $\odot$ ist 2, also $4^{-1} = 2$, denn $4 \odot 2 = 1$.

Bemerkung

Endliche Körper: Man kann zeigen, dass alle Körper mit endlich vielen Elementen genau eine Primzahlpotenz von Elementen enthalten und je zwei endliche Körper mit derselben Anzahl von Elementen isomorph sind (vgl. /Wüstholz 04/). Bis auf Isomorphie gibt es also zu jeder Primzahlpotenz genau einen endlichen Körper mit exakt dieser Anzahl von Elementen. Endliche Körper werden auch **Galois-Felder** genannt und einige von ihnen werden in den Wissensbausteinen »Galois-Feld GF(2)=Z_2« (S. 206) bis »Galois-Feld GF(16)« (S. 220) genauer vorgestellt.

5.4 Galois-Feld GF(2)=Z_2 *

Bei dem speziellen, für die Verschlüsselungstechnik besonders wichtigen endlichen Körper Z_2, der auch als Galois-Feld der Ordnung 2 bezeichnet und mit $GF(2)$ abgekürzt wird, handelt es sich um den Restklassenkörper bestehend aus den beiden Elementen 0 und 1, also

$$GF(2) := Z_2 := \{0, 1\}.$$

Er ist der Körper mit der kleinsten Anzahl von Elementen. Addition und Multiplikation in $GF(2) = Z_2$ sind exakt die gewöhnliche Addition und Multiplikation modulo 2.

Basistext

Der **Körper GF(2)**, der auch als **Galois-Feld** (Évariste Galois, 1811-1832) der Ordnung 2 bezeichnet wird und mit $\mathbf{Z}_2$ identisch ist, ist der kleinste Körper und spielt im Rahmen der effizienten Ver- und Entschlüsselung eine zentrale Rolle. Er ist ein spezieller **Restklassenkörper** und zwar derjenige mit der geringsten Zahl an Elementen, genauer

$$GF(2) := \mathbf{Z}_2 := \{0, 1\} \ .$$

Aufgrund seiner einfachen Arithmetik ist er zur Implementierung besonders gut geeignet und in Hinblick auf seine beiden inneren Verknüpfungen vollständig durch die folgenden beiden Verknüpfungstabellen beschrieben:

$\oplus$	0	1
0	0	1
1	1	0

$\odot$	0	1
0	0	0
1	0	1

Galois-Feld
$GF(2) = \mathbf{Z}_2$

Über dem Körper $\mathbf{Z}_2$ kann man z.B. auch Matrizenrechnung betreiben und alle Rechenregeln, die man für Matrizen über $\mathbf{Q}$ und $\mathbf{R}$ kennt, gelten entsprechend.

Für die gegebene Matrix $A \in \mathbf{Z}_2^{3 \times 3}$,

$$A := \begin{pmatrix} 1 & 0 & 1 \\ 1 & 1 & 0 \\ 1 & 1 & 1 \end{pmatrix} ,$$

Beispiel

berechnet sich die Determinante z.B. mit der **Regel von Sarrus** zu

$$\det A \ = \ 1 \oplus 0 \oplus 1 \oplus -1 \oplus -0 \oplus -0 \ = \ 1 \ .$$

Da $\det A \neq 0$ gilt, ist die Matrix regulär. Die zugehörige inverse Matrix lässt sich z.B. mit dem vollständigen Gauß-schen Algorithmus berechnen gemäß

$$\begin{array}{ccc|ccc|l} 1 & 0 & 1 & 1 & 0 & 0 & \odot 1 \quad \odot 1 \\ 1 & 1 & 0 & 0 & 1 & 0 & \leftarrow \oplus \quad | \\ \hline 1 & 1 & 1 & 0 & 0 & 1 & \leftarrow \oplus \end{array}$$

Basistext

$$
\begin{array}{lll}
1\;0\;1 & 1\;0\;0 & \leftarrow \oplus \\
0\;1\;1 & 1\;1\;0 & \odot 1 \quad \odot 0 \\
0\;1\;0 & 1\;0\;1 & \leftarrow \oplus \\
\hline
1\;0\;1 & 1\;0\;0 & \leftarrow \oplus \\
0\;1\;1 & 1\;1\;0 & \leftarrow \oplus \quad | \\
0\;0\;1 & 0\;1\;1 & \odot 1 \quad \odot 1 \\
\hline
1\;0\;0 & 1\;1\;1 & \\
0\;1\;0 & 1\;0\;1 & \\
0\;0\;1 & 0\;1\;1 &
\end{array}
$$

Aus dem obigen Endschema liest man die Inverse von A direkt auf der rechten Seite ab als

$$A^{-1} = \begin{pmatrix} 1 & 1 & 1 \\ 1 & 0 & 1 \\ 0 & 1 & 1 \end{pmatrix}.$$

Auch Matrix-Vektor-Produkte kann man über $\mathbf{Z}_2$ in gleicher Weise berechnen wie man es über $\mathbf{Q}$ oder $\mathbf{R}$ gewohnt ist. So ergibt sich z.B. für

$$\vec{x} := (1, 0, 1)^T \in \mathbf{Z}_2^3$$

die Identität

$$A\vec{x} = \begin{pmatrix} 1 & 0 & 1 \\ 1 & 1 & 0 \\ 1 & 1 & 1 \end{pmatrix} \begin{pmatrix} 1 \\ 0 \\ 1 \end{pmatrix} = \begin{pmatrix} 0 \\ 1 \\ 0 \end{pmatrix} = \vec{y}$$

und aus $\vec{y}$ erhält man $\vec{x}$ zurück gemäß

$$A^{-1}\vec{y} = \begin{pmatrix} 1 & 1 & 1 \\ 1 & 0 & 1 \\ 0 & 1 & 1 \end{pmatrix} \begin{pmatrix} 0 \\ 1 \\ 0 \end{pmatrix} = \begin{pmatrix} 1 \\ 0 \\ 1 \end{pmatrix} = \vec{x}.$$

Basistext

5.5 Galois-Feld GF(4) **

Bei dem speziellen endlichen Körper $GF(4)$ handelt es sich um das Galois-Feld der Ordnung 4. Er besteht genau aus den vier Polynomen vom Höchstgrad 1 mit Koeffizienten aus $\mathbf{Z}_2$, also

$$GF(4) := \{ax + b \mid a, b \in \mathbf{Z}_2\} \ .$$

Addition und Multiplikation in $GF(4)$ sind wie die normale Addition und Multiplikation von Polynomen erklärt, wobei hier natürlich bei der Berechnung der Koeffizienten modulo 2 gerechnet wird und die bei der Multiplikation entstehenden Polynome höheren Grades modulo des irreduziblen Polynoms $i(x) := x^2 + x + 1$ reduziert werden, um wieder in $GF(4)$ zu liegen.

Der **Körper GF(4)**, der auch als **Galois-Feld** der Ordnung 4 bezeichnet wird, ist der kleinste Körper, der als Menge von Polynomen über $\mathbf{Z}_2$ interpretiert werden kann. Er besteht genau aus den vier Polynomen vom Höchstgrad 1 über $\mathbf{Z}_2$, also

$$\begin{aligned} GF(4) &:= \{ax + b \mid a, b \in \mathbf{Z}_2\} \\ &= \{0x + 0, 0x + 1, 1x + 0, 1x + 1\} =: \{0, 1, x, x + 1\} \ . \end{aligned}$$

Es gilt die übliche Konvention, dass die Ziffer 1 weggelassen werden darf, wenn sie als Faktor auftaucht, sowie die Ziffer 0 zusammen mit ihr zugehörigen Faktoren, wenn sie als Summand auftritt. Ferner ist sowohl die Addition $\oplus$ als auch die Multiplikation $\odot$ für Polynome des obigen Typs so erklärt, wie man es aus der Analysis kennt. Lediglich die für die Koeffizienten der Summen oder Produkte erhaltenen algebraischen Ausdrücke werden gemäß den Rechenregeln in $\mathbf{Z}_2$ vereinfacht und wieder mit einem Element aus $\mathbf{Z}_2$ identifiziert. Hinzu kommt, dass man nach der so durchgeführten formalen Multiplikation noch modulo eines über $GF(4)$ nicht faktorisierbaren Polynoms vom genauen Grad 2 reduzieren muss, damit man wieder ein Element aus $GF(4)$ erhält. Das dabei auftauchende sogenannte **irreduzible Polynom**, bezüglich dem diese noch zu präzisierende Reduktion durchzuführen ist, lautet hier konkret

$$i(x) := 1x^2 + 1x + 1 =: x^2 + x + 1 \ .$$

Kongruenz Um die Details dieses Reduktionsprozesses zu verstehen, muss zunächst noch der wichtige Begriff der **Kongruenz modulo eines Polynoms** eingeführt werden. Für drei beliebig gegebene Polynome $p(x)$, $q(x)$ und $r(x)$ über einem Körper K, d.h. mit Koeffizienten aus K, sagt man, dass $p(x)$ **kongruent** $q(x)$ **modulo** $r(x)$ ist, falls sich $p(x)$ und $q(x)$ nur durch ein polynomiales Vielfaches von $r(x)$ unterscheiden,

$$p(x) \equiv q(x) \ (\mathrm{mod}\ r(x)) \ :\Longleftrightarrow\ \exists s(x) : p(x) = q(x) + s(x) \cdot r(x).$$

Auf der rechten Seite des obigen Äquivalenzzeichens wird dabei mit den Polynomen in der bekannten Art und Weise gerechnet und lediglich die so entstehenden algebraischen Ausdrücke für die Koeffizienten im Sinne der Verknüpfungen des zugrunde liegenden Körpers, aus dem sie genommen sind, vereinfacht. Ersetzt man $p(x)$ bei Gültigkeit der obigen Kongruenz durch $q(x)$, dann sagt man auch, dass man $p(x)$ **modulo** $r(x)$ **auf** $q(x)$ **reduziert** habe. Die trivialen Fälle, wenn $r(x)$ konstant ist, also kein echtes Polynom, sondern ein Element des zugrunde liegenden Körpers ist, werden dabei i. Allg. ausgeschlossen.

Beispiel Exemplarisch werden zwei einfache Rechnungen mit Polynomen in $GF(4)$ vorgeführt. Zunächst ergibt sich für eine einfache Addition rein formal z.B.

$$\begin{aligned}(x+1) + x &= (1x+1) + (1x+0) \\ &= (1 \oplus 1)x + (1 \oplus 0) = 0x + 1 = 1.\end{aligned}$$

Basistext

5.5 Galois-Feld GF(4)

Man schreibt danach in korrekter Terminologie das Verknüpfungsergebnis auf als

$$(x+1) \oplus x = 1.$$

Bei der Multiplikation sieht die Rechnung etwas komplizierter aus. Zunächst ergibt sich bei ganz formaler Ausmultiplikation unter Berücksichtigung der Tatsache, dass für die Koeffizienten wieder die Rechengesetze aus $\mathbb{Z}_2$ angewendet werden müssen,

$$\begin{aligned}(x+1) \cdot x &= (1x+1) \cdot (1x+0) \\ &= (1 \odot 1)x^2 + (1 \odot 0)x + (1 \odot 1)x + (1 \odot 0) \\ &= 1x^2 + (0 \oplus 1)x + 0 = x^2 + x\,.\end{aligned}$$

Dieses Polynom wird jetzt, damit es wieder in das Galois-Feld $GF(4)$ zurückfällt, modulo $x^2 + x + 1$ reduziert. Das bedeutet, dass man sich fragt, wie man $x^2 + x$ darstellen kann als Vielfaches des Polynoms $x^2 + x + 1$ zuzüglich eines Rests aus $GF(4)$. In diesem Fall ist dies sehr einfach und man erhält

$$x^2 + x = 1 \cdot (x^2 + x + 1) + 1\,.$$

Alle Vielfache des irreduziblen Polynoms x^2+x+1 lässt man nun fort, m.a.W. man rechnet modulo dieses Polynoms, so dass sich so für die eigentlich zu definierende Verknüpfung $\odot$ in $GF(4)$ das Ergebnis

$$(x+1) \odot x = 1$$

ergibt. Man hat also das im klassischen Sinne ausmultiplizierte Polynom $(x+1) \cdot x$ durch das modulo $i(x)$ reduzierte Polynom zu ersetzen und erhält auf diese Weise stets ein Polynom, welches wieder in $GF(4)$ liegt.

Basistext

Konvention

Verknüpfungen von Polynomen: Im Folgenden werden stets alle **Zwischenrechnungen** mit Polynomen über einem beliebigen Körper K mit den normalen Operatorzeichen $+$ und $\cdot$ geschrieben und lediglich die jeweiligen **Endergebnisse** einer polynomialen Addition oder Multiplikation mit den dafür reservierten Operatorzeichen $\oplus$ oder $\odot$ des jeweiligen Galois-Felds.

Beispiel

Exemplarisch werden zwei weitere Rechnungen mit Polynomen in $GF(4)$ vorgeführt. Zunächst ergibt sich wieder für eine einfache Addition rein formal z.B.

$$(x+1) + (x+1) = (1x+1) + (1x+1)$$
$$= (1 \oplus 1)x + (1 \oplus 1) = 0x + 0 = 0.$$

Man schreibt danach in korrekter Terminologie das Verknüpfungsergebnis auf als

$$(x+1) \oplus (x+1) = 0.$$

Bei der Multiplikation der beiden Polynome ergibt sich zunächst bei ganz formaler Ausmultiplikation

$$(x+1) \cdot (x+1) = (1x+1) \cdot (1x+1)$$
$$= (1 \odot 1)x^2 + (1 \odot 1)x + (1 \odot 1)x + (1 \odot 1)$$
$$= 1x^2 + (1 \oplus 1)x + 1 = x^2 + 1.$$

Dieses Polynom wird jetzt, damit es wieder in das Galois-Feld $GF(4)$ zurückfällt, modulo $x^2 + x + 1$ reduziert. Das bedeutet, dass man sich fragt, wie man $x^2 + 1$ darstellen kann als Vielfaches des Polynoms $x^2 + x + 1$ zuzüglich eines Rests aus $GF(4)$. In diesem Fall ist dies wieder sehr einfach und man erhält

$$x^2 + 1 = 1 \cdot (x^2 + x + 1) + x.$$

Alle Vielfache des irreduziblen Polynoms x^2+x+1 lässt man nun fort, m.a.W. man rechnet modulo dieses Polynoms, so

Basistext

5.5 Galois-Feld GF(4) **

dass sich so für die eigentlich zu definierende Verknüpfung $\odot$ in $GF(4)$ das Ergebnis

$$(x+1) \odot (x+1) = x$$

ergibt.

Rechnet man alle Verknüpfungen in $GF(4)$ in dieser Form nach, dann erhält man die folgenden Verknüpfungstabellen:

$\oplus$	0	1	x	$x+1$
0	0	1	x	$x+1$
1	1	0	$x+1$	x
x	x	$x+1$	0	1
$x+1$	$x+1$	x	1	0

$\odot$	0	1	x	$x+1$
0	0	0	0	0
1	0	1	x	$x+1$
x	0	x	$x+1$	1
$x+1$	0	$x+1$	1	x

$(GF(4), \oplus, \odot)$ polynomial

Zur Implementierung codiert man die Polynome als 2-Bit-Dualzahlen, genauer

$$GF(4) := \{00, 01, 10, 11\},$$

so dass sich die Verknüpfungstabellen nun wie folgt darstellen:

$\oplus$	00	01	10	11
00	00	01	10	11
01	01	00	11	10
10	10	11	00	01
11	11	10	01	00

$\odot$	00	01	10	11
00	00	00	00	00
01	00	01	10	11
10	00	10	11	01
11	00	11	01	10

$(GF(4), \oplus, \odot)$ dual

In dieser dualen Notation lassen sich die Operationen $\oplus$ und $\odot$ sehr elementar implementieren und effizient ausführen: Die Operation $\oplus$ ist lediglich ein bitweises $\oplus$ in $\mathbf{Z}_2$ (auch **bitweises XOR** genannt, wobei XOR für *eXclusive OR* steht), und die Operation $\odot$ ist eine übliche duale Multiplikation, allerdings ohne Übertrag, gefolgt von maximal einer $\oplus$-Operationen mit dem irreduziblen Polynom in Dualdarstellung. Am einfachsten macht man sich das Vorgehen anhand eines Beispiels klar.

Basistext

Beispiel Zunächst sollen 10 und 11 in $GF(4)$ mit $\oplus$ verknüpft werden. Dies lässt sich wie folgt in einem klassischen Additionsschema notieren:

$$\begin{array}{r} 10 \\ \oplus\ 11 \\ \hline 01 \end{array}$$

Nun sollen 10 und 11 in $GF(4)$ mit $\odot$ verknüpft werden. Dies lässt sich zunächst wie folgt in einem klassischen Multiplikationsschema notieren:

$$\begin{array}{r} 10 \cdot 11 \\ \hline 100 \\ \oplus\ \ 10 \\ \hline 110 \end{array}$$

Zur Reduktion des Ergebnisses in $GF(4)$ addiert man nun auf 110 das dualcodierte irreduzible Polynom 111 im Sinne von $\oplus$, so dass man wieder in $GF(4)$ zurückfällt, wobei eine führende Null einfach wegzustreichen ist:

$$\begin{array}{r} 110 \\ \oplus\ 111 \\ \hline \cancel{0}01 \end{array}$$

Als Ergebnis erhält man so $10 \odot 11 = 01$.

Je nachdem, welche Darstellung im Vordergrund steht, werden im Folgenden die Elemente von $GF(4)$ entweder mit $p(x)$, $q(x)$, $r(x)$ etc. bezeichnet (polynomiale Interpretation) oder schlicht mit p, q, r etc. (duale Interpretation).

Rechnen Sie die ersten beiden Beispiele dieses Wissensbausteins noch einmal in der oben skizzierten dualen Notation nach.

Basistext

5.5 Galois-Feld GF(4) **

Über dem Galois-Feld $GF(4)$ kann man nun auch wieder Matrizenrechnung betreiben und alle Rechenregeln, die man für Matrizen über $\mathbb{Q}$ und $\mathbb{R}$ kennt, gelten entsprechend.

Für die gegebene Matrix $A \in GF(4)^{3\times 3}$ in Dualdarstellung, *Beispiel*

$$A := \begin{pmatrix} 11 & 01 & 00 \\ 10 & 01 & 10 \\ 00 & 11 & 01 \end{pmatrix},$$

berechnet sich die Determinante z.B. mit der Regel von Sarrus zu

$$\det A = 11 \oplus 00 \oplus 00 \oplus -00 \oplus -11 \oplus -10 = 10.$$

Da $\det A \neq 00$ gilt, ist die Matrix regulär. Die zugehörige inverse Matrix lässt sich z.B. mit dem vollständigen Gaußschen Algorithmus berechnen gemäß

11 01 00	01 00 00	$\odot 10$ $\odot 10$ $\odot 00$
10 01 10	00 01 00	$\leftarrow \oplus$ |
00 11 01	00 00 01	$\leftarrow \oplus$

01 10 00	10 00 00	$\leftarrow \oplus$
00 10 10	11 01 00	$\odot 11$ $\odot 11$ $\odot 10$
00 11 01	00 00 01	$\leftarrow \oplus$

01 00 10	01 01 00	$\leftarrow \oplus$
00 01 01	10 11 00	$\leftarrow \oplus$ |
00 00 10	01 10 01	$\odot 11$ $\odot 01$ $\odot 10$

01 00 00	00 11 01
00 01 00	01 10 11
00 00 01	11 01 11

Aus dem obigen Endschema liest man die Inverse von A direkt auf der rechten Seite ab als

$$A^{-1} = \begin{pmatrix} 00 & 11 & 01 \\ 01 & 10 & 11 \\ 11 & 01 & 11 \end{pmatrix}.$$

Basistext

Für $\vec{x} := (10, 01, 11)^T \in GF(4)^3$ ergibt sich

$$A\vec{x} = \begin{pmatrix} 11 & 01 & 00 \\ 10 & 01 & 10 \\ 00 & 11 & 01 \end{pmatrix} \begin{pmatrix} 10 \\ 01 \\ 11 \end{pmatrix} = \begin{pmatrix} 00 \\ 11 \\ 00 \end{pmatrix} = \vec{y}$$

und aus $\vec{y}$ erhält man $\vec{x}$ zurück gemäß

$$A^{-1}\vec{y} = \begin{pmatrix} 00 & 11 & 01 \\ 01 & 10 & 11 \\ 11 & 01 & 11 \end{pmatrix} \begin{pmatrix} 00 \\ 11 \\ 00 \end{pmatrix} = \begin{pmatrix} 10 \\ 01 \\ 11 \end{pmatrix} = \vec{x}.$$

5.6 Galois-Feld GF(8) ***

Bei dem speziellen endlichen Körper $GF(8)$ **handelt es sich um das Galois-Feld der Ordnung** 8. **Er besteht genau aus den acht Polynomen vom Höchstgrad** 2 **mit Koeffizienten aus** $\mathbf{Z}_2$**, also**

$$GF(8) := \{ax^2 + bx + c \mid a, b, c \in \mathbf{Z}_2\}.$$

Addition und Multiplikation in $GF(8)$ **sind wie die normale Addition und Multiplikation von Polynomen erklärt, wobei hier natürlich bei der Berechnung der Koeffizienten modulo** 2 **gerechnet wird und die bei der Multiplikation entstehenden Polynome höheren Grades modulo des irreduziblen Polynoms** $i(x) := x^3 + x^2 + 1$ **reduziert werden, um wieder in** $GF(8)$ **zu liegen.**

Der **Körper GF(8)**, der auch als **Galois-Feld** der Ordnung 8 bezeichnet wird, besteht genau aus den acht Polynomen vom Höchstgrad 2 über $\mathbf{Z}_2$, also

$$GF(8) := \{ax^2 + bx + c \mid a, b, c \in \mathbf{Z}_2\}.$$

Basistext

5.6 Galois-Feld GF(8)

Die Addition $\oplus$ ist dabei komponentenweise modulo 2 erklärt und die Multiplikation $\odot$ entsprechend, allerdings modulo eines über $GF(8)$ nicht faktorisierbaren Polynoms vom genauen Grad 3, eines sogenannten **irreduziblen Polynoms**, hier

$$i(x) := 1x^3 + 1x^2 + 0x + 1 =: x^3 + x^2 + 1 \ .$$

Das weitere prinzipielle Vorgehen entspricht nun genau dem aus Wissensbaustein »Galois-Feld GF(4)« (S. 209). Insbesondere gelten auch alle dort getroffenen Konventionen sinngemäß für $GF(8)$.

> Exemplarisch werden zwei Rechnungen vorgeführt, beginnend mit einer einfachen Addition.
>
> $$\begin{aligned}(x^2+1) + (x+1) &= (1x^2+1) + (1x+1) \\ &= 1x^2 + 1x + (1 \oplus 1) = x^2 + x \ .\end{aligned}$$
>
> Man schreibt danach in korrekter Terminologie das Verknüpfungsergebnis auf als $(x^2+1) \oplus (x+1) = x^2 + x$.
> Für eine beispielhafte Multiplikation ergibt sich zunächst durch formale Ausmultiplikation
>
> $$(x^2+1) \cdot (x+1) = (1x^2+1) \cdot (1x+1) = x^3 + x^2 + x + 1 \ .$$
>
> Dieses Polynom wird nun modulo $x^3 + x^2 + 1$ reduziert und man erhält so wegen
>
> $$x^3 + x^2 + x + 1 = 1 \cdot (x^3 + x^2 + 1) + x$$
>
> das Ergebnis $(x^2+1) \odot (x+1) = x$.

Beispiel

Führt man die Rechnungen obigen Typs für alle bildbaren Verknüpfungen durch, dann ergeben sich die folgenden Verknüpfungstabellen:

Basistext

$(GF(8), \oplus)$
polynomial

$\oplus$	0	1	x	$x+1$	x^2	x^2+1	x^2+x	x^2+x+1
0	0	1	x	$x+1$	x^2	x^2+1	x^2+x	x^2+x+1
1	1	0	$x+1$	x	x^2+1	x^2	x^2+x+1	x^2+x
x	x	$x+1$	0	1	x^2+x	x^2+x+1	x^2	x^2+1
$x+1$	$x+1$	x	1	0	x^2+x+1	x^2+x	x^2+1	x^2
x^2	x^2	x^2+1	x^2+x	x^2+x+1	0	1	x	$x+1$
x^2+1	x^2+1	x^2	x^2+x+1	x^2+x	1	0	$x+1$	x
x^2+x	x^2+x	x^2+x+1	x^2	x^2+1	x	$x+1$	0	1
x^2+x+1	x^2+x+1	x^2+x	x^2+1	x^2	$x+1$	x	1	0

$(GF(8), \odot)$
polynomial

$\odot$	0	1	x	$x+1$	x^2	x^2+1	x^2+x	x^2+x+1
0	0	0	0	0	0	0	0	0
1	0	1	x	$x+1$	x^2	x^2+1	x^2+x	x^2+x+1
x	0	x	x^2	x^2+x	x^2+1	x^2+x+1	1	$x+1$
$x+1$	0	$x+1$	x^2+x	x^2+1	1			
x^2	0	x^2	x^2+1	1				
x^2+1	0	x^2+1	x^2+x+1	x				
x^2+x	0	x^2+x	1	x^2+x+1				
x^2+x+1	0	x^2+x+1	$x+1$	x^2				

Vervollständigen Sie die obige Verknüpfungstabelle von $GF(8)$ bezüglich $\odot$. Schreiben Sie dazu ggf. ein kleines Java-Programm! Übertragen Sie ferner sowohl die Verknüpfungstabelle von $GF(8)$ bezüglich $\oplus$ als auch bezüglich $\odot$ in die 3-Bit-Dualdarstellung (vgl. dazu Wissensbaustein »Galois-Feld GF(4)« (S. 209)).

In der dualen Notation lassen sich die Operationen $\oplus$ und $\odot$ wieder sehr elementar interpretieren und effizient ausführen: Die Operation $\oplus$ ist lediglich ein bitweises $\oplus$ in $\mathbf{Z}_2$ (auch **bitweises XOR** genannt), und die Operation $\odot$ ist eine übliche duale Multiplikation, allerdings ohne Übertrag, gefolgt von maximal zwei $\oplus$-Operationen mit dem irreduziblen Polynom in Dualdarstellung oder seiner Ergänzung durch eine abschließende Null (einstelliger Shift). Am einfachsten macht man sich das Vorgehen anhand eines Beispiels klar.

Beispiel

Zunächst sollen 110 und 101 in $GF(8)$ mit $\oplus$ verknüpft werden. Dies lässt sich wie folgt in einem klassischen Additionsschema notieren:

$$\begin{array}{r} 110 \\ \oplus\ 101 \\ \hline 011 \end{array}$$

Basistext

Nun sollen 110 und 101 in $GF(8)$ mit $\odot$ verknüpft werden. Dies lässt sich zunächst wie folgt in einem klassischen Multiplikationsschema notieren:

$$\begin{array}{r} 110 \cdot 101 \\ \hline 11000 \\ \oplus \quad 110 \\ \hline 11110 \end{array}$$

Zur Reduktion des Ergebnisses in $GF(8)$ addiert man nun auf 11110 das dualcodierte irreduzible Polynom 1101 (oder Shifts von ihm) im Sinne von $\oplus$, bis man wieder in $GF(8)$ zurückfällt, wobei führende Nullen einfach wegzustreichen sind:

$$\begin{array}{r} 11110 \\ \oplus\ 11010 \\ \hline \emptyset\emptyset 100 \end{array}$$

Als Ergebnis erhält man so $110 \odot 101 = 100$.

Je nachdem, welche Darstellung im Vordergrund steht, werden im Folgenden die Elemente von $GF(8)$ entweder mit $p(x)$, $q(x)$, $r(x)$ etc. bezeichnet (polynomiale Interpretation) oder schlicht mit p, q, r etc. (duale Interpretation).

Rechnen Sie das erste Beispiel dieses Wissensbausteins noch einmal in der oben skizzierten dualen Notation nach.

Über dem Galois-Feld $GF(8)$ kann man nun natürlich auch wieder Matrizenrechnung betreiben und alle Rechenregeln, die man für Matrizen über $\mathbf{Q}$ und $\mathbf{R}$ kennt, gelten entsprechend. Auf ein explizites Beispiel wird aufgrund der dazu erforderlichen umfangreichen Rechnung verzichtet!

Basistext

5.7 Galois-Feld GF(16) ***

Bei dem speziellen endlichen Körper $GF(16)$ handelt es sich um das Galois-Feld der Ordnung 16. Er besteht genau aus den sechzehn Polynomen vom Höchstgrad 3 mit Koeffizienten aus Z_2, also

$$GF(16) := \{ax^3 + bx^2 + cx + d \mid a,b,c,d \in \mathbf{Z}_2\} .$$

Addition und Multiplikation in $GF(16)$ **sind wie die normale Addition und Multiplikation von Polynomen erklärt, wobei hier natürlich bei der Berechnung der Koeffizienten modulo** 2 **gerechnet wird und die bei der Multiplikation entstehenden Polynome höheren Grades modulo des irreduziblen Polynoms** $i(x) := x^4 + x + 1$ **reduziert werden, um wieder in** $GF(16)$ **zu liegen.**

Der **Körper GF(16)**, der auch als **Galois-Feld** der Ordnung 16 bezeichnet wird, besteht genau aus den sechzehn Polynomen vom Höchstgrad 3 über Z_2, also

$$GF(16) := \{ax^3 + bx^2 + cx + d \mid a,b,c,d \in \mathbf{Z}_2\} .$$

Die Addition $\oplus$ ist dabei komponentenweise modulo 2 erklärt und die Multiplikation $\odot$ entsprechend, allerdings modulo eines über $GF(16)$ nicht faktorisierbaren Polynoms vom genauen Grad 4, eines sogenannten **irreduziblen Polynoms**, hier

$$i(x) := 1x^4 + 0x^3 + 0x^2 + 1x + 1 =: x^4 + x + 1 .$$

Da die Rechnungen für die Addition und die Handhabung der entsprechenden Konventionen zum Aufschrieb inzwischen klar sein dürften (vgl. Wissensbausteine »Galois-Feld GF(4)« (S. 209) und »Galois-Feld GF(8)« (S. 216)), beschränkt sich das folgende Beispiel auf eine Rechnung zur Multiplikation.

Basistext

5.7 Galois-Feld GF(16) ***

Zunächst liefert eine rein formale Multiplikation

$$(x^3 + x^2) \cdot x^3 = x^6 + x^5 \,.$$

Reduziert man dieses Polynom modulo $x^4 + x + 1$, so ergibt sich wegen

$$x^6 + x^5 = x^2 \cdot (x^4 + x + 1) + (x^5 + x^3 + x^2) \,,$$
$$x^5 + x^3 + x^2 = x \cdot (x^4 + x + 1) + (x^3 + x) \,,$$

das Ergebnis $(x^3 + x^2) \odot x^3 = x^3 + x$.

Beispiel

Im Folgenden ist lediglich die Multiplikationstabelle (direkt in 4-Bit-Darstellung) angegeben und zwar auch nur mit den Resultaten, die für die spätere Erläuterung des Rijndael-Verfahrens in Wissensbaustein »AES-Verfahren« (S. 259) benötigt werden.

$\odot$	0000	0001	0010	0011	0100	0101	0110	0111	1000	1001	1010	1011	1100	1101	1110	1111
0000	0000	0000	0000	0000	0000	0000	0000	0000	0000	0000	0000	0000	0000	0000	0000	0000
0001	0000	0001	0010	0011	0100	0101	0110	0111	1000	1001	1010	1011	1100	1101	1110	1111
0010	0000	0010														
0011	0000	0011														
0100	0000	0100					0110						0101	0001		
0101	0000	0101					1110				0001	1001				
0110	0000	0110			0001											
0111	0000	0111			0001		1101									
1000	0000	1000		0110	1110		1101	1100	0100	1111			1010	0010	1001	
1001	0000	1001					0100									
1010	0000	1010					1111						0001	1011	0110	
1011	0000	1011		0001												
1100	0000	1100		0101	1001		1010			0001			1111	0011	0100	
1101	0000	1101		0001			0010			1011			0011			
1110	0000	1110					1001			0110			0100			
1111	0000	1111														

$(GF(16), \odot)$
dual

Vervollständigen Sie die obige Verknüpfungstabelle von $GF(16)$ bezüglich $\odot$. Schreiben Sie dazu ggf. ein kleines Java-Programm!

In der dualen Notation lassen sich die Operationen $\oplus$ und $\odot$ wieder sehr elementar interpretieren und effizient ausführen: Die Operation $\oplus$ ist auch hier lediglich ein bitweises $\oplus$ in $\mathbb{Z}_2$ (auch **bitweises XOR** genannt), und die Operation $\odot$ ist eine übliche duale Multiplikation, allerdings ohne Übertrag, gefolgt von maximal drei $\oplus$-Operationen mit dem

Basistext

irreduziblen Polynom in Dualdarstellung oder seiner Ergänzung durch ein oder zwei abschließende Nullen (ein- oder zweistelliger Shift). Am einfachsten macht man sich das Vorgehen anhand eines Beispiels klar.

Beispiel Zunächst sollen 1100 und 1001 in $GF(16)$ mit $\oplus$ verknüpft werden. Dies lässt sich wie folgt in einem klassischen Additionsschema notieren:

$$\begin{array}{r} 1100 \\ \oplus\ 1001 \\ \hline 0101 \end{array}$$

Nun sollen 1100 und 1001 in $GF(16)$ mit $\odot$ verknüpft werden. Dies lässt sich zunächst wie folgt in einem klassischen Multiplikationsschema notieren:

$$\begin{array}{r} 1100 \cdot 1001 \\ \hline 1100000 \\ \oplus\ \ \ \ \ \ 1100 \\ \hline 1101100 \end{array}$$

Zur Reduktion des Ergebnisses in $GF(16)$ addiert man nun auf 1101100 das dualcodierte irreduzible Polynom 10011 (oder Shifts von ihm) im Sinne von $\oplus$, bis man wieder in $GF(8)$ zurückfällt, wobei führende Nullen einfach wegzustreichen sind:

$$\begin{array}{r} 1101100 \\ \oplus\ 1001100 \\ \hline \cancel{0}100000 \\ \oplus\ 100110 \\ \hline \cancel{0}\cancel{0}0110 \end{array}$$

Als Ergebnis erhält man so $1100 \odot 1001 = 0110$.

Je nachdem, welche Darstellung im Vordergrund steht, werden im Folgenden die Elemente von $GF(16)$ entweder mit

$p(x)$, $q(x)$, $r(x)$ etc. bezeichnet (polynomiale Interpretation) oder schlicht mit p, q, r etc. (duale Interpretation).

Rechnen Sie das erste Beispiel dieses Wissensbausteins noch einmal in der oben skizzierten dualen Notation nach.

Über dem Galois-Feld $GF(16)$ kann man nun natürlich auch wieder Matrizenrechnung betreiben und alle Rechenregeln, die man für Matrizen über **Q** und **R** kennt, gelten entsprechend. Auf ein explizites Beispiel wird aufgrund der dazu erforderlichen umfangreichen Rechnung an dieser Stelle verzichtet! Allerdings wird es im Zusammenhang mit dem Rijndael-Verfahren in Wissensbaustein »AES-Verfahren« (S. 259) erforderlich sein, genau derartige Rechnungen durchzuführen, so dass dort auf Matrizen über $GF(16)$ zurückzukommen sein wird.

5.8 Satz von Fermat und Euler **

Beim Satz von Fermat und Euler handelt es sich um einen der wichtigsten Grundlagensätze im Bereich der modernen Kryptografie. Er besagt, dass für zwei teilerfremde Zahlen $m, n \in \mathbf{N}^*$ die Kongruenz $m^{\varphi(n)} \equiv 1 \pmod{n}$ gilt, wobei die Eulersche φ-Funktion $\varphi(n)$ genau die Anzahl der zu n teilerfremden Zahlen zwischen 0 und n angibt.

Im Folgenden werden einige elementare Resultate zum **größten gemeinsamen Teiler** zweier Zahlen erarbeitet sowie der äußerst wichtige **Satz von Fermat und Euler** formuliert. Dieser Satz, der in einer ersten Fassung auf Pierre de Fermat (1601-1665) zurück geht und in seiner allgemeinen Version von Leonard Euler (1707-1783) bewiesen wurde, ist von fundamentaler Bedeutung für die gesamte asymmetrische Verschlüsselungstechnik und bedarf insofern be-

Basistext

sonderer Aufmerksamkeit. Zur behutsamen Heranführung an die nötigen Grundlagen wird zunächst die wahrscheinlich bereits bekannte Definition des **größten gemeinsamen Teilers** noch einmal in Erinnerung gerufen.

Definition

Größter gemeinsamer Teiler
Es seien $m, n \in \mathbf{N}^*$ beliebig gegeben. Dann bezeichnet man

$$\mathrm{ggT}(m,n) := \max\{t \in \mathbf{N}^* \mid \exists r, s \in \mathbf{N}^* : ((m = r \cdot t) \wedge (n = s \cdot t))\}$$

als **größten gemeinsamen Teiler** von m und n.

Beispiel

Der größte gemeinsame Teiler von 36 und 48 ist 12, also in Kurzschreibweise $\mathrm{ggT}(36, 48) = 12$.

Beispiel

Der größte gemeinsame Teiler von 25 und 48 ist 1, also in Kurzschreibweise $\mathrm{ggT}(25, 48) = 1$.

Bemerkung

Teilerfremde Zahlen: Man bezeichnet zwei natürliche Zahlen $m, n \in \mathbf{N}^*$ als **teilerfremd**, genau dann wenn $\mathrm{ggT}(m, n) = 1$ gilt.

In einem nächsten Schritt wird die sogenannte **Eulersche Phi-Funktion** (geschrieben als: Eulersche φ-Funktion) eingeführt, die eine Zählfunktion für gewisse Paare teilerfremder Zahlen realisiert.

Definition

Eulersche φ-Funktion
Es sei $n \in \mathbf{N}^*$ beliebig gegeben. Dann bezeichnet man

$$\varphi(n) := \#\{m \in \mathbf{N}^* \mid ((0 < m < n) \wedge (\mathrm{ggT}(m, n) = 1))\}$$

als **Eulersche φ-Funktion** von n, wobei das Zeichen # vor der Mengenklammer so zu deuten ist, dass die Anzahl der Elemente der Menge zu bestimmen ist.

Basistext

5.8 Satz von Fermat und Euler **

Beispiel

Für $n := 36$ gilt $\varphi(36) = 12$, denn 36 ist teilerfremd zu den 12 Zahlen $1, 5, 7, 11, 13, 17, 19, 23, 25, 29, 31$ und 35.

Beispiel

Für $n := 11$ gilt $\varphi(11) = 10$, denn 11 ist teilerfremd zu den 10 Zahlen $1, 2, 3, 4, 5, 6, 7, 8, 9$ und 10.

Bemerkung

Primzahl: Man bezeichnet eine natürliche Zahl $p \in \mathbf{N}^*$, $p \geq 2$, als **Primzahl**, genau dann wenn $\varphi(p) = p - 1$ gilt.

Satz

Eulersche φ-Funktion für Primzahlprodukte
Es seien $p, q \in \mathbf{N}^*$, $p \neq q$, zwei beliebige verschiedene Primzahlen. Dann gilt

$$\varphi(p \cdot q) = (p - 1) \cdot (q - 1) \, .$$

Beweis

Man überlegt sich sehr leicht, dass pq genau mit den Zahlen $q, 2q, 3q, \ldots, (p - 1)q$ und $p, 2p, 3p, \ldots, (q - 1)p$ einen von 1 verschiedenen größten gemeinsamen Teiler besitzt. Alle übrigen Zahlen zwischen 0 und pq sind teilerfremd zu pq, da p und q Primzahlen sind. Daraus folgt aber sofort die Identität

$$\varphi(pq) = pq - 1 - (p - 1) - (q - 1) = (p - 1)(q - 1) \, .$$

□

Beispiel

Für $n := 2 \cdot 5$ gilt $\varphi(10) = 4$, denn 10 ist teilerfremd zu den 4 Zahlen $1, 3, 7$ und 9. Nach dem obigen Satz hätte man das aber auch einfacher berechnen können als $\varphi(10) = 1 \cdot 4 = 4$.

Beispiel

Für $n := 3 \cdot 7$ gilt $\varphi(21) = 12$, denn 21 ist teilerfremd zu den 12 Zahlen $1, 2, 4, 5, 8, 10, 11, 13, 16, 17, 19$ und 20. Nach dem obigen Satz hätte man das aber auch einfacher berechnen können als $\varphi(21) = 2 \cdot 6 = 12$.

Basistext

Kongruenz — Damit sind alle Vorbereitungen abgeschlossen, um den wichtigen **Satz von Fermat und Euler** und eine einfache Folgerung aus ihm zu formulieren. Dazu sei daran erinnert, dass man für drei ganze Zahlen $a, b, c \in \mathbf{Z}$ sagt, dass a **kongruent** b **modulo** c ist, falls sich a und b nur durch ein ganzzahliges Vielfaches von c unterscheiden, in Kurzschreibweise

$$a \equiv b \pmod{c} \quad :\Longleftrightarrow \quad \exists d \in \mathbf{Z} : a = b + d \cdot c \,.$$

Die trivialen Fälle, wenn $c = 0$ ist (Gleichheitsforderung an a und b) oder $c = \pm 1$ ist (alle Elemente a und b sind kongruent), werden dabei i. Allg. ausgeschlossen.

Satz

Satz von Fermat und Euler
Es seien $m, n \in \mathbf{N}^*$ beliebige teilerfremde Zahlen, also $\mathrm{ggT}(m, n) = 1$. Dann gilt

$$m^{\varphi(n)} \equiv 1 \pmod{n} \,.$$

Beweis — Auf den Beweis wird verzichtet. Er kann z.B. in /Buchmann 04/, /Remmert 95/ oder /Wätjen 04/ nachgelesen werden, für einige wichtige Spezialfälle auch in /Beutelspacher 05/. □

Beispiel — Für $m := 12$ und $n := 5$ gilt $\mathrm{ggT}(12, 5) = 1$, also ist die Voraussetzung des Satzes von Fermat und Euler erfüllt. Wegen $\varphi(5) = 4$ gilt somit erwartungsgemäß

$$12^4 = 20736 = 4147 \cdot 5 + 1 \equiv 1 \pmod{5} \,.$$

Beispiel — Für $m := 8$ und $n := 15$ gilt $\mathrm{ggT}(8, 15) = 1$, also ist die Voraussetzung des Satzes von Fermat und Euler erfüllt. Wegen $\varphi(15) = 8$ gilt somit erwartungsgemäß

$$8^8 = 16777216 = 1118481 \cdot 15 + 1 \equiv 1 \pmod{15} \,.$$

Basistext

5.8 Satz von Fermat und Euler **

Tipp

Geschicktes modulo-Rechnen: Bei den elementaren Operationen plus, mal und hoch ist die **modulo-Reduktion** einer beteiligten Zahl in jeder Phase der Rechnung möglich. So kann man z.B. die im obigen Beispiel durchzuführende Rechnung wie folgt leicht von Hand nachvollziehen:

$$8^8 = 64 \cdot 64 \cdot 64 \cdot 64 \equiv 4 \cdot 4 \cdot 4 \cdot 4 = 16 \cdot 16 \equiv 1 \cdot 1 = 1 \pmod{15}.$$

Satz

Folgerung aus dem Satz von Fermat und Euler
Es seien $p, q \in \mathbf{N}^*$, $p \neq q$, zwei beliebige verschiedene Primzahlen sowie $m, r \in \mathbf{N}^*$. Dann gilt

$$m^{r(p-1)(q-1)+1} \equiv m \pmod{pq}.$$

Beweis

Es ist lediglich zu zeigen, dass

$$m^{r(p-1)(q-1)+1} \equiv m \pmod{p} \quad \text{und} \quad m^{r(p-1)(q-1)+1} \equiv m \pmod{q}$$

gilt, denn daraus folgt die Behauptung. Wenn nämlich die obigen Beziehungen gelten, dann teilt sowohl p als auch q die Zahl $m^{r(p-1)(q-1)+1} - m$ und da beide Zahlen Primzahlen sind, teilt auch ihr Produkt die Zahl $m^{r(p-1)(q-1)+1} - m$. Daraus folgt aber sofort die Behauptung. Es genügt also, wegen der Symmetrie der Aussagen, die Beziehung

$$m^{r(p-1)(q-1)+1} \equiv m \pmod{p}$$

nachzuweisen. Im Fall, dass $\text{ggT}(m, p) = 1$ gilt, liefert der Satz von Fermat und Euler wegen $\varphi(p) = p - 1$ sofort

$$m^{r(p-1)(q-1)+1} = (m^{p-1})^{r(q-1)} \cdot m \equiv 1^{r(q-1)} \cdot m = m \pmod{p}.$$

Es gelte nun $\text{ggT}(m, p) \neq 1$. Da p eine Primzahl ist, muss m durch p teilbar sein. Damit teilt p aber auch jede Potenz von m und somit insbesondere $m^{r(p-1)(q-1)+1} - m$. Daraus folgt aber sofort auch in diesem Fall

$$m^{r(p-1)(q-1)+1} \equiv m \pmod{p}.$$

Basistext

Insgesamt ist damit die Folgerung aus dem Satz von Fermat und Euler bewiesen. □

Beispiel

Für $p := 2$, $q := 3$, $m := 5$ und $r := 4$ gilt erwartungsgemäß

$$5^{4 \cdot 1 \cdot 2 + 1} = 5^9 = 25 \cdot 25 \cdot 25 \cdot 25 \cdot 5 \equiv 1 \cdot 1 \cdot 1 \cdot 1 \cdot 5 = 5 \pmod{6}.$$

Beispiel

Für $p := 3$, $q := 5$, $m := 8$ und $r := 6$ gilt erwartungsgemäß

$$8^{6 \cdot 2 \cdot 4 + 1} = 8^{49} = 64^{24} \cdot 8 \equiv 4^{24} \cdot 8 = 16^{12} \cdot 8 \equiv 1^{12} \cdot 8 = 8 \pmod{15}.$$

Beispiel

Für $p := 5$, $q := 7$, $m := 108$ und $r := 2$ gilt erwartungsgemäß

$$\begin{aligned}108^{2 \cdot 4 \cdot 6 + 1} &= 108^{49} \equiv 3^{49} = 81^{12} \cdot 3 \equiv 11^{12} \cdot 3 = 121^6 \cdot 3 \\ &\equiv 16^6 \cdot 3 = 256^3 \cdot 3 \equiv 11^3 \cdot 3 = 121 \cdot 11 \cdot 3 \\ &\equiv 16 \cdot 33 = 528 \equiv 3 \equiv 108 \pmod{35}.\end{aligned}$$

Bemerkung

Wahl der Basis: Die Folgerung aus dem Satz von Fermat und Euler gilt für alle Basen $m \in \mathbf{N}^*$, wird jedoch in der Praxis ausschließlich auf Basen m angewandt, die zwischen 1 und dem Produkt der beiden verschiedenen Primzahlen $p, q \in \mathbf{N}^*$ liegen.

5.9 Euklidischer Algorithmus **

Beim Euklidischen Algorithmus geht es um die effiziente Bestimmung des größten gemeinsamen Teilers zweier gegebener natürlicher Zahlen $m, n \in \mathbf{N}^*$, also um die Berechnung von $\text{ggT}(m, n)$**. In seiner erweiterten Variante liefert er außerdem zwei natürliche Zahlen $x, y \in \mathbf{N}$ mit**

$$\text{ggT}(m, n) \equiv x \cdot n \pmod{m} \quad \textbf{und} \quad \text{ggT}(m, n) \equiv y \cdot m \pmod{n}.$$

Basistext

5.9 Euklidischer Algorithmus **

Im Rahmen der Kryptografie ist es häufig erforderlich, auf möglichst effiziente Art und Weise den größten gemeinsamen Teiler zweier großer natürlicher Zahlen $m, n \in \mathbf{N}^*$ zu bestimmen. Dies leistet der nach Euklid von Alexandria (um 300 v. Chr.) benannte **Euklidische Algorithmus**, dessen prinzipielle Idee lediglich in einem sukzessiven ganzzahligen Teilen mit Rest besteht. In seiner erweiterten Variante, die im Folgenden direkt mit angegeben wird und die für die Kryptografie von entscheidender Bedeutung ist, werden ferner zusätzlich noch zwei natürliche Zahlen $x, y \in \mathbf{N}$ berechnet, mit deren Hilfe der ggT von m und n dann sowohl als Produkt $x \cdot n$ modulo m als auch als Produkt $y \cdot m$ modulo n dargestellt werden kann. Dies hat z.B. die Konsequenz, dass im Fall einer Primzahl $p = n$ auf diese Weise in effizienter Form mit y das multiplikativ inverse Element zu $m \in \mathbf{Z}_p$ gefunden werden kann. Ehe diese konkreten Anwendungen im Detail erörtert werden können, bedarf es aber zunächst der präzisen Einführung des allgemeinen Algorithmus.

Euklidischer Algorithmus — Satz
Es seien $m, n \in \mathbf{N}^*$ beliebig gegeben. Dann lässt sich mit Hilfe einer fortgesetzten Division mit Rest, welche als **Euklidischer Algorithmus** bezeichnet wird, der größte gemeinsame Teiler ggT(m, n) bestimmen gemäß:

Setze: $a_0 := n$ und $a_1 := m$
Berechne: $a_0 = v_1 \cdot a_1 + a_2$ mit $v_1, a_2 \in \mathbf{N}$ und $0 < a_2 < a_1$
$a_1 = v_2 \cdot a_2 + a_3$ mit $v_2, a_3 \in \mathbf{N}$ und $0 < a_3 < a_2$
$a_2 = v_3 \cdot a_3 + a_4$ mit $v_3, a_4 \in \mathbf{N}$ und $0 < a_4 < a_3$
$\vdots$
$a_{i-2} = v_{i-1} \cdot a_{i-1} + a_i$ mit $v_{i-1}, a_i \in \mathbf{N}$ und $0 < a_i < a_{i-1}$
$a_{i-1} = v_i \cdot a_i$ mit $v_i \in \mathbf{N}$
Ergebnis: ggT$(m, n) = a_i$

Setzt man die oben auftauchenden Größen als bekannt voraus, so lässt sich der Algorithmus im folgenden Sinne vervollständigen und wird in dieser Form häufig als **erweiterter Euklidischer Algorithmus** bezeichnet:

Berechne: $a_2 = a_0 - v_1 \cdot a_1 =: c_2 \cdot n + d_2 \cdot m$ mit $c_2, d_2 \in \mathbf{Z}$
$a_3 = a_1 - v_2 \cdot a_2 =: c_3 \cdot n + d_3 \cdot m$ mit $c_3, d_3 \in \mathbf{Z}$
$a_4 = a_2 - v_3 \cdot a_3 =: c_4 \cdot n + d_4 \cdot m$ mit $c_4, d_4 \in \mathbf{Z}$
$\vdots \qquad \vdots \qquad \vdots$
$a_i = a_{i-2} - v_{i-1} \cdot a_{i-1} =: c_i \cdot n + d_i \cdot m$ mit $c_i, d_i \in \mathbf{Z}$

Ergebnis: $\mathrm{ggT}(m,n) = c_i \cdot n + d_i \cdot m$ mit $c_i, d_i \in \mathbf{Z}$
$\exists x \in \mathbf{N} : \mathrm{ggT}(m,n) \equiv x \cdot n \pmod{m}$
$\exists y \in \mathbf{N} : \mathrm{ggT}(m,n) \equiv y \cdot m \pmod{n}$

Beweis Es sollen lediglich die zentralen Ideen des Beweises skizziert werden. Zunächst ist aufgrund der Konstruktion des Algorithmus klar, dass die Ungleichung $a_1 > a_2 > a_3 > \cdots$ gilt und, da es sich bei den Zahlen um natürliche Zahlen handelt, die Generierung dieser Restzahlen nach endlich vielen Schritten enden muss. Somit ist gezeigt, dass der Algorithmus wie behauptet terminiert. Es ist nun nur noch zu prüfen, ob die letzte berechnete Restzahl a_i wirklich gleich dem ggT von m und n ist. Dies wird in zwei Schritten nachgewiesen: Man zeigt zunächst, dass a_i die Zahlen m und n teilt, und anschließend, dass jede Zahl, die m und n teilt, auch a_i teilt. Daraus folgt dann sofort $a_i = \mathrm{ggT}(m,n)$.

Aufgrund der Gleichung $a_{i-1} = v_i \cdot a_i$ teilt a_i die Zahl a_{i-1}. Aufgrund der Gleichung $a_{i-2} = v_{i-1} \cdot a_{i-1} + a_i$ teilt a_i damit aber auch die Zahl a_{i-2}. So fortfahrend schließt man darauf, dass a_i auch $a_0 = n$ und $a_1 = m$ teilt.

Es sei nun $t \in \mathbf{N}^*$ ein beliebiger Teiler von $a_0 = n$ und $a_1 = m$. Aufgrund der Gleichung $a_2 = a_0 - v_1 \cdot a_1$ teilt t somit auch a_2. Entsprechend folgt aus der Gleichung $a_3 = a_1 - v_2 \cdot a_2$, dass t auch a_3 teilt. So fortfahrend ergibt sich dann wie gewünscht, dass t auch a_i teilt. □

Basistext

5.9 Euklidischer Algorithmus **

Ein einfacher Java-Code zur Berechnung des größten gemeinsamen Teilers basierend auf dem Euklidischen Algorithmus könnte beispielsweise wie folgt aussehen, wobei der Java-Operator % genau die modulo-Operation realisiert:

```java
public int ggT(int m, int n)
{
    int a;
    do {a=n%m; n=m; m=a;} while (m!=0);
    return n;
}
```

Eine etwas ausführlichere Java-Routine für die erweiterte Variante dieses wichtigen Algorithmus, die eng an die im obigen Satz gewählten Bezeichnungen angelehnt ist, könnte etwa folgende Struktur besitzen, wobei $out[0] = \text{ggT}(m,n)$, $out[1] = x$ und $out[2] = y$ zu setzen ist. Man beachte ferner, dass in Java die durch den Operator / gegebene Division für ganzzahlige Operanden als Ergebnis eine ganze Zahl liefert und zwar genau den ganzzahligen Teil des Quotienten:

```java
public int[] euklid(int m, int n)
{
    int v; int[] out = new int[3];
    int[] a = new int[3];
    int[] c = new int[3];
    int[] d = new int[3];
    c[0]=1; c[1]=0; d[0]=0; d[1]=1; a[0]=n; a[1]=m;
    do
    {
        a[2]=a[0]%a[1];    v=a[0]/a[1];
        c[2]=c[0]-v*c[1];  d[2]=d[0]-v*d[1];
        a[0]=a[1]; a[1]=a[2];
        c[0]=c[1]; c[1]=c[2];
        d[0]=d[1]; d[1]=d[2];
    }
    while (a[1]!=0);
    while (c[0]<0) {c[0]=c[0]+m;}
    while (d[0]<0) {d[0]=d[0]+n;}
    out[0]=a[0]; out[1]=c[0]; out[2]=d[0];
    return out;
}
```

Basistext

Beispiel

Es seien $m := 288$ und $n := 309$ gegeben und gesucht wird sowohl der ggT der beiden Zahlen als auch zwei natürliche Zahlen $x, y \in \mathbf{N}$ mit

$$\text{ggT}(288, 309) \equiv x \cdot 309 \pmod{288},$$
$$\text{ggT}(288, 309) \equiv y \cdot 288 \pmod{309}.$$

Mit Hilfe des **Euklidischen Algorithmus** und seiner Erweiterung erhält man die Lösung wie folgt:

Berechne: $309 = 1 \cdot 288 + 21$ mit $0 < 21 < 288$
$288 = 13 \cdot 21 + 15$ mit $0 < 15 < 21$
$21 = 1 \cdot 15 + 6$ mit $0 < 6 < 15$
$15 = 2 \cdot 6 + 3$ mit $0 < 3 < 6$
$6 = 2 \cdot 3$
Ergebnis: $3 = \text{ggT}(288, 309)$
Berechne: $21 = 309 - 1 \cdot 288 = 1 \cdot 309 + (-1) \cdot 288$
$15 = 288 - 13 \cdot 21 = (-13) \cdot 309 + 14 \cdot 288$
$6 = 21 - 1 \cdot 15 = 14 \cdot 309 + (-15) \cdot 288$
$3 = 15 - 2 \cdot 6 = (-41) \cdot 309 + 44 \cdot 288$
Ergebnis: $3 = \text{ggT}(288, 309) \equiv (-41) \cdot 309 \equiv 247 \cdot 309 \pmod{288}$
$3 = \text{ggT}(288, 309) \equiv 44 \cdot 288 \pmod{309}$

Zusammenfassend liefert der Algorithmus also $\text{ggT}(288, 309) = 3$ sowie $x = 247$ und $y = 44$.

Beispiel

Es seien $m := 432$ und $n := 744$ gegeben und gesucht wird sowohl der ggT der beiden Zahlen als auch zwei natürliche Zahlen $x, y \in \mathbf{N}$ mit

$$\text{ggT}(432, 744) \equiv x \cdot 744 \pmod{432},$$
$$\text{ggT}(432, 744) \equiv y \cdot 432 \pmod{744}.$$

Mit Hilfe des **Euklidischen Algorithmus** und seiner Erweiterung erhält man die Lösung wie folgt:

Berechne: $744 = 1 \cdot 432 + 312$ mit $0 < 312 < 432$
$432 = 1 \cdot 312 + 120$ mit $0 < 120 < 312$
$312 = 2 \cdot 120 + 72$ mit $0 < 72 < 120$

Basistext

$$120 = 1 \cdot 72 + 48 \text{ mit } 0 < 48 < 72$$
$$72 = 1 \cdot 48 + 24 \text{ mit } 0 < 24 < 48$$
$$48 = 2 \cdot 24$$

Ergebnis: $24 = \text{ggT}(432, 744)$

Berechne:
$$312 = 744 - 1 \cdot 432 = 1 \cdot 744 + (-1) \cdot 432$$
$$120 = 432 - 1 \cdot 312 = (-1) \cdot 744 + 2 \cdot 432$$
$$72 = 312 - 2 \cdot 120 = 3 \cdot 744 + (-5) \cdot 432$$
$$48 = 120 - 1 \cdot 72 = (-4) \cdot 744 + 7 \cdot 432$$
$$24 = 72 - 1 \cdot 48 = 7 \cdot 744 + (-12) \cdot 432$$

Ergebnis:
$$24 = \text{ggT}(432, 744) \equiv 7 \cdot 744 \pmod{432}$$
$$24 = \text{ggT}(432, 744) \equiv (-12) \cdot 432 \equiv 732 \cdot 432 \pmod{744}$$

Zusammenfassend liefert der Algorithmus also $\text{ggT}(432, 744) = 24$ sowie $x = 7$ und $y = 732$.

Alternative ggT-Berechnung: Ist man nur an einer effizienten Berechnung des größten gemeinsamen Teilers zweier Zahlen $m, n \in \mathbf{N}^*$ interessiert, so gibt es auch noch andere Algorithmen als den Euklidischen Algorithmus. So liefert z.B. das sogenannte **Prinzip der Wechselwegnahme**,

Bemerkung

$$a_0 := n \quad \text{und} \quad a_1 := m,$$
$$a_{k+1} := \max\{a_{k-1}, a_k\} - \min\{a_{k-1}, a_k\}, \quad k \in \mathbf{N}^*,$$

eine Folge $(a_k)_{k \in \mathbf{N}}$ mit der Eigenschaft, dass der kleinste Index $k \in \mathbf{N}$ mit $a_{k+1} = 0$ genau $a_k = \text{ggT}(m, n)$ liefert (weitere Details und historische Bemerkungen hierzu findet man z.B. in /Remmert 95/). Im Kontext der Kryptografie ist man jedoch i. Allg. nicht nur am größten gemeinsamen Teiler zweier Zahlen interessiert, sondern auch an den durch den erweiterten Euklidischen Algorithmus bestimmbaren Zahlen $x, y \in \mathbf{N}$, die man mit dem reinen Prinzip der Wechselwegnahme nicht erhält.

Mit Hilfe der im Rahmen des erweiterten Euklidischen Algorithmus berechneten Zahlen $x, y \in \mathbf{N}$ ist es nämlich z.B. auch

Basistext

möglich, für eine beliebige Zahl $m \in \mathbf{Z}_p^* := \mathbf{Z}_p \setminus \{0\}$ ($p \in \mathbf{N}^*$ Primzahl) ihr multiplikativ inverses Element m^{-1} im Körper $\mathbf{Z}_p$ zu bestimmen (vgl. Wissensbaustein »Körper« (S. 202)). Dies ist möglich, da im vorliegenden Fall stets $\mathrm{ggT}(m, p) = 1$ gilt, was im folgenden Beispiel konkret vorgeführt wird.

Beispiel

Es seien $m := 112$ und $p := 229$ gegeben und gesucht wird zunächst sowohl der ggT der beiden Zahlen als auch zwei natürliche Zahlen $x, y \in \mathbf{N}$ mit

$$\mathrm{ggT}(112, 229) \equiv x \cdot 229 \ (\mathrm{mod}\ 112),$$

$$\mathrm{ggT}(112, 229) \equiv y \cdot 112 \ (\mathrm{mod}\ 229).$$

Wenn man bereits an dieser Stelle ausnutzen würde, dass die Zahl 229 eine Primzahl ist, wüsste man schon jetzt, dass $\mathrm{ggT}(112, 229) = 1$ gilt. Da in diesem Fall die Menge $\mathbf{Z}_p$ ein Körper ist, wäre auch die Frage nach dem multiplikativ inversen Element zu 112 legitim. Dieses Element 112^{-1} ist allerdings direkt kaum zu bestimmen (Versuchen Sie es!), ergibt sich aber im Rahmen des erweiterten Euklidischen Algorithmus leicht als y, d.h. der Algorithmus lässt sich in diesem Zusammenhang zur effizienten Berechnung multiplikativ inverser Elemente einsetzen! Konkret erhält man im vorliegenden Fall mit Hilfe des **Euklidischen Algorithmus** und seiner Erweiterung die gesuchte Lösung wie folgt:

Berechne: $229 = 2 \cdot 112 + 5$ mit $0 < 5 < 112$
$\phantom{\text{Berechne: }}112 = 22 \cdot 5 + 2$ mit $0 < 2 < 5$
$\phantom{\text{Berechne: }}5 = 2 \cdot 2 + 1$ mit $0 < 1 < 2$
$\phantom{\text{Berechne: }}2 = 2 \cdot 1$
Ergebnis: $1 = \mathrm{ggT}(112, 229)$
Berechne: $5 = 229 - 2 \cdot 112 = 1 \cdot 229 + (-2) \cdot 112$
$\phantom{\text{Berechne: }}2 = 112 - 22 \cdot 5 = (-22) \cdot 229 + 45 \cdot 112$
$\phantom{\text{Berechne: }}1 = 5 - 2 \cdot 2 = 45 \cdot 229 + (-92) \cdot 112$
Ergebnis: $1 = \mathrm{ggT}(112, 229) \equiv 45 \cdot 229 \ (\mathrm{mod}\ 112)$
$\phantom{\text{Ergebnis: }}1 = \mathrm{ggT}(112, 229) \equiv (-92) \cdot 112 \equiv 137 \cdot 112 \ (\mathrm{mod}\ 229)$

Zusammenfassend liefert der Algorithmus also $\mathrm{ggT}(112, 229) = 1$ sowie $x = 45$ und $y = 137$, insbeson-

Basistext

5.9 Euklidischer Algorithmus **

dere also die Information, dass in $\mathbb{Z}_{229}$ die Identität $112^{-1} = 137$ gilt.

Völlig analog lassen sich in einem Galois-Feld $GF(2^n)$ mit $n \in \mathbb{N}^*$ (vgl. z.B. Wissensbaustein »Galois-Feld GF(16)« (S. 220)) mit Hilfe des erweiterten Euklidischen Algorithmus multiplikativ inverse Elemente berechnen. Hier nutzt man aus, dass der ggT eines beliebigen Polynoms aus $GF(2^n)$ mit dem zum Galois-Feld gehörenden irreduziblen Polynom stets gleich 1 ist.

Es seien in $GF(16)$ das Polynom $p(x) := x^3$ und das zugehörige irreduzible Polynom $i(x) := x^4 + x + 1$ gegeben und gesucht wird das zu $p(x)$ multiplikativ inverse Polynom $p^{-1}(x) \in GF(16)$. Mit Hilfe des **Euklidischen Algorithmus** und seiner Erweiterung ergibt sich die gesuchte Lösung wie folgt:

Beispiel

Berechne:
$$x^4 + x + 1 = x \cdot x^3 + (x+1)$$
$$x^3 = x^2 \cdot (x+1) + x^2$$
$$x+1 = 0 \cdot x^2 + (x+1)$$
$$x^2 = x \cdot (x+1) + x$$
$$x+1 = 1 \cdot x + 1$$
$$x = x \cdot 1$$

Ergebnis: $1 = \text{ggT}(x^3, x^4 + x + 1)$

Berechne:
$$x+1 = (x^4 + x + 1) + x \cdot x^3 = 1 \cdot (x^4 + x + 1) + x \cdot x^3$$
$$x^2 = x^3 + x^2 \cdot (x+1) = x^2 \cdot (x^4 + x + 1) + (x^3 + 1) \cdot x^3$$
$$x+1 = (x+1) + 0 \cdot x^2 = 1 \cdot (x^4 + x + 1) + x \cdot x^3$$
$$x = x^2 + x \cdot (x+1)$$
$$= (x^2 + x) \cdot (x^4 + x + 1) + (x^3 + x^2 + 1) \cdot x^3$$
$$1 = (x+1) + 1 \cdot x$$
$$= (x^2 + x + 1) \cdot (x^4 + x + 1) + (x^3 + x^2 + x + 1) \cdot x^3$$

Ergebnis:
$$1 = \text{ggT}(x^3, x^4 + x + 1)$$
$$\equiv (x^2 + x + 1) \cdot (x^4 + x + 1) \pmod{x^3}$$
$$1 = \text{ggT}(x^3, x^4 + x + 1)$$
$$\equiv (x^3 + x^2 + x + 1) \cdot x^3 \pmod{(x^4 + x + 1)}$$

Basistext

Aus der obigen Rechnung folgt insbesondere, dass das multiplikativ inverse Element zu x^3 in $GF(16)$ genau $x^3 + x^2 + x + 1$ lautet. Bemerkt sei abschließend noch, dass im obigen Algorithmus keine kompletten Polynomdivisionen mit Rest durchgeführt wurden, sondern lediglich die Terme mit den höchsten Potenzen Schritt für Schritt eliminiert wurden. Dies lässt sich bei dualer Darstellung wieder sehr effizient durch den Einsatz von Shifts und bitweisen XOR-Rechnungen realisieren.

Beispiel Es seien in $GF(16)$ das Polynom $p(x) := x^2 + x$ und das zugehörige irreduzible Polynom $i(x) := x^4 + x + 1$ gegeben und gesucht wird das zu $p(x)$ multiplikativ inverse Polynom $p^{-1}(x) \in GF(16)$. Mit Hilfe des **Euklidischen Algorithmus** und seiner Erweiterung ergibt sich die gesuchte Lösung wie folgt:

$$\begin{aligned}
\text{Berechne: } x^4 + x + 1 &= x^2 \cdot (x^2 + x) + (x^3 + x + 1) \\
x^2 + x &= 0 \cdot (x^3 + x + 1) + (x^2 + x) \\
x^3 + x + 1 &= x \cdot (x^2 + x) + (x^2 + x + 1) \\
x^2 + x &= 1 \cdot (x^2 + x + 1) + 1 \\
x^2 + x + 1 &= (x^2 + x + 1) \cdot 1 \\
\text{Ergebnis: } 1 &= \text{ggT}(x^2 + x, x^4 + x + 1) \\
\text{Berechne: } x^3 + x + 1 &= (x^4 + x + 1) + x^2 \cdot (x^2 + x) \\
&= 1 \cdot (x^4 + x + 1) + x^2 \cdot (x^2 + x) \\
x^2 + x &= (x^2 + x) + 0 \cdot (x^3 + x + 1) \\
&= 0 \cdot (x^4 + x + 1) + 1 \cdot (x^2 + x) \\
x^2 + x + 1 &= (x^3 + x + 1) + x \cdot (x^2 + x) \\
&= 1 \cdot (x^4 + x + 1) + (x^2 + x) \cdot (x^2 + x) \\
1 &= (x^2 + x) + 1 \cdot (x^2 + x + 1) \\
&= 1 \cdot (x^4 + x + 1) + (x^2 + x + 1) \cdot (x^2 + x) \\
\text{Ergebnis: } 1 &= \text{ggT}(x^2 + x, x^4 + x + 1) \\
&\equiv 1 \cdot (x^4 + x + 1) \pmod{(x^2 + x)} \\
1 &= \text{ggT}(x^2 + x, x^4 + x + 1) \\
&\equiv (x^2 + x + 1) \cdot (x^2 + x) \pmod{(x^4 + x + 1)}
\end{aligned}$$

Basistext

> Aus der obigen Rechnung folgt insbesondere, dass das multiplikativ inverse Element zu $x^2 + x$ in $GF(16)$ genau $x^2 + x + 1$ lautet.

5.10 Einwegfunktionen *

Bei einer Einwegfunktion handelt es sich um eine injektive Funktion $f : D \to W$ mit den beiden Eigenschaften, dass $f(x)$ für alle $x \in D$ sehr effizient berechenbar ist, jedoch $f^{-1}(y)$ für alle $y \in f(D)$ sehr schwer berechenbar ist.

Im Rahmen der Kryptografie sind Funktionen von besonderer Bedeutung, die man schnell und exakt auswerten kann, aber nur sehr schwer invertieren kann. Die Idee dabei ist, dass man auf die zu verschlüsselnde Information die schwer invertierbare Funktion anwendet und dann hoffentlich niemand mehr aus dem öffentlichen Bild auf das geheime Urbild schließen kann. Funktionen dieses Typs heißen **Einwegfunktionen**.

Einwegfunktion

Es seien D, W zwei beliebige nichtleere Mengen und $f : D \to W$ sei eine injektive Funktion. Dann heißt f **Einwegfunktion**, wenn gilt:

- $f(x)$ ist für alle $x \in D$ **sehr effizient** berechenbar,
- $f^{-1}(y)$ ist für alle $y \in f(D)$ **sehr schwer** berechenbar.

Dabei bezeichnet $f(D)$,

$$f(D) := \{f(x) \mid x \in D\} \subseteq W,$$

genau die Teilmenge des Wertebereichs W, deren Elemente als Funktionswerte von f angenommen werden.

Definition

Ob es wirklich echte Einwegfunktionen gibt, ist ein offenes Problem (bisher existiert kein formaler Beweis). Gute Kandidaten für Einwegfunktionen sind die **Multiplikation großer Primzahlen** sowie die **Potenzfunktion in Restklassenkörpern Z_p mit großer Primzahl** p bezüglich einer geeigneten Basis, nämlich einer sogenannten **primitiven Wurzel in Z_p**. Was darunter zu verstehen ist, soll zunächst kurz definiert werden.

Definition

Primitive Wurzeln in Z_p
Es sei $p \in \mathbf{N}^*$ eine Primzahl und $n \in Z_p$. Dann heißt n **primitive Wurzel in Z_p**, falls

$$Z_p^* := Z_p \setminus \{0\} = \{n^1, n^2, \ldots, n^{p-1}\}$$

gilt, wobei natürlich alle Potenzbildungen in Z_p durchzuführen sind, also stets modulo p zu rechnen ist.

Bemerkung

Anzahl primitiver Wurzeln in Z_p: Man kann zeigen, dass es in Z_p ($p \in \mathbf{N}^*$ Primzahl) stets genau $\varphi(p-1)$ primitive Wurzeln gibt, wobei φ natürlich genau die Eulersche φ-Funktion aus Wissensbaustein »Satz von Fermat und Euler« (S. 223) bezeichnet (Details findet man in /Bauer 00/, /Buchmann 04/, /Remmert 95/ oder /Wätjen 04/).

Beispiel

In Z_3 ist wegen $\varphi(2) = 1$ genau die eine Zahl 2 eine primitive Wurzel, denn es gilt

$$Z_3^* = \{2^1 \ (\text{mod } 3), 2^2 \ (\text{mod } 3)\} = \{2, 1\} \ .$$

Beispiel

In Z_5 sind genau die $\varphi(4) = 2$ Zahlen 2 und 3 die primitiven Wurzeln, denn es gilt

$$Z_5^* = \{2^1 \ (\text{mod } 5), 2^2 \ (\text{mod } 5), 2^3 \ (\text{mod } 5), 2^4 \ (\text{mod } 5)\}$$

Basistext

$$= \{2, 4, 3, 1\},$$
$$\mathbf{Z}_5^* = \{3^1 \ (\text{mod } 5), 3^2 \ (\text{mod } 5), 3^3 \ (\text{mod } 5), 3^4 \ (\text{mod } 5)\}$$
$$= \{3, 4, 2, 1\}.$$

Damit sind die Vorbereitungen abgeschlossen, um zwei wichtige Kandidaten für Einwegfunktionen explizit angeben zu können, nämlich, wie bereits eingangs erwähnt, die **Multiplikation großer Primzahlen** sowie spezielle **Potenzfunktion in Restklassenkörpern** $\mathbf{Z}_p$ **mit großer Primzahl** p.

Eine **Einwegfunktion** kann man z.B. erhalten, indem man als Definitionsbereich der Funktion f die Menge der geordneten Primzahlpaare

Beispiel

$$D := \mathbf{PQ} := \{(p, q)^T \in \mathbf{N} \times \mathbf{N} \mid ((p < q) \wedge (p, q \text{ große Primz.}))\}$$

definiert und dann f festlegt gemäß

$$f : \mathbf{PQ} \to \mathbf{N}^*,$$
$$(p, q)^T \mapsto p \cdot q.$$

Sucht man jetzt z.B. $f^{-1}(1073)$, dann ist es durchaus nicht so einfach, Primzahlen p und q zu finden mit $p \cdot q = 1073$. Das Problem wird umso komplizierter, je größer die beteiligten Zahlen sind. Man spricht in diesem Zusammenhang dann auch vom sogenannten **Faktorisierungsproblem (FP)**.

Bestimmen Sie die beiden Primzahlen $p, q \in \mathbf{N}$, deren Produkt gleich 1073 ist. Schreiben Sie dazu ggf. ein kleines Java-Programm!

Eine andere **Einwegfunktion** kann man z.B. erhalten, indem man in einem Restklassenkörper wie $\mathbf{Z}_{11}$ als Definiti-

Beispiel

Basistext

onsbereich der Funktion f die Menge $D := \mathbf{Z}_{11}^*$ heranzieht und dann f beispielsweise festlegt gemäß

$$f : \mathbf{Z}_{11}^* \to \mathbf{Z}_{11}^* ,$$
$$x \mapsto 7^x \pmod{11} .$$

Man mache sich klar, dass 7 eine primitive Wurzel in $\mathbf{Z}_{11}$ ist und damit f auch wirklich injektiv, ja sogar bijektiv ist! Sucht man jetzt z.B. $f^{-1}(6)$, dann ist es durchaus nicht so einfach, ein $x \in \mathbf{Z}_{11}^*$ zu finden mit $7^x \equiv 6 \pmod{11}$. Auch hier wird das Problem umso komplizierter, je größer die beteiligten Zahlen sind. Man spricht in diesem Zusammenhang dann vom sogenannten **Diskrete-Logarithmus-Problem (DLP)**.

Bestimmen Sie $x \in \mathbf{Z}_{11}^*$ mit $7^x \equiv 6 \pmod{11}$. Schreiben Sie dazu ggf. ein kleines Java-Programm!

5.11 Einwegfunktionen mit Falltür *

Bei einer Einwegfunktion mit Falltür handelt es sich um eine injektive Funktion $f : D \to W$ mit den drei Eigenschaften, dass $f(x)$ für alle $x \in D$ sehr effizient berechenbar ist, dass $f^{-1}(y)$ für alle $y \in f(D)$ ohne geheime Zusatzinformationen sehr schwer berechenbar ist und schließlich dass $f^{-1}(y)$ für alle $y \in f(D)$ mit geheimen Zusatzinformationen wieder sehr effizient berechenbar ist.

Mit Einwegfunktionen kann man offensichtlich sehr effizient verschlüsseln, allerdings – gemäß ihrer Definition – kaum wieder entschlüsseln. Zum effizienten Entschlüsseln bedarf es sogenannter **Einwegfunktionen mit Falltür**.

Basistext

5.11 Einwegfunktionen mit Falltür *

Definition

Einwegfunktion mit Falltür
Es seien D, W zwei beliebige nichtleere Mengen und $f : D \to W$ sei eine injektive Funktion. Dann heißt f **Einwegfunktion mit Falltür**, wenn gilt:

- $f(x)$ ist für alle $x \in D$ **sehr effizient** berechenbar,
- $f^{-1}(y)$ ist für alle $y \in f(D)$ **ohne** geheime Zusatzinformationen **sehr schwer** berechenbar,
- $f^{-1}(y)$ ist für alle $y \in f(D)$ **mit** geheimen Zusatzinformationen **sehr effizient** berechenbar.

Ob es wirklich echte Einwegfunktionen mit Falltür gibt, ist ein offenes Problem (bisher existiert kein formaler Beweis). Gute Kandidaten für Einwegfunktionen mit Falltür sind z.B. **spezielle Polynomfunktionen in Restklassenringen $\mathbf{Z}_{p \cdot q}$ mit großen verschiedenen Primzahlen p und q**. Dort nutzt man für $a, b, m \in \mathbf{N}^*$ die Folgerung aus dem Satz von Fermat und Euler (vgl. Wissensbaustein »Satz von Fermat und Euler« (S. 223)) aus in der Form

$$a \cdot b \equiv 1 \;(\mathrm{mod}\; (p-1) \cdot (q-1))$$
$$\implies \exists r \in \mathbf{N} : a \cdot b = 1 + r \cdot (p-1) \cdot (q-1)$$
$$\implies m^{a \cdot b} = m^{1 + r \cdot (p-1) \cdot (q-1)} \equiv m \;(\mathrm{mod}\; p \cdot q).$$

Wie man diese Folgerung nun genau zur Konstruktion einer Einwegfunktion mit Falltür einsetzen kann, soll anhand zweier Beispiele, das erste relativ ausführlich, erläutert werden.

Beispiel

Eine konkrete **Einwegfunktion mit Falltür** kann man z.B. erhalten, indem man als Definitionsbereich der Funktion f einen Restklassenring wie $D := \mathbf{Z}_{1073}$ heranzieht und dann f beispielsweise festlegt gemäß

$$f : \mathbf{Z}_{1073} \to \mathbf{Z}_{1073},$$
$$x \mapsto x^{605} \;(\mathrm{mod}\; 1073).$$

Basistext

Dass diese Funktion wirklich injektiv, ja sogar bijektiv ist, wird durch die geschickte Abstimmung der Zahlen 605 und 1073 aufeinander sichergestellt. Wieso dies in der Tat so ist, soll an einem konkreten Invertierungsbeispiel erläutert werden: Sucht man z.B. $f^{-1}(97)$, also ein $x \in \mathbf{Z}_{1073}$ mit

$$x^{605} \equiv 97 \pmod{1073},$$

dann ist zunächst weder klar, ob es ein solches x (oder mehrere) gibt, noch wie man es oder sie bestimmen könnte (Versuchen Sie es!). Um das Problem nun Schritt für Schritt zu lösen, bedarf es gewisser Zusatzinformationen und natürlich einer geheimen **Falltür**, die in diesem Fall $a := 5$ lautet. Wie kommt man darauf? Zunächst muss man zur Bestimmung der Falltür wissen, dass die Zahl 1073 das Produkt zweier Primzahlen ist, genauer

$$1073 = 29 \cdot 37.$$

Man überprüft nun mit dem Euklidischen Algorithmus ferner, dass auch die Potenz 605 geschickt gewählt wurde. Es gilt nämlich

$$\mathrm{ggT}(605, (29-1) \cdot (37-1)) = \mathrm{ggT}(605, 1008) = 1$$

und es gibt somit ein $a \in \mathbf{N}$ mit $a \cdot 605 \equiv 1 \pmod{1008}$, welches mit dem erweiterten Euklidischen Algorithmus bestimmt werden kann und sich zu $a = 5$ ergibt. Dass dies alles so ist, muss im Vorfeld der Verschlüsselung sichergestellt werden! Ferner darf es natürlich auch nicht möglich sein, aus den öffentlich bekannten Zahlen 1073 und 605 auf die **Falltür** $a = 5$ oder direkt auf das **Urbild** $f^{-1}(97)$ schließen zu können. Das ist aber sichergestellt, denn die **Multiplikation großer Primzahlen** und die **bijektiven Polynomfunktionen in großen Restklassenringen** sind Einwegfunktionen. Dabei handelt es sich im ersten Fall genau um das bereits im Wissensbaustein »Einwegfunktionen« (S. 237) aufgetauchte **Faktorisierungsproblem (FP)**

Basistext

und im zweiten Fall um das sogenannte **Diskrete-Wurzel-Problem (DWP)**. Nach diesen Vorüberlegungen lässt sich aber sofort die Ursprungsinformation $x \in \mathbf{Z}_{1073}$ mit Hilfe der Falltür $a = 5$ berechnen. Das gesuchte $x \in \mathbf{Z}_{1073}$ erfüllt nämlich aufgrund seiner Definition als $f^{-1}(97)$ und andererseits aufgrund der Folgerung aus dem Satz von Fermat und Euler die Gleichung

$$x \equiv x^{605 \cdot 5} = (x^{605})^5 \equiv 97^5 \equiv 8 \pmod{1073}.$$

Damit ist die gesuchte Zahl $x \in \mathbf{Z}_{1073}$ in eindeutiger Weise gefunden!

Rechnen Sie zur Probe nach, dass wirklich die Kongruenzbeziehung $8^{605} \equiv 97 \pmod{1073}$ gilt.

Beispiel

Der Definitionsbereich der Funktion f sei der Restklassenring $D := \mathbf{Z}_{33}$ und f sei definiert als

$$f : \mathbf{Z}_{33} \to \mathbf{Z}_{33},$$
$$x \mapsto x^7 \pmod{33}.$$

Dass diese Funktion wirklich injektiv, ja sogar bijektiv ist, wird durch die geschickte Abstimmung der Zahlen 7 und 33 aufeinander sichergestellt. Sucht man z.B. $f^{-1}(14)$, also ein $x \in \mathbf{Z}_{33}$ mit

$$x^7 \equiv 14 \pmod{33},$$

so muss man zunächst wissen, dass die Zahl 33 das Produkt zweier Primzahlen ist, genauer

$$33 = 3 \cdot 11.$$

Man überprüft nun mit dem Euklidischen Algorithmus, dass auch die Potenz 7 geschickt gewählt wurde. Es gilt nämlich

$$\text{ggT}(7, (3-1) \cdot (11-1)) = \text{ggT}(7, 20) = 1.$$

Basistext

und es gibt somit ein $a \in \mathbf{N}$ mit $a \cdot 7 \equiv 1 \pmod{20}$, welches mit dem erweiterten Euklidischen Algorithmus bestimmt werden kann und sich zu $a = 3$ ergibt. Nach diesen Vorüberlegungen lässt sich aber sofort die Ursprungsinformation $x \in \mathbf{Z}_{33}$ mit Hilfe der **Falltür** $a = 3$ berechnen. Das gesuchte $x \in \mathbf{Z}_{33}$ erfüllt nämlich aufgrund seiner Definition als $f^{-1}(14)$ und andererseits aufgrund der Folgerung aus dem Satz von Fermat und Euler die Gleichung

$$x \equiv x^{7 \cdot 3} = (x^7)^3 \equiv 14^3 \equiv 5 \pmod{33}.$$

Damit ist die gesuchte Zahl $x \in \mathbf{Z}_{33}$ in eindeutiger Weise gefunden!

Zeigen Sie durch Berechnung aller Funktionswerte, dass die im obigen Beispiel betrachtete Funktion

$$f : \mathbf{Z}_{33} \to \mathbf{Z}_{33}, \quad x \mapsto x^7 \pmod{33},$$

wirklich bijektiv ist und ihre inverse Funktion gegeben ist durch

$$f^{-1} : \mathbf{Z}_{33} \to \mathbf{Z}_{33}, \quad x \mapsto x^3 \pmod{33}.$$

Schreiben Sie dazu ggf. ein kleines Java-Programm!

5.12 Diffie-Hellman-Verfahren *

Beim Diffie-Hellman-Verfahren handelt es sich um ein asymmetrisches Verfahren zum Austausch eines geheimen Schlüssels. Es nutzt die Assoziativität der mehrfachen Multiplikation im Sinne von $(n^a)^b \equiv (n^b)^a \pmod{p}$ **aus und basiert in Hinblick auf seine Sicherheit auf Einwegfunktionen vom Typ** $f : \mathbf{Z}_p^* \to \mathbf{Z}_p^*$ **mit** $x \mapsto n^x \pmod{p}$**, wobei** $p \in \mathbf{N}^*$ **eine große Primzahl und** $n \in \mathbf{Z}_p^*$ **idealerweise eine primitive Wurzel in** $\mathbf{Z}_p$ **sein sollte.**

Basistext

5.12 Diffie-Hellman-Verfahren *

Bei einem **asymmetrischen** Verschlüsselungsverfahren verfügen die kommunizierenden Seiten über geheime **individuelle** Schlüssel. Ein einfacher Prototyp eines solchen Verfahrens, welches allerdings nicht zum Verschlüsseln, sondern lediglich zum Austausch bzw. zur Vereinbarung eines geheimen Schlüssels dient, ist das nach ihren Entwicklern Bailey Whitfield Diffie (geb. 1944) und Martin Hellman (geb. 1945) benannte **Diffie-Hellman-Verfahren** (1976).

Diffie-Hellman-Verfahren — Definition

Das **Diffie-Hellman-Verfahren** ist ein asymmetrisches Verfahren zum Austausch eines geheimen Schlüssels $k \in \mathbf{N}^*$ und wie folgt definiert:

Problem:	Alice und Bob möchten geheimen Schlüssel k vereinbaren
Öffentlich:	$p \in \mathbf{N}^*$ große Primzahl,
	$n \in \mathbf{Z}_p^*$ primitive Wurzel in $\mathbf{Z}_p$
Alice:	Wählt geheimes $a \in \mathbf{N}^*$ und sendet $n^a \pmod{p}$ an Bob
Bob:	Wählt geheimes $b \in \mathbf{N}^*$ und sendet $n^b \pmod{p}$ an Alice
Alice:	Berechnet Schlüssel $k \equiv (n^b)^a = n^{a \cdot b} \pmod{p}$
Bob:	Berechnet Schlüssel $k \equiv (n^a)^b = n^{a \cdot b} \pmod{p}$

Der prinzipielle Ablauf des Diffie-Hellman-Verfahrens ist nochmals zusammenfassend in Abb. 5.12-1 skizziert.

Alice und Bob möchten einen geheimen Schlüssel k vereinbaren. Dazu gehen sie wie folgt vor, wobei hier die Zahlen p und n natürlich nicht groß, sondern moderat gewählt wurden, um eine Handrechnung zu ermöglichen: — Beispiel

Öffentlich:	$p := 19$ und $n := 14$
Alice:	Wählt geheimes $a := 5$
	Sendet $n^a = 14^5 = 537824 \equiv 10 \pmod{19}$ an Bob
Bob:	Wählt geheimes $b := 6$
	Sendet $n^b = 14^6 = 7529536 \equiv 7 \pmod{19}$ an Alice

Basistext

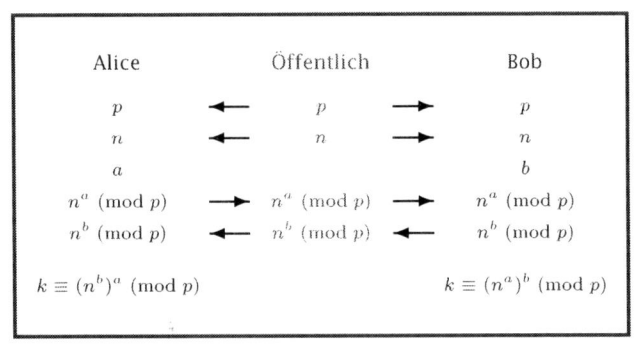

Alice	Öffentlich	Bob
p	← p →	p
n	← n →	n
a		b
$n^a \pmod{p}$	→ $n^a \pmod{p}$ →	$n^a \pmod{p}$
$n^b \pmod{p}$	← $n^b \pmod{p}$ ←	$n^b \pmod{p}$
$k \equiv (n^b)^a \pmod{p}$		$k \equiv (n^a)^b \pmod{p}$

Abb. 5.12-1: Diffie-Hellman-Verfahren.

Alice: Berechnet Schlüssel $(n^b)^a \equiv 7^5 = 16807 \equiv 11 \pmod{19}$
Bob: Berechnet Schlüssel $(n^a)^b \equiv 10^6 = 1000000 \equiv 11 \pmod{19}$

Also lautet der vereinbarte geheime Schlüssel in diesem Fall $k = 11$.

Beispiel

Alice und Bob möchten einen geheimen Schlüssel k vereinbaren. Dazu gehen sie wie folgt vor:

Öffentlich: $p := 11$ und $n := 8$
Alice: Wählt geheimes $a := 3$
Sendet $n^a = 8^3 = 512 \equiv 6 \pmod{11}$ an Bob
Bob: Wählt geheimes $b := 6$
Sendet $n^b = 8^6 = 262144 \equiv 3 \pmod{11}$ an Alice
Alice: Berechnet Schlüssel $(n^b)^a \equiv 3^3 = 27 \equiv 5 \pmod{11}$
Bob: Berechnet Schlüssel $(n^a)^b \equiv 6^6 = 46656 \equiv 5 \pmod{11}$

Also lautet der vereinbarte geheime Schlüssel in diesem Fall $k = 5$.

Bemerkung

Sicherheit des Diffie-Hellman-Verfahrens: Das Verfahren ist sicher, falls ein Mitlesen von $n^a \pmod{p}$ oder $n^b \pmod{p}$ bei bekanntem n und p keine Berechnung von

Basistext

a oder b ermöglicht. Dies ist für große Primzahlen p und geeignete Zahlen n, a und b der Fall, da die Funktionen $f : \mathbf{Z}_p^* \to \mathbf{Z}_p^*$ mit $f(x) := n^x \pmod{p}$ für große Primzahlen $p \in \mathbf{N}^*$ und zugehörige primitive Wurzeln $n \in \mathbf{Z}_p^*$ Einwegfunktionen sind bzw. das **Diskrete-Logarithmus-Problem (DLP)** dort nicht effizient lösbar ist (Details siehe /Bauer 00/, /Buchmann 04/ oder /Wätjen 04/).

5.13 RSA-Verfahren **

Beim RSA-Verfahren handelt es sich um ein asymmetrisches Verfahren zum Ver- und Entschlüsseln einer geheimen Nachricht. Es nutzt die Folgerung aus dem Satz von Fermat und Euler aus und basiert in Hinblick auf seine Sicherheit auf der Einwegfunktion $f : \mathrm{PQ} \to \mathbf{N}^*$ **mit** $(p,q)^T \mapsto p \cdot q$ **und dem Definitionsbereich**

$$\mathrm{PQ} := \{(p,q)^T \in \mathbf{N} \times \mathbf{N} \mid ((p < q) \wedge (p,q \text{ große Primz.}))\}$$

sowie den Einwegfunktionen $f : \mathbf{Z}_{p \cdot q} \to \mathbf{Z}_{p \cdot q}$ **mit** $x \mapsto x^b \pmod{p \cdot q}$**, wobei** $p,q \in \mathbf{N}^*$**,** $p \neq q$**, zwei große Primzahlen sein müssen und** $b \in \mathbf{N}^*$ **der entscheidenden Bedingung** $\mathrm{ggT}(b,(p-1) \cdot (q-1)) = 1$ **genügen muss.**

Ein asymmetrisches Verfahren zum Austausch geheimer Nachrichten ist das nach den Initialen ihrer Entwickler Ronald Rivest (geb. 1947), Adi Shamir (geb. 1952) und Leonard Adleman (geb. 1945) abgekürzte **RSA-Verfahren** (1978). Es beruht im Wesentlichen auf der Folgerung aus dem Satz von Fermat und Euler (vgl. Wissensbaustein »Satz von Fermat und Euler« (S. 223)), die sich für $a,b,m \in \mathbf{N}^*$ und zwei verschiedene Primzahlen $p,q \in \mathbf{N}^*$ in Form folgender Implikationskette schreiben lässt:

Basistext

$$a \cdot b \equiv 1 \pmod{(p-1) \cdot (q-1)}$$
$$\implies \exists r \in \mathbf{N} : a \cdot b = 1 + r \cdot (p-1) \cdot (q-1)$$
$$\implies m^{a \cdot b} = m^{1 + r \cdot (p-1) \cdot (q-1)} \equiv m \pmod{p \cdot q} .$$

Definition **RSA-Verfahren**
Das **RSA-Verfahren** ist ein asymmetrisches Verfahren zum Ver- und Entschlüsseln einer geheimen Nachricht $m \in \mathbf{N}^*$ und wie folgt definiert:

Problem:	Alice möchte geheime Nachricht $m \in \mathbf{N}^*$ von Bob empfangen
Alice:	Wählt geheime große Primzahlen $p, q \in \mathbf{N}^*$ mit $p \neq q$
	Wählt geheimes $a \in \mathbf{N}^*$ mit $\text{ggT}(a, (p-1) \cdot (q-1)) = 1$
	Berechnet $b \in \mathbf{N}^*$ mit $a \cdot b \equiv 1 \pmod{(p-1) \cdot (q-1)}$
	Berechnet $n := p \cdot q$
Öffentlich:	n und b
Bob:	Wählt Nachricht $m \in \mathbf{N}^*$ mit $1 < m < n$
	Sendet $c \equiv m^b \pmod{n}$ an Alice
Alice:	Berechnet Nachricht $c^a \equiv (m^b)^a = m^{a \cdot b} \equiv m \pmod{n}$

Der prinzipielle Ablauf des RSA-Verfahrens ist nochmals zusammenfassend in Abb. 5.13-1 skizziert.

Alice	Öffentlich	Bob
p, q		m
$\tilde{n} := (p-1)(q-1)$		
$a : \text{ggT}(a, \tilde{n}) = 1$		
$b : ab \equiv 1 \pmod{\tilde{n}}$ →	b →	b
$n := pq$ →	n →	n
c ←	c ←	$c \equiv m^b \pmod{n}$
$m \equiv c^a \pmod{n}$		

Abb. 5.13-1: RSA-Verfahren.

Basistext

5.13 RSA-Verfahren **

Bestimmung der RSA-Parameter: Die Techniken zur effizienten Bestimmung zweier großer verschiedener Primzahlen p und q sowie einer Zahl a mit $\mathrm{ggT}(a, (p-1)(q-1)) = 1$ erfordern einige fundamentale Resultate aus dem Bereich der Zahlentheorie, auf deren Angabe hier verzichtet werden soll (einige Details und Referenzen zu weiterführender Literatur findet man z.B. in /Buchmann 04/ oder /Wätjen 04/). Bei der daran anschließenden Berechnung von $b \in \mathbf{N}^*$ mit

$$a \cdot b \equiv 1 \ (\mathrm{mod} \ (p-1)(q-1))$$

kommt natürlich der **Euklidische Algorithmus** in seiner erweiterten Variante zum Einsatz. Da a und $(p-1)(q-1)$ teilerfremd sind, liefert er u.a. genau die gesuchte Zahl $b \in \mathbf{N}^*$.

Bemerkung

Alice möchte von Bob eine geheime Nachricht m empfangen. Dazu gehen sie wie folgt vor, wobei die Zahlen p, q und m natürlich wieder nicht groß, sondern moderat gewählt werden, um eine Handrechnung zu ermöglichen:

Beispiel

Problem: Alice möchte geheime Nachricht $m \in \mathbf{N}^*$ von Bob empfangen
Alice: Wählt geheime große Primzahlen $p := 29$ und $q := 37$
Wählt geheimes $a := 5$ mit $\mathrm{ggT}(5, 28 \cdot 36) = \mathrm{ggT}(5, 1008) = 1$
Berechnet $b \in \mathbf{N}^*$ mit $a \cdot b = 5 \cdot b \equiv 1 \ (\mathrm{mod} \ 1008)$, also $b = 605$
Berechnet $n := p \cdot q = 29 \cdot 37 = 1073$
Öffentlich: $n = 1073$ und $b = 605$
Bob: Wählt Nachricht $m := 8$ mit $1 < 8 < 1073$
Sendet $c \equiv m^b \equiv 8^{605} \equiv 97 \ (\mathrm{mod} \ 1073)$
Alice: Berechnet Nachricht $m \equiv c^a = 97^5 \equiv 8 \ (\mathrm{mod} \ 1073)$

Also hat Alice nun Zugriff auf die geheime Nachricht $m = 8$.

Alice möchte von Bob eine geheime Nachricht m empfangen. Dazu gehen sie wie folgt vor:

Beispiel

Basistext

> Problem: Alice möchte geheime Nachricht $m \in \mathbf{N}^*$ von Bob empfangen
> Alice: Wählt geheime große Primzahlen $p := 11$ und $q := 17$
> Wählt geheimes $a := 7$ mit $\mathrm{ggT}(7, 10 \cdot 16) = \mathrm{ggT}(7, 160) = 1$
> Berechnet $b \in \mathbf{N}^*$ mit $a \cdot b = 7 \cdot b \equiv 1 \pmod{160}$, also $b = 23$
> Berechnet $n := p \cdot q = 11 \cdot 17 = 187$
> Öffentlich: $n = 187$ und $b = 23$
> Bob: Wählt Nachricht $m := 12$ mit $1 < 12 < 187$
> Sendet $c \equiv m^b = 12^{23} \equiv 177 \pmod{187}$
> Alice: Berechnet Nachricht $m \equiv c^a = 177^7 \equiv 12 \pmod{187}$

Also hat Alice nun Zugriff auf die geheime Nachricht $m = 12$.

Bemerkung

Sicherheit des RSA-Verfahrens: Das Verfahren ist sicher, falls ein Mitlesen von $m^b \pmod{n}$ bei bekanntem $n := pq$ und b keine Berechnung von m ermöglicht. Dies ist für große Primzahlen p und q mit $p \neq q$ der Fall, da die Funktion $f : \mathbf{PQ} \to \mathbf{N}^*$ mit $(p, q)^T \mapsto p \cdot q$ und dem bekannten Definitionsbereich

$$\mathbf{PQ} := \{(p, q)^T \in \mathbf{N} \times \mathbf{N} \mid ((p < q) \wedge (p, q \text{ große Primz.}))\},$$

eine Einwegfunktion ist und somit nicht auf die Faktorisierung von n geschlossen werden kann (**Faktorisierungsproblem (FP)**). Auch eine direkte Berechnung von m aus der Kenntnis von b und $m^b \pmod{n}$ mit $n = p \cdot q$ ist nicht möglich, da die Funktionen $f : \mathbf{Z}_n \to \mathbf{Z}_n$ mit $x \mapsto x^b \pmod{n}$ Einwegfunktionen (allerdings für Alice mit Falltür) sind, wobei $p, q \in \mathbf{N}^*$ zwei große verschiedene Primzahlen sein müssen und $b \in \mathbf{N}^*$ der Bedingung $\mathrm{ggT}(b, (p-1) \cdot (q-1)) = 1$ genügen muss, was im Verfahren ja sichergestellt wird (**Diskrete-Wurzel-Problem (DWP)**). Weitere Details zur Sicherheit des RSA-Verfahrens findet man z.B. in /Bauer 00/, /Buchmann 04/ und /Wätjen 04/.

Basistext

5.14 Vernam-Verfahren *

Beim Vernam-Verfahren handelt es sich um ein symmetrisches Verfahren zum Ver- und Entschlüsseln einer geheimen Nachricht. Es nutzt die einfache Tatsache aus, dass für alle $m, k \in \mathbf{Z}_2$ die Kongruenz $(m+k)+k \equiv m \pmod 2$ gilt und kann als sicher gelten, wenn der benutzte Schlüssel so lang wie die Nachricht ist, geheim und gemäß einer Gleichverteilung von 0 und 1 zufällig gewählt ist sowie lediglich einmal benutzt wird.

Bei einem **symmetrischen** Verschlüsselungsverfahren verfügen die kommunizierenden Seiten über einen geheimen **gemeinsamen** Schlüssel. Ein einfacher Prototyp eines solchen Verfahrens ist das nach Gilbert Vernam (1890-1960) benannte **Vernam-Verfahren** (1918), welches als Vorläufer des sogenannten *one-time tape* oder *one-time pad* gilt. Die prinzipielle Idee dieses Verfahrens besteht darin, eine einfache Ver- und Entschlüsselungsroutine mit einem geheimen Schlüssel anzugeben, die ihre Sicherheit aus der Länge (i. Allg. gleiche Länge wie die zu verschlüsselnde Nachricht) und der Einzigartigkeit des Schlüssels (i. Allg. für jede zu verschlüsselnde Nachricht ein neuer Schlüssel, dessen Komponenten 0 und 1 zufällig gemäß einer Gleichverteilung gewählt werden) schöpft. Der Prototyp eines derartigen Verfahrens basiert auf folgender einfachen Gesetzmäßigkeit im Restklassenkörper $\mathbf{Z}_2$.

Einfache Rechenregel in $\mathbf{Z}_2$ Satz
Für alle $m, k \in \mathbf{Z}_2$ gilt

$$(m+k)+k \equiv m \pmod 2 .$$

Basistext

Beweis Es seien $m, k \in \mathbf{Z}_2$ beliebig gegeben aufgrund des Assoziativgesetzes ergibt sich sofort

$$(m + k) + k = m + (k + k) \equiv m + 0 = m \pmod{2}.$$

□

Nach dieser kleinen Vorüberlegung lässt sich nun das **Vernam-Verfahren** formulieren.

Definition

Vernam-Verfahren
Das **Vernam-Verfahren** ist ein symmetrisches Verfahren zum Ver- und Entschlüsseln einer geheimen Nachricht $\vec{m} \in \mathbf{Z}_2^n$ und wie folgt definiert:

Problem: Alice möchte geheime Nachricht $\vec{m} \in \mathbf{Z}_2^n$ von Bob empfangen
Geheim: Alice und Bob wählen geheimen Schlüssel $\vec{k} \in \mathbf{Z}_2^n$
Bob: Wählt Nachricht $\vec{m} \in \mathbf{Z}_2^n$
    Sendet $\vec{c} \equiv \vec{m} + \vec{k} \pmod{2}$ an Alice
Alice: Berechnet Nachricht $\vec{m} \equiv \vec{c} + \vec{k} \pmod{2}$

Der prinzipielle Ablauf des Vernam-Verfahrens ist nochmals zusammenfassend in Abb. 5.14-1 skizziert.

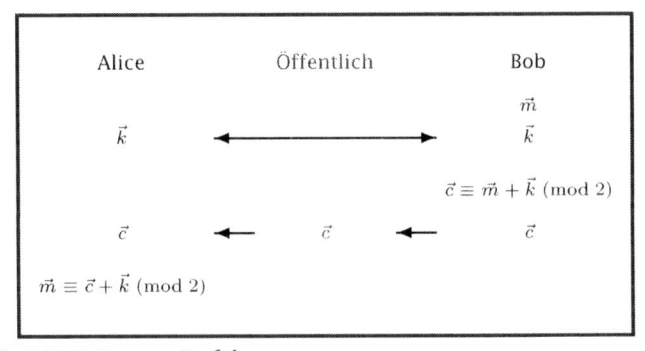

Alice	Öffentlich	Bob
		$\vec{m}$
$\vec{k}$	←——————→	$\vec{k}$
		$\vec{c} \equiv \vec{m} + \vec{k} \pmod{2}$
$\vec{c}$	← $\vec{c}$ ←	$\vec{c}$
$\vec{m} \equiv \vec{c} + \vec{k} \pmod{2}$		

Abb. 5.14-1: Vernam-Verfahren.

Basistext

5.14 Vernam-Verfahren *

Beispiel

In diesem Beispiel ist $n := 4$. Alice möchte also von Bob eine geheime Nachricht $\vec{m} \in \mathbf{Z}_2^4$ empfangen. Dazu gehen sie wie folgt vor:

Problem: Alice möchte geheime Nachricht $\vec{m} \in \mathbf{Z}_2^4$ von Bob empfangen
Geheim: Alice und Bob wählen geheimen Schlüssel $\vec{k} := (1,1,0,1)^T \in \mathbf{Z}_2^4$
Bob: Wählt Nachricht $\vec{m} := (0,1,1,0)^T$
  Sendet $\vec{c} \equiv (0,1,1,0)^T + (1,1,0,1)^T \equiv (1,0,1,1)^T \pmod{2}$
Alice: Berechnet Nachricht
$\vec{m} \equiv (1,0,1,1)^T + (1,1,0,1)^T \equiv (0,1,1,0)^T \pmod{2}$

Also hat Alice nun Zugriff auf die geheime Nachricht $\vec{m} = (0,1,1,0)^T$.

Bemerkung

Sicherheit des Vernam-Verfahrens: Das Verfahren ist sicher, falls der Schlüssel geheim gehalten werden kann, so lang wie die Nachricht ist, gemäß einer Gleichverteilung von 0 und 1 zufällig gewählt ist sowie lediglich für eine Ver- und Entschlüsselung benutzt wird. Die letzte Bedingung ist wesentlich, denn aus einem bekannten Paar bestehend aus Nachricht und Verschlüsselung lässt sich der verwandte Schlüssel natürlich unmittelbar berechnen. Eine Schwachstelle des Verfahrens ist allerdings, wie bei jedem symmetrischen Verfahren, dass die Kommunikationspartner irgendwie den geheimen Schlüssel vereinbaren müssen. An dieser Stelle kommen dann Schlüsseltauschverfahren wie das Diffie-Hellman-Verfahren oder aber asymmetrische Verfahren wie RSA ins Spiel.

Basistext

5.15 DES-Verfahren **

Beim DES-Verfahren handelt es sich um ein symmetrisches Verfahren zum Ver- und Entschlüsseln einer geheimen Nachricht $\vec{m} \in \mathbf{Z}_2^{64}$. Es nutzt die einfache Tatsache aus, dass für alle $m, k \in \mathbf{Z}_2$ die Kongruenz $(m + k) + k \equiv m \pmod{2}$ gilt, ist aufgebaut über die geschickte Verkettung mehrerer bijektiver Funktionen auf $\mathbf{Z}_2^{64}$ und kann in seinen erweiterten Varianten als relativ sicher gelten, wenn der benutzte Schlüssel hinreichend zufällig und geheim ist.

Ein weiteres **symmetrisches** Verfahren ist das **DES-Verfahren** (*Data Encryption Standard*, 1977). Es basiert auf einigen fundamentalen Funktionen im Raum $\mathbf{Z}_2^{64}$, die im Folgenden zunächst allgemein definiert werden. Bei der Beschreibung des Verfahrens wird ein prototypischer Ver- und Entschlüsselungsschritt betrachtet und nicht im Detail auf die genauen Einzelheiten des Verfahrens sowie seine Erweiterungen eingegangen.

Definition

Basisfunktionen des DES-Verfahrens
Das **DES-Verfahren** ist aus insgesamt vier grundlegenden Funktionentypen aufgebaut, die wie folgt bezeichnet werden:

- Der erste Funktionstyp ist eine beliebige, fest gewählte **bijektive Funktion** $f : \mathbf{Z}_2^{64} \to \mathbf{Z}_2^{64}$.
- Der zweite Funktionstyp ist die sogenannte **bijektive Blocktauschfunktion** $t : \mathbf{Z}_2^{64} \to \mathbf{Z}_2^{64}$,

$$(x_1, \ldots, x_{64})^T \mapsto (x_{33}, \ldots, x_{64}, x_1, \ldots, x_{32})^T.$$

- Der dritte Funktionstyp besteht aus zwei sogenannten **bijektiven Schlüsselfunktionen** $s_1 : \mathbf{Z}_2^{32} \to \mathbf{Z}_2^{32}$ und $s_2 : \mathbf{Z}_2^{32} \to \mathbf{Z}_2^{32}$, die beide von einem **geheimen Schlüssel** $\vec{k} \in \mathbf{Z}_2^{64}$ abhängen und wie folgt erklärt sind:

Basistext

$$s_1 : (x_1,\ldots,x_{32})^T \mapsto (x_1,\ldots,x_{32})^T + (k_1,\ldots,k_{32})^T,$$
$$s_2 : (x_1,\ldots,x_{32})^T \mapsto (x_1,\ldots,x_{32})^T + (k_{33},\ldots,k_{64})^T.$$

■ Der vierte Funktionstyp besteht aus zwei sogenannten **bijektiven Verarbeitungsfunktionen** $v_1 : \mathbf{Z}_2^{64} \to \mathbf{Z}_2^{64}$ und $v_2 : \mathbf{Z}_2^{64} \to \mathbf{Z}_2^{64}$, die jeweils von den Schlüsselfunktionen abhängen und wie folgt erklärt sind:

$$v_1 : (x_1,\ldots,x_{64})^T \mapsto (x_1,\ldots,x_{32},(x_{33},\ldots,x_{64}) + s_1(x_1,\ldots,x_{32}))^T,$$
$$v_2 : (x_1,\ldots,x_{64})^T \mapsto (x_1,\ldots,x_{32},(x_{33},\ldots,x_{64}) + s_2(x_1,\ldots,x_{32}))^T.$$

Dabei sind die auftauchenden Additionen natürlich stets komponentenweise modulo 2 durchzuführen.

Die oben eingeführten Funktionen werden nun in recht verwickelter Art und Weise hintereinander angewandt, um eine gegebene Nachricht $\vec{m} \in \mathbf{Z}_2^{64}$ zu ver- und entschlüsseln. Die folgende Definition gibt die schrittweise Vorgehensweise präzise wieder. Entscheidend ist dabei, dass alle auftauchende Funktionen bijektiv sind und somit in eindeutiger Weise invertiert werden können.

Grundfunktionalität des DES-Verfahrens
Das **DES-Verfahren** ist ein symmetrisches Verfahren zum Ver- und Entschlüsseln einer geheimen Nachricht $\vec{m} \in \mathbf{Z}_2^{64}$. Es ist in seiner prinzipiellen Funktionsweise gegeben durch die mit Hilfe der Basisfunktionen definierte **DES-Verschlüsselungsfunktion** DES,

$$DES : \quad \mathbf{Z}_2^{64} \to \mathbf{Z}_2^{64},$$
$$(m_1\ldots,m_{64})^T \mapsto (f^{-1} \circ v_2 \circ t \circ v_1 \circ f)(m_1,\ldots,m_{64}),$$

sowie durch die entsprechende inverse Funktion, die sogenannte **DES-Entschlüsselungsfunktion** DES^{-1},

$$DES^{-1} : \quad \mathbf{Z}_2^{64} \to \mathbf{Z}_2^{64},$$
$$(c_1,\ldots,c_{64})^T \mapsto (f^{-1} \circ v_1 \circ t \circ v_2 \circ f)(c_1,\ldots,c_{64}).$$

Definition

Basistext

Insgesamt ergibt sich also das folgende schematische Vorgehen, wobei sich Alice und Bob zuvor auf eine gemeinsame bijektive Funktion $f : \mathbf{Z}_2^{64} \to \mathbf{Z}_2^{64}$ geeinigt haben müssen:

Problem: Alice möchte geheime Nachricht $\vec{m} \in \mathbf{Z}_2^{64}$ von Bob empfangen
Geheim: Alice und Bob wählen geheimen Schlüssel $\vec{k} \in \mathbf{Z}_2^{64}$
Bob: Wählt Nachricht $\vec{m} \in \mathbf{Z}_2^{64}$
Sendet $\vec{c} = DES(\vec{m})$
Alice: Berechnet Nachricht $\vec{m} = DES^{-1}(\vec{c})$

Der prinzipielle Ablauf des DES-Verfahrens ist nochmals zusammenfassend in Abb. 5.15-1 skizziert.

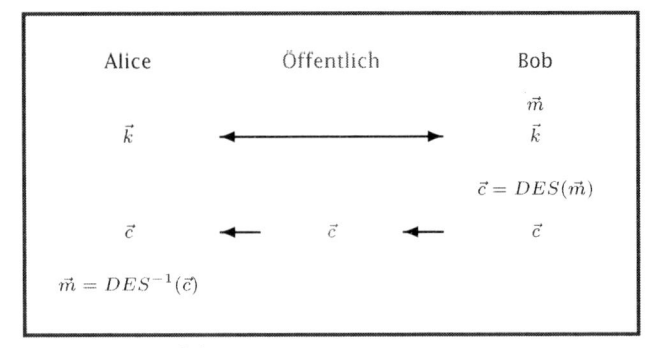

Alice	Öffentlich	Bob
		$\vec{m}$
$\vec{k}$	$\longleftrightarrow$	$\vec{k}$
		$\vec{c} = DES(\vec{m})$
$\vec{c}$	$\longleftarrow \vec{c} \longleftarrow$	$\vec{c}$
$\vec{m} = DES^{-1}(\vec{c})$		

Abb. 5.15-1: DES-Verfahren.

Bemerkung

Funktionen des DES-Verfahrens: Man prüft natürlich anhand der oben definierten Funktionen sofort nach, dass die Verkettung von **DES-Ver- und Entschlüsselungsfunktion** genau die Identität auf $\mathbf{Z}_2^{64}$ liefert, also für alle $(m_1, \ldots, m_{64})^T \in \mathbf{Z}_2^{64}$ gilt

$$(DES^{-1} \circ DES)(m_1, \ldots, m_{64}) = (m_1, \ldots, m_{64})^T.$$

Dabei muss man ausnutzen, dass die Blocktauschfunktion t und auch die beiden Verfahrensfunktionen v_1 und v_2

Basistext

zu sich selbst invers sind und lediglich für die Funktion f die inverse Funktion f^{-1} zu bestimmen ist.

In diesem Beispiel wird anstelle von $\mathbf{Z}_2^{64}$ der Raum $\mathbf{Z}_2^4$ gewählt, um eine nachvollziehbare Rechnung zu ermöglichen. Alice möchte also von Bob eine geheime Nachricht $\vec{m} \in \mathbf{Z}_2^4$ empfangen. Dazu einigen sie sich zunächst auf die feste bijektive Funktion $f : \mathbf{Z}_2^4 \to \mathbf{Z}_2^4$, z.B. auf

$$f : (x_1, x_2, x_3, x_4)^T \mapsto (x_2, x_1, x_4, x_3)^T.$$

Diese Funktion besitzt offenbar die eindeutig bestimmte inverse Funktion $f^{-1} : \mathbf{Z}_2^4 \to \mathbf{Z}_2^4$ mit

$$f^{-1} : (x_1, x_2, x_3, x_4)^T \mapsto (x_2, x_1, x_4, x_3)^T,$$

d.h. hier gilt zufälligerweise auch $f = f^{-1}$. Nach dieser verbindlichen Vereinbarung der Funktion f (und ihrer inversen Funktion f^{-1}) gehen sie dann wie folgt vor:

Beispiel

Problem: Alice möchte geheime Nachricht $\vec{m} \in \mathbf{Z}_2^4$ von Bob empfangen

Geheim: Alice und Bob wählen geheimen Schlüssel $\vec{k} := (1, 0, 1, 1)^T \in \mathbf{Z}_2^4$

Bob: Wählt Nachricht $\vec{m} := (0, 1, 1, 1)^T$ und sendet

$\vec{c} = (f^{-1} \circ v_2 \circ t \circ v_1 \circ f)(0, 1, 1, 1)$
$= (f^{-1} \circ v_2 \circ t \circ v_1)(1, 0, 1, 1)$
$= (f^{-1} \circ v_2 \circ t)(1, 0, 1 + 1, 1 + 0 + 0)$
$= (f^{-1} \circ v_2)(1, 1, 1, 0)$
$= f^{-1}(1, 1, 1 + 1, 0 + 1 + 1)$
$= (1, 1, 0, 1)^T \pmod{2}$

Alice: Berechnet Nachricht

$\vec{m} = (f^{-1} \circ v_1 \circ t \circ v_2 \circ f)(1, 1, 0, 1)$
$= (f^{-1} \circ v_1 \circ t \circ v_2)(1, 1, 1, 0)$
$= (f^{-1} \circ v_1 \circ t)(1, 1, 1 + 1, 0 + 1 + 1)$
$= (f^{-1} \circ v_1)(1, 0, 1, 1)$
$= f^{-1}(1, 0, 1 + 1, 1 + 0 + 0)$
$= (0, 1, 1, 1)^T \pmod{2}$

Also hat Alice nun Zugriff auf die geheime Nachricht $\vec{m} = (0, 1, 1, 1)^T$.

Basistext

Bemerkung

Sicherheit des DES-Verfahrens: Das Verfahren ist hinreichend sicher, falls die oben skizzierte prototypische Vorgehensweise hinreichend häufig hintereinander mit entsprechend verschiedenen Schlüsseln angewandt wird und falls die dazu eingesetzten Schlüssel hinreichend zufällig sind und geheim gehalten werden können. Dabei ist zu erwähnen, dass die Benutzung der öffentlich bekannten bijektiven Funktion f keine zusätzliche Sicherheit bietet, sondern lediglich aus historischen Gründen benutzt wird (entspricht der Definition des Standards). Eine Schwachstelle des Verfahrens ist natürlich, wie bereits beim Vernam-Verfahren, dass die Kommunikationspartner irgendwie den/die geheimen Schlüssel vereinbaren müssen. An dieser Stelle kommen dann Schlüsseltauschverfahren wie das Diffie-Hellman-Verfahren oder aber asymmetrische Verfahren wie RSA ins Spiel.

Das oben vorgestellte DES-Verfahren skizziert nur die prinzipielle Vorgehensweise und die wesentlichen Ideen des DES-Konzepts. Beim **echten DES-Algorithmus** werden, wie in der vorausgegangenen Bemerkung bereits angeklungen ist, Operationen des obigen Typs mehrfach verkettet (Ver- und Entschlüsselungsrunden) sowie mit Klartextblöcken und Schlüsselvektoren aus $\mathbb{Z}_2^{64}$ gearbeitet (beim Schlüssel sind dabei 8 Paritätsbits und 56 Schlüsselbits gesetzt). In den einzelnen Runden werden ferner aus dem ursprünglichen Schlüssel sogenannte Rundenschlüssel berechnet, d.h. es wird nicht durchgängig mit demselben Schlüssel gearbeitet. Desweiteren sind die realen DES-Schlüsselfunktionen durch spezielle Expansions- und Substitutionsregeln deutlich komplexer als in der oben skizzierten prototypischen Variante. Schließlich wird beim **Triple-DES-Verfahren** zur Erhöhung der Sicherheit (s.o.) der DES-Algorithmus dreimal hintereinander mit verschiedenen Schlüsseln angewandt.

Basistext

Hinsichtlich weiterer Details vergleiche man /Bauer 00/, /Buchmann 04/, /Eckert 04/, /Ertel 03/ oder /Wätjen 04/.

5.16 AES-Verfahren ***

Beim AES-Verfahren handelt es sich um ein auf dem Rijndael-Verfahren basierendes symmetrisches Verfahren zum Ver- und Entschlüsseln einer geheimen Nachricht $\vec{m} \in Z_2^{128}$. Es nutzt eine Fülle von bijektiven oder mindestens injektiven Abbildungen in unterschiedlichen Körpern aus und wechselt von einer vektorspezifischen Sicht auf die zu ver- und entschlüsselnde Nachricht $\vec{m}$ auf eine matrixorientierte Perspektive.

Als designierter Nachfolger des DES-Verfahrens wurde im Jahre 2001 das **Rijndael-Verfahren** der belgischen Kryptologen Joan Daemen (geb. 1965) und Vincent Rijmen (geb. 1970) durch das amerikanische *National Institute of Standards and Technology* **(NIST)** offiziell zum *Federal Information Processing Standard* **(FIPS)** erklärt. Es hatte sich in einem mehrjährigen Ausscheidungsprozess aufgrund seiner hohen Sicherheit und enormen Geschwindigkeit gegen mehrere konkurrierende Verfahren durchgesetzt und wird in der Literatur inzwischen vielfach schlicht als **AES-Verfahren** (*Advanced Encryption Standard*) bezeichnet (genau genommen ist das AES-Verfahren ein Spezialfall des noch etwas allgemeineren Rijndael-Verfahrens). Es handelt sich bei Rijndael – wie auch bereits bei DES – um einen blockorientierten symmetrischen Verschlüsselungsalgorithmus mit mehreren Verschlüsselungsrunden (und entsprechenden Entschlüsselungsrunden), von denen im Folgenden exemplarisch eine Runde mit ihren prinzipiellen Verarbeitungsschritten im Detail betrachtet wird. Um die einzelnen

Schritte zu verstehen, ist es empfehlenswert, sich noch einmal im Zusammenhang die Wissensbausteine »Galois-Feld GF(2)=Z_2« (S. 206) bis »Galois-Feld GF(16)« (S. 220) anzusehen, denn die dort eingeführten Körper und entsprechende Rechnungen in ihnen werden im Folgenden eine zentrale Rolle spielen.

Definition **Initiale Block-Bildung**
Zunächst wird die zu verschlüsselnde Nachricht in Blöcke fester Länge zerlegt, im Folgenden 32 Bit Block-Länge (bei Rijndael 128, 192 oder 256 Bit). Also lautet ein zu verschlüsselnder Block z.B.

$$(m_1,\ldots,m_{32})^T := (11010111010110110111011011011101)^T.$$

Definition **Matrix-Bildung**
Jeder Block wird in einer Matrix-Struktur abgelegt mit 4 Bit Einträgen in jeder Matrixkomponente (bei Rijndael 8 Bit = 1 Byte), wobei die Matrix stets aus 4 Zeilen und im folgenden Beispiel aus 2 Spalten (bei Rijndael je nach Block-Länge aus 4, 6 oder 8 Spalten) besteht. Die Matrix wird spaltenweise von links nach rechts aufgefüllt.

$$X^{(1)} := \begin{pmatrix} 1101 & 0111 \\ 0111 & 0110 \\ 0101 & 1101 \\ 1011 & 1101 \end{pmatrix}.$$

Es folgt nun ein erster rein komponentenspezifischer Schritt. Um ihn zu verstehen, muss man sich an das im Wissensbaustein »Galois-Feld GF(16)« (S. 220) eingeführte Galois-Feld $GF(16)$ der Ordnung 16 erinnern (bei Rijndael arbeitet man entsprechend im Galois-Feld $GF(2^8)$ der Ordnung 256).

Basistext

Erster komponentenspezifischer Schritt Definition
Man interpretiert jedes Bit in einer Matrixkomponente als Koeffizient eines Polynoms p vom Höchstgrad 3 über $\mathbf{Z}_2$ in $GF(16)$ und ersetzt es durch die entsprechenden Komponenten des inversen Polynoms $p^{-1} =: q$ in $GF(16)$ im Sinne von

$$(p_3 x^3 + p_2 x^2 + p_1 x + p_0) \odot (q_3 x^3 + q_2 x^2 + q_1 x + q_0) = 1$$

bzw. in 4-Bit-Dualdarstellung

$$p_3 p_2 p_1 p_0 \odot q_3 q_2 q_1 q_0 = 0001 \ .$$

Im Sonderfall, dass p das Nullpolynom in $GF(16)$ ist und somit kein zugehöriges multiplikativ inverses Polynom existiert, möge es unverändert übernommen werden. Man erhält so unter Ausnutzung der multiplikativen Verknüpfungstabelle in $GF(16)$ als Ergebnis

$$X^{(2)} := \begin{pmatrix} 0100 & 0110 \\ 0110 & 0111 \\ 1011 & 0100 \\ 0101 & 0100 \end{pmatrix} \ .$$

Der folgende Schritt ist ebenfalls ein rein komponentenspezifischer Schritt, in dem im Wesentlichen ausgenutzt wird, dass man in $\mathbf{Z}_2^{4\times 4}$ (bei Rijndael in $\mathbf{Z}_2^{8\times 8}$) mit regulären, also invertierbaren Matrizen exakt genauso arbeiten kann wie z.B. mit regulären Matrizen in $\mathbf{R}^{4\times 4}$. Auch dies wurde bereits im Wissensbaustein »Galois-Feld GF(2)=$\mathbf{Z}_2$« (S. 206) im Detail erörtert.

Basistext

Definition **Zweiter komponentenspezifischer Schritt**
Man wendet auf jede 4-Bit-Komponente $q_3q_2q_1q_0$ der Matrix $X^{(2)}$ die invertierbare (nachweisen!) affin-lineare Operation

$$\begin{pmatrix} r_3 \\ r_2 \\ r_1 \\ r_0 \end{pmatrix} := \underbrace{\begin{pmatrix} 1 & 0 & 0 & 0 \\ 0 & 1 & 1 & 0 \\ 0 & 1 & 1 & 1 \\ 0 & 0 & 1 & 1 \end{pmatrix}}_{=:M} \begin{pmatrix} q_3 \\ q_2 \\ q_1 \\ q_0 \end{pmatrix} + \underbrace{\begin{pmatrix} 1 \\ 0 \\ 1 \\ 1 \end{pmatrix}}_{=:\vec{t}} \pmod{2}$$

an. Man erhält so

$$X^{(3)} := \begin{pmatrix} 1101 & 1010 \\ 1010 & 1001 \\ 0111 & 1101 \\ 1110 & 1101 \end{pmatrix}.$$

Der nächste durchzuführende Schritt ist ein recht einfacher, rein zeilenspezifischer Schritt.

Definition **Zeilenspezifischer Schritt**
Man verschiebt jede Zeile von $X^{(3)}$ zyklisch um eine feste Anzahl von Komponenten nach rechts (Umkehrung ist offensichtlich ein entsprechender zyklischer Shift nach links). Konkret verschiebt man hier als Beispiel die erste und dritte Zeile gar nicht, die zweite und vierte Zeile jeweils um eine Komponente. Man erhält so

$$X^{(4)} := \begin{pmatrix} 1101 & 1010 \\ 1001 & 1010 \\ 0111 & 1101 \\ 1101 & 1110 \end{pmatrix}.$$

Basistext

5.16 AES-Verfahren ∗∗∗

Der nächste durchzuführende Schritt ist ein rein spaltenspezifischer Schritt. Er ist vom Verständnis her der wohl schwierigste Schritt, da man hier Polynome über dem Galois-Feld $GF(16)$ betrachtet, d.h. die Koeffizienten dieser Polynome sind nicht mehr aus dem einfachen Körper $\mathbb{Z}_2$ der Ordnung 2, sondern aus dem deutlich komplizierteren Körper $GF(16)$ der Ordnung 16 (bei Rijndael aus dem Körper $GF(2^8)$ der Ordnung 256).

Spaltenspezifischer Schritt — Definition
Man interpretiert jede 4-Bit-Matrixkomponente von $X^{(4)}$ spaltenweise als Koeffizient eines Polynoms vom Höchstgrad 3 über $GF(16)$ und multipliziert die so interpretierten Spalten mit einem festen invertierbaren Polynom über $GF(16)$. Dabei ist natürlich die gesamte Multiplikation prinzipiell genauso durchzuführen wie die Multiplikation von Polynomen über $\mathbb{Z}_2$. Insbesondere ist auch hier nach Beendigung der formalen Multiplikation das erhaltene Polynom mittels modulo-Rechnung mit einem geeignet zu wählenden Polynom wieder in den Ausgangspolynomraum zurück zu überführen (man nimmt allerdings in diesem Fall zur Reduktion kein irreduzibles Polynom, sondern ein Polynom, welches schnelle Rechenoperationen gestattet und die Existenz eines inverses Polynoms für das speziell gewählte Multiplikationspolynom sicherstellt). Abstrahiert man dieses Vorgehen auf das Wesentliche, so resultiert es in die Bestimmung einer regulären Matrix $S \in GF(16)^{4 \times 4}$ (sowie ihrer inversen Matrix zum Zwecke der Entschlüsselung). Nimmt man als einfaches Beispiel die invertierbare Matrix (nachrechnen!)

$$S := \begin{pmatrix} 0001 & 1000 & 0000 & 0000 \\ 0000 & 0001 & 1000 & 0000 \\ 0000 & 0000 & 0001 & 1000 \\ 0000 & 0000 & 0000 & 0001 \end{pmatrix},$$

so erhält man unter Ausnutzung der Rechenregeln in $GF(16)$ die Matrix

$$X^{(5)} := S \begin{pmatrix} 1101 & 1010 \\ 1001 & 1010 \\ 0111 & 1101 \\ 1101 & 1110 \end{pmatrix} = \begin{pmatrix} 1001 & 0101 \\ 0100 & 1000 \\ 0101 & 0100 \\ 1101 & 1110 \end{pmatrix}.$$

Der vorletzte Schritt ist ein rein schlüsselspezifischer Schritt, der im Raum der Matrizen $GF(16)^{4\times 2}$ abläuft (bei Rijndael im Raum $GF(2^8)^{4\times s_m}$ mit $s_m \in \{2, 6, 8\}$).

Definition **Schlüsselspezifischer Schritt**
Auf die Matrix $X^{(5)}$ wird die feste und geheime Schlüsselmatrix K,

$$K := \begin{pmatrix} 1001 & 0110 \\ 0010 & 1011 \\ 1111 & 0110 \\ 1011 & 0110 \end{pmatrix},$$

im Sinne einer komponentenweisen Addition im Galois-Feld $GF(16)$ addiert (Inversion?), so dass man die Matrix

$$X^{(6)} := \begin{pmatrix} 0000 & 0011 \\ 0110 & 0011 \\ 1010 & 0010 \\ 0110 & 1000 \end{pmatrix}$$

erhält.

Der letzte Schritt schließlich überführt die Matrix-Darstellung wieder in die übliche Vektor- bzw. Block-Darstellung (spaltenweise von links nach rechts).

Basistext

5.16 AES-Verfahren ***

Finale Block-Bildung — *Definition*
Der endgültige verschlüsselte Nachrichten-Block lautet

$$(c_1,\ldots,c_{32})^T := (00000110101001100011001100101000)^T.$$

Die Entschlüsselung verläuft ganz entsprechend, allerdings in umgekehrter Reihenfolge und unter Anwendung der jeweils inversen Operationen. Im Einzelnen ist wie folgt vorzugehen.

Initiale Block-Bildung — *Definition*
Man beginnt mit dem verschlüsselten 32-Bit-Block

$$(c_1,\ldots,c_{32})^T = (00000110101001100011001100101000)^T.$$

Matrix-Bildung — *Definition*
Man überführt den 32-Bit-Block in eine Matrix gemäß

$$Y^{(1)} := \begin{pmatrix} 0000\ 0011 \\ 0110\ 0011 \\ 1010\ 0010 \\ 0110\ 1000 \end{pmatrix} \ (= X^{(6)}).$$

Schlüsselspezifischer Schritt — *Definition*
Auf die Matrix $Y^{(1)}$ wird die feste und geheime Schlüsselmatrix K,

$$K = \begin{pmatrix} 1001\ 0110 \\ 0010\ 1011 \\ 1111\ 0110 \\ 1011\ 0110 \end{pmatrix},$$

Basistext

im Sinne einer komponentenweisen Addition im Galois-Feld $GF(16)$ addiert, so dass man die Matrix

$$Y^{(2)} := \begin{pmatrix} 1001 & 0101 \\ 0100 & 1000 \\ 0101 & 0100 \\ 1101 & 1110 \end{pmatrix} \quad (= X^{(5)})$$

erhält.

Definition **Spaltenspezifischer Schritt**
Man bestimmt die inverse Matrix S^{-1} der regulären Matrix

$$S \in GF(16)^{4 \times 4}$$

und multipliziert diese von links mit $Y^{(2)}$. Da sich die Inverse von S zu

$$S^{-1} = \begin{pmatrix} 0001 & 1000 & 1100 & 1010 \\ 0000 & 0001 & 1000 & 1100 \\ 0000 & 0000 & 0001 & 1000 \\ 0000 & 0000 & 0000 & 0001 \end{pmatrix}$$

ergibt (nachrechnen!), erhält man so unter Ausnutzung der Rechenregeln in $GF(16)$ die Matrix

$$Y^{(3)} := S^{-1} \begin{pmatrix} 1001 & 0101 \\ 0100 & 1000 \\ 0101 & 0100 \\ 1101 & 1110 \end{pmatrix} = \begin{pmatrix} 1101 & 1010 \\ 1001 & 1010 \\ 0111 & 1101 \\ 1101 & 1110 \end{pmatrix} \quad (= X^{(4)}) \,.$$

Definition **Zeilenspezifischer Schritt**
Man verschiebt die erste und dritte Zeile von $Y^{(3)}$ gar nicht und die zweite und vierte Zeile jeweils um eine Matrixkomponente nach links. Man erhält so

Basistext

$$Y^{(4)} := \begin{pmatrix} 1101 & 1010 \\ 1010 & 1001 \\ 0111 & 1101 \\ 1110 & 1101 \end{pmatrix} \quad (= X^{(3)}) \,.$$

Erster komponentenspezifischer Schritt — Definition

Man wendet auf jede 4-Bit-Komponente $r_3 r_2 r_1 r_0$ der Matrix $Y^{(4)}$ die (zur Verschlüsselungsoperation inverse) affin-lineare Operation

$$\begin{pmatrix} q_3 \\ q_2 \\ q_1 \\ q_0 \end{pmatrix} = \underbrace{\begin{pmatrix} 1 & 0 & 0 & 0 \\ 0 & 0 & 1 & 1 \\ 0 & 1 & 1 & 1 \\ 0 & 1 & 1 & 0 \end{pmatrix}}_{=M^{-1}} \left(\begin{pmatrix} r_3 \\ r_2 \\ r_1 \\ r_0 \end{pmatrix} + \underbrace{\begin{pmatrix} 1 \\ 0 \\ 1 \\ 1 \end{pmatrix}}_{=\vec{t}} \right) \pmod{2}$$

an (nachrechnen!). Man erhält so

$$Y^{(5)} := \begin{pmatrix} 0100 & 0110 \\ 0110 & 0111 \\ 1011 & 0100 \\ 0101 & 0100 \end{pmatrix} \quad (= X^{(2)}) \,.$$

Zweiter komponentenspezifischer Schritt — Definition

Man interpretiert jedes Bit in einer Matrixkomponente als Koeffizient eines Polynoms q vom Höchstgrad 3 über $\mathbf{Z}_2$ in $GF(16)$ und ersetzt es durch die entsprechenden Komponenten des inversen Polynoms $q^{-1} =: p$ in $GF(16)$ im Sinne von

$$(p_3 x^3 + p_2 x^2 + p_1 x + p_0) \odot (q_3 x^3 + q_2 x^2 + q_1 x + q_0) = 1$$

bzw. in 4-Bit-Dualdarstellung

$$p_3 p_2 p_1 p_0 \odot q_3 q_2 q_1 q_0 = 0001 \,.$$

Basistext

Im Sonderfall, dass q das Nullpolynom in $GF(16)$ ist und somit kein zugehöriges multiplikativ inverses Polynom existiert, möge es unverändert übernommen werden. Man erhält so unter Ausnutzung der multiplikativen Verknüpfungstabelle in $GF(16)$ als Ergebnis

$$Y^{(6)} := \begin{pmatrix} 1101 & 0111 \\ 0111 & 0110 \\ 0101 & 1101 \\ 1011 & 1101 \end{pmatrix} \; (= X^{(1)}) \, .$$

Definition **Finale Block-Bildung**
Man überführt die Matrix in Vektor-Notation und erhält so den endgültigen entschlüsselten Nachrichten-Block als

$$(11010111010110110111011011011101)^T = (m_1, \ldots, m_{32})^T.$$

Damit ist nun eine komplette, prototypische Ver- und Entschlüsselungsrunde des Rijndael-Verfahrens durchgespielt worden. Entscheidend ist dabei wieder, dass alle auftauchenden Funktionen bijektiv bzw. mindestens injektiv sind und somit in eindeutiger Weise invertiert werden können. Ferner sind alle Funktionen fest vereinbart und beide Kommunikationspartner wählen lediglich den geheimen Schlüssel für den schlüsselspezifischen Schritt. Zusammenfassend wird dies nochmals in der folgenden Definition festgehalten.

Definition **Grundfunktionalität des Rijndael-Verfahrens**
Das **Rijndael-Verfahren** ist ein symmetrisches Verfahren zum Ver- und Entschlüsseln einer geheimen Nachricht $\vec{m} \in \mathbb{Z}_2^n$ für $n = 128$, $n = 192$ oder $n = 256$. Es ist in seiner prinzipiellen Funktionsweise gegeben durch die mit Hilfe der initialen Block-Bildung, der Matrix-Bildung, zweier spezi-

Basistext

eller komponentenspezifischer Schritte, eines zeilenspezifischen Schritts, eines spaltenspezifischen Schritts, eines schlüsselspezifischen Schritts sowie einer finalen Block-Bildung definierte **Rijndael-Verschlüsselungsfunktion** RD,

$$RD: \quad \mathbf{Z}_2^n \to \mathbf{Z}_2^n,$$
$$(m_1\ldots,m_n)^T \mapsto RD(m_1,\ldots,m_n),$$

sowie durch die entsprechende inverse Funktion, die sogenannte **Rijndael-Entschlüsselungsfunktion** RD^{-1},

$$RD^{-1}: \quad \mathbf{Z}_2^n \to \mathbf{Z}_2^n,$$
$$(c_1,\ldots,c_n)^T \mapsto RD^{-1}(c_1,\ldots,c_n).$$

Insgesamt ergibt sich also das folgende schematische Vorgehen:

Problem:	Alice möchte geheime Nachricht $\vec{m} \in \mathbf{Z}_2^n$ von Bob empfangen
Geheim:	Alice und Bob wählen geheimen Schlüssel $\vec{k} \in \mathbf{Z}_2^n$
Bob:	Wählt Nachricht $\vec{m} \in \mathbf{Z}_2^n$ und sendet $\vec{c} = RD(\vec{m})$
Alice:	Berechnet Nachricht $\vec{m} = RD^{-1}(\vec{c})$

Der prinzipielle Ablauf des Rijndael-Verfahrens ist nochmals zusammenfassend in Abb. 5.16-1 skizziert.

Sicherheit des Rijndael-Verfahrens: Das Verfahren ist gegenwärtig, insbesondere in der 256 Bit-Block-Variante für die Schlüssellänge, als sicher anzusehen, falls der Schlüssel hinreichend zufällig ist und geheim gehalten werden kann. Eine Schwachstelle des Verfahrens ist natürlich, wie bei jedem symmetrischen Verfahren, dass die Kommunikationspartner irgendwie den geheimen Schlüssel vereinbaren müssen. An dieser Stelle kommen dann wieder Schlüsseltauschverfahren wie das Diffie-Hellman-Verfahren oder aber asymmetrische Verfahren wie RSA ins Spiel.

Bemerkung

Basistext

5 Kryptografische Basistechniken **

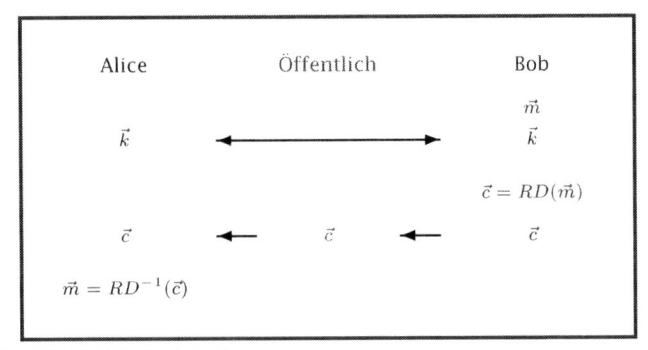

```
Alice              Öffentlich              Bob
                                            $\vec{m}$
$\vec{k}$          ◄─────────►             $\vec{k}$

                                           $\vec{c} = RD(\vec{m})$
$\vec{c}$          ◄──  $\vec{c}$  ──◄     $\vec{c}$

$\vec{m} = RD^{-1}(\vec{c})$
```

Abb. 5.16-1: Rijndael-Verfahren.

In der Praxis des Rijndael-Verfahrens werden mehrere Ver- und Entschlüsselungsrunden des oben skizzierten Typs durchlaufen und durch zusätzliche Symmetriesierungsmaßnahmen dafür gesorgt, dass die Ver- und Entschlüsselungsrunden ähnlich strukturiert sind. Desweiteren wird in jeder Runde aus dem ursprünglichen Schlüssel nach einer fest vorgegebenen Vorschrift ein sogenannter Rundenschlüssel berechnet und schließlich wird auch noch zugelassen, dass die Bit-Länge der Nachricht und des primären Schlüssels verschieden sein dürfen (wahlweise 128, 192 oder 256 Bit). Die genaue Anzahl der Verschlüsselungsrunden in Abhängigkeit von der Anzahl der Spalten s_m der $(4 \times s_m)$-Nachrichtenmatrix und der Anzahl der Spalten s_k der $(4 \times s_k)$-Schlüsselmatrix ergeben sich aus folgender Tabelle, wobei noch zu beachten ist, dass hier jeder Matrix-Eintrag ein 8-Bit-Wort (1 Byte) ist und nicht, wie im oben durchgespielten prototypischen Beispiel einer Verschlüsselungsrunde, ein 4-Bit-Wort.

Schlüsselrunden	$s_m = 4$	$(s_m = 6)$	$(s_m = 8)$
$s_k = 4$	10	(12)	(14)
$s_k = 6$	12	(12)	(14)
$s_k = 8$	14	(14)	(14)

Basistext

Die in der obigen Tabelle nicht geklammerten Angaben geben genau die speziellen Voreinstellungen des Rijndael-Verfahrens wieder, die als AES-Verfahren bezeichnet werden und als solches standardisiert wurden. In genau diesem Sinne realisiert das AES-Verfahren einen Teil der Funktionalität des Rijndael-Verfahrens und beschränkt sich insbesondere auf den Spezialfall von Nachrichten-Blöcken von 128 Bit Länge (weitere Details, sowohl zu Rijndael als auch zu AES, findet man z.B. in /Buchmann 04/ und /Wätjen 04/).

5.17 Elliptische Kurven (char K > 3) ***

Eine elliptische Kurve $E_{\alpha,\beta}(K)$ über einem Körper $(K, \oplus, \odot)$ mit char $K > 3$ **zu den Parametern** $\alpha, \beta \in K$ **mit** $4\alpha^3 \oplus 27\beta^2 \neq 0$ **ist definiert als**

$$E_{\alpha,\beta}(K) := \{(x,y) \in K \times K \mid y^2 = x^3 \oplus \alpha \odot x \oplus \beta\} \cup \{\mathcal{O}\}.$$

Die Elemente von $E_{\alpha,\beta}(K)$ **werden Punkte der elliptischen Kurve genannt, wobei man sich den Punkt $\mathcal{O}$ zur Veranschaulichung als im Unendlichen liegend denken sollte. Auf** $E_{\alpha,\beta}(K)$ **lässt sich eine Operation $\boxplus$ erklären, die** $E_{\alpha,\beta}(K)$ **zu einer kommutativen Gruppe macht.**

In jüngster Zeit spielen insbesondere im Kontext von Smart-Cards Verschlüsselungsverfahren eine zunehmend wichtige Rolle, die auf sogenannten **elliptischen Kurven** beruhen (*Elliptic Curve Cryptosystems*, kurz: **ECC**). Der Mehrwert dieser ergänzenden Verschlüsselungstechnik liegt im Wesentlichen darin, dass man in vielen Fällen gleiche theoretische Sicherheit bei signifikant kürzerer Schlüssellänge erhält und damit zu Performance- und Ressourcen-Vorteilen kommt. Erstmals aufgetaucht sind Ideen dieses Typs gegen

Mitte der achtziger Jahre des letzten Jahrhunderts (vgl. z.B. /Koblitz 94/ und /Menezes 99/). Im Folgenden wird lediglich die prinzipielle Idee dieses Zugangs skizziert, ohne jedoch auf die mathematischen Details, insbesondere die Beweise, einzugehen.

Charakteristik

Es sei $(K, \oplus, \odot)$ ein beliebiger Körper mit 0 als neutralem Element der Addition und 1 als neutralem Element der Multiplikation. Unter der **Charakteristik eines Körpers** K (kurz: char K) versteht man die minimale Anzahl von Additionen von 1 mit sich selbst bis zur Erreichung von 0. Kann man 1 beliebig oft auf sich selbst addieren, ohne 0 zu erreichen, dann sagt man, K habe die Charakteristik 0. Die präzise Definition lautet wie folgt.

Definition

Charakteristik eines Körpers
Es sei $(K, \oplus, \odot)$ ein beliebiger Körper. Falls es ein $r \in \mathbf{N}^*$ gibt mit $r1 = 0$, dann definiert man

$$\text{char } K := \min\{r \in \mathbf{N}^* \mid r1 = 0\} \ .$$

Falls für alle $r \in \mathbf{N}^*$ stets $r1 \neq 0$ gilt, dann definiert man

$$\text{char } K := 0 \ .$$

Die Größe char K wird als **Charakteristik des Körpers** K bezeichnet.

Beispiel

Für einige ausgewählte Körper ergeben sich die folgenden Charakteristiken:

- char $\mathbf{Z}_5 = 5$, denn $1 + 1 + 1 + 1 + 1 \equiv 0 \pmod{5}$.
- char $\mathbf{Z}_p = p$ für alle Primzahlen $p \in \mathbf{N}^*$.
- char $\mathbf{Q} = 0$ und char $\mathbf{R} = 0$, denn $1 + 1 + 1 + \cdots \neq 0$.
- char $GF(16) = 2$, denn $0001 \oplus 0001 = 0000$.
- char $GF(2^n) = 2$ für alle Zahlen $n \in \mathbf{N}^*$.

Basistext

5.17 Elliptische Kurven (char K > 3) ***

Ab jetzt sei K stets ein Körper mit char $K > 3$, also zum Beispiel $\mathbf{Z}_p$ für irgendeine Primzahl $p \in \mathbf{N}^*$ mit $p > 3$. Im Folgenden werden **elliptische Kurven über einem Körper mit char K > 3** im Detail betrachtet. Die Einführung elliptischer Kurven über Körpern der Charakteristik 2 geschieht im Wissensbaustein »Elliptische Kurven (char K = 2)« (S. 282). Elliptische Kurven über Körpern der Charakteristik 3 werden nicht weiter betrachtet.

Elliptische Kurve über K (char $K > 3$) — Definition
Es sei $(K, \oplus, \odot)$ ein Körper mit char $K > 3$. Ferner seien $\alpha, \beta \in K$ mit $4\alpha^3 \oplus 27\beta^2 \neq 0$ gegeben. Dann heißt $E_{\alpha,\beta}(K)$,

$$E_{\alpha,\beta}(K) := \{(x,y) \in K \times K \mid y^2 = x^3 \oplus \alpha \odot x \oplus \beta\} \cup \{\mathcal{O}\},$$

elliptische Kurve über K. Alle Tupel $(x,y) \in E_{\alpha,\beta}(K)$ sowie das spezielle Element $\mathcal{O} \in E_{\alpha,\beta}(K)$ heißen **Punkte der elliptischen Kurve** $E_{\alpha,\beta}(K)$.

Für $K := \mathbf{Z}_5$, $\alpha := 2$ und $\beta := 1$ sind zunächst wegen char $K > 3$ und $4\alpha^3 \oplus 27\beta^2 \neq 0$ die Voraussetzungen zur Definition der entsprechenden elliptischen Kurve erfüllt. Gemäß der allgemeinen Definition ergibt sich für $E_{2,1}(\mathbf{Z}_5)$ dann — Beispiel

$$E_{2,1}(\mathbf{Z}_5) := \{(x,y) \in \mathbf{Z}_5 \times \mathbf{Z}_5 \mid y^2 = x^3 \oplus 2 \odot x \oplus 1\} \cup \{\mathcal{O}\}.$$

Ein einfaches Durchtesten aller Tupel $(x,y) \in \mathbf{Z}_5 \times \mathbf{Z}_5$ liefert dann neben dem obligatorischen Punkt $\mathcal{O}$ die Punkte $(0,1)$, $(0,4)$, $(1,2)$, $(1,3)$, $(3,2)$ und $(3,3)$. Also lautet die elliptische Kurve explizit

$$E_{2,1}(\mathbf{Z}_5) = \{\mathcal{O}, (0,1), (0,4), (1,2), (1,3), (3,2), (3,3)\}.$$

Man kann sich die Punkte dieser elliptischen Kurve gemäß Abb. 5.17-1 visualisieren, wobei man sich den Punkt $\mathcal{O}$ als im Unendlichen liegend vorstellen sollte.

Basistext

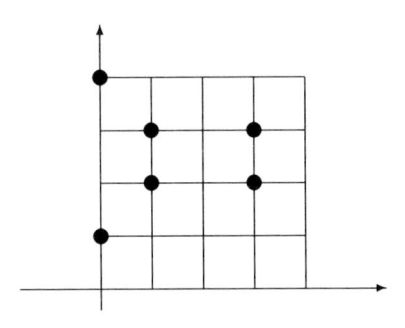

Abb. 5.17-1: Elliptische Kurve $E_{2,1}(Z_5)$.

Bemerkung

Motivation für Namensgebung: Es überrascht, dass eine endliche Menge von Punkten als **Kurve** bezeichnet wird. Dies hat historische Gründe und ist darauf zurückzuführen, dass z.B. die Visualisierung der Lösungsmengen elliptischer Gleichungen über **R** in der Tat Kurven im bekannten Sinne ergeben. Für die Lösungsmengen elliptischer Gleichungen über endlichen Körpern wurde diese Bezeichnung dann einfach übernommen.

Auf einer elliptischen Kurve $E_{\alpha,\beta}(K)$ lässt sich nun eine Operation $\boxplus$ erklären, die $E_{\alpha,\beta}(K)$ zu einer **kommutativen Gruppe** macht. Konkret wird die neue Operation $\boxplus$ wie folgt definiert:

- Für alle $(x,y) \in E_{\alpha,\beta}(K)$ und $\mathcal{O} \in E_{\alpha,\beta}(K)$ definiert man
$$\mathcal{O} \boxplus \mathcal{O} := \mathcal{O}, \qquad (x,y) \boxplus \mathcal{O} := (x,y),$$
$$(x,y) \boxplus (x,-y) := \mathcal{O}, \qquad \mathcal{O} \boxplus (x,y) := (x,y).$$

- Für alle $(x,y) \in E_{\alpha,\beta}(K)$ mit $y \neq 0$ definiert man
$$(x,y) \boxplus (x,y) := \left(\underbrace{\left(\frac{3x^2 \oplus \alpha}{2y}\right)^2}_{=:\lambda} \ominus 2x, \left(\frac{3x^2 \oplus \alpha}{2y}\right) \odot (x \ominus \lambda) \ominus y \right).$$

Basistext

■ Für alle $(x_1,y_1),(x_2,y_2) \in E_{\alpha,\beta}(K)$ mit $x_1 \neq x_2$ definiert man

$$(x_1,y_1) \boxplus (x_2,y_2) := \left(\underbrace{\left(\frac{y_2 \ominus y_1}{x_2 \ominus x_1}\right)^2 \ominus x_1 \ominus x_2}_{=:\mu}, \left(\frac{y_2 \ominus y_1}{x_2 \ominus x_1}\right) \odot (x_1 \ominus \mu) \ominus y_1 \right).$$

Offenbar ist $\mathcal{O}$ also das neutrale Element dieser neuen Verknüpfung $\boxplus$ und zu

$$(x,y) \in E_{\alpha,\beta}(K)$$

ist stets

$$(x,-y) \in E_{\alpha,\beta}(K)$$

das jeweils inverse Element. Auch die Gültigkeit der übrigen Gesetze für kommutative Gruppen (Kommutativität, Assoziativität) lassen sich explizit nachweisen, wobei hier jedoch darauf verzichtet werden soll.

Beispiel

Für $K := \mathbf{Z}_5$, $\alpha := 2$ und $\beta := 1$ ist die zugehörige elliptische Kurve bereits bekannt, nämlich

$$E_{2,1}(\mathbf{Z}_5) = \{\mathcal{O},(0,1),(0,4),(1,2),(1,3),(3,2),(3,3)\}.$$

Auf dieser Menge wird nun mit der gerade eingeführten Operation $\boxplus$ eine kommutative Gruppe etabliert. Konkret ergibt sich zum Beispiel für die Verknüpfung von $(1,2) \in E_{2,1}(\mathbf{Z}_5)$ mit sich selbst die Identität

$$(1,2) \boxplus (1,2) = \left(\underbrace{\left(\frac{3 \cdot 1^2 \oplus 2}{2 \cdot 2}\right)^2 \ominus 2 \cdot 1}_{\lambda}, \left(\frac{3 \cdot 1^2 \oplus 2}{2 \cdot 2}\right) \odot (1 \ominus \lambda) \ominus 2 \right)$$

$$= \left(\underbrace{\left(\frac{0}{4}\right)^2 \ominus 2}_{\lambda}, \left(\frac{0}{4}\right) \odot (1 \ominus \lambda) \oplus 3 \right)$$

$$= \left(\underbrace{0 \oplus 3}_{\lambda}, 0 \odot (1 \ominus \lambda) \oplus 3 \right) = (3,3).$$

Basistext

oder für die Verknüpfung von $(0,1) \in E_{2,1}(\mathbf{Z}_5)$ mit $(3,2) \in E_{2,1}(\mathbf{Z}_5)$ die Beziehung

$$(0,1) \boxplus (3,2) = \left(\underbrace{\left(\frac{2 \ominus 1}{3 \ominus 0}\right)^2 \ominus 0 \ominus 3}_{\mu}, \left(\frac{2 \ominus 1}{3 \ominus 0}\right) \odot (0 \ominus \mu) \ominus 1 \right)$$

$$= \left(\underbrace{\left(\frac{1}{3}\right)^2 \oplus 2}_{\mu}, \left(\frac{1}{3}\right) \odot -\mu \oplus 4 \right)$$

$$= \left(\underbrace{(1 \odot 2)^2 \oplus 2}_{\mu}, (1 \odot 2) \odot -\mu \oplus 4 \right)$$

$$= (1, 2 \odot -1 \oplus 4) = (1, 2 \odot 4 \oplus 4) = (1,2).$$

Man erhält auf diese Weise Schritt für Schritt die bewusst noch nicht ganz vollständig angegebene Verknüpfungstabelle für $E_{2,1}(\mathbf{Z}_5)$ mit der Operation $\boxplus$:

$\boxplus$	$\mathcal{O}$	$(0,1)$	$(0,4)$	$(1,2)$	$(1,3)$	$(3,2)$	$(3,3)$
$\mathcal{O}$	$\mathcal{O}$	$(0,1)$	$(0,4)$	$(1,2)$	$(1,3)$	$(3,2)$	$(3,3)$
$(0,1)$	$(0,1)$	$(1,3)$	$\mathcal{O}$	$(0,4)$	$(3,3)$	$(1,2)$	$(3,2)$
$(0,4)$	$(0,4)$	$\mathcal{O}$	$(1,2)$	$(3,2)$			
$(1,2)$	$(1,2)$	$(0,4)$	$(3,2)$	$(3,3)$	$\mathcal{O}$	$(1,3)$	$(0,1)$
$(1,3)$	$(1,3)$	$(3,3)$		$\mathcal{O}$	$(3,2)$	$(0,4)$	
$(3,2)$	$(3,2)$	$(1,2)$		$(1,3)$	$(0,4)$		$\mathcal{O}$
$(3,3)$	$(3,3)$	$(3,2)$		$(0,1)$		$\mathcal{O}$	$(0,4)$

Vervollständigen Sie die obige Verknüpfungstabelle von $E_{2,1}(\mathbf{Z}_5)$ bezüglich $\boxplus$.

Bemerkung **Geometrische Interpretation von $\boxplus$:** Man kann die Addition von Punkten einer elliptischen Kurve auch geometrisch interpretieren. Da dies für eine Implementierung aber nicht relevant ist, wird an dieser Stelle auf eine entsprechende Erklärung verzichtet. Details zu diesem Aspekt elliptischer Kurven findet man z.B. in /Werner 02/.

Basistext

5.17 Elliptische Kurven (char K > 3) ***

Beispiel

Man betrachte die elliptische Kurve $E_{\alpha,\beta}(\mathbf{Z}_{11})$ mit $\alpha := 3$ und $\beta := 3$, wobei man sich zunächst klar machen sollte, dass wegen char $\mathbf{Z}_{11} > 3$ und $4\alpha^3 \oplus 27\beta^2 \neq 0$ die notwendigen Voraussetzungen erfüllt sind. Gemäß der allgemeinen Definition ergibt sich also für $E_{3,3}(\mathbf{Z}_{11})$ die Menge

$$E_{3,3}(\mathbf{Z}_{11}) = \{(x,y) \in \mathbf{Z}_{11} \times \mathbf{Z}_{11} \mid y^2 = x^3 \oplus 3 \odot x \oplus 3\} \cup \{\mathcal{O}\}.$$

Ein einfaches Durchtesten aller Tupel $(x,y) \in \mathbf{Z}_{11} \times \mathbf{Z}_{11}$ liefert dann neben dem obligatorischen Punkt $\mathcal{O}$ die Punkte $(0,5), (0,6), (7,2), (7,9), (5,0), (8,0)$ und $(9,0)$. Also lautet die elliptische Kurve explizit

$$E_{3,3}(\mathbf{Z}_{11}) = \{\mathcal{O}, (0,5), (0,6), (7,2), (7,9), (5,0), (8,0), (9,0)\}.$$

Man kann sich die Punkte der elliptischen Kurve wieder gemäß Abb. 5.17-2 visualisieren, wobei man sich den Punkt $\mathcal{O}$ als im Unendlichen liegend vorstellen sollte.

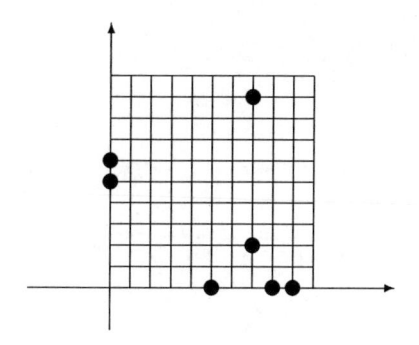

Abb. 5.17-2: Elliptische Kurve $E_{3,3}(Z_{11})$.

Auf dieser Menge wird nun wieder die Operation $\boxplus$ eingeführt. Konkret ergibt sich zum Beispiel für die Verknüpfung von $(7,2) \in E_{3,3}(\mathbf{Z}_{11})$ mit sich selbst die Identität

Basistext

$$(7,2) \boxplus (7,2) = \left(\left(\underbrace{\frac{3 \cdot 7^2 \oplus 3}{2 \cdot 2}}_{\lambda} \right)^2 \ominus 2 \cdot 7, \left(\frac{3 \cdot 7^2 \oplus 3}{2 \cdot 2} \right) \odot (7 \ominus \lambda) \ominus 2 \right)$$

$$= \left(\left(\underbrace{\frac{7}{4}}_{\lambda} \right)^2 \ominus 3, \left(\frac{7}{4} \right) \odot (7 \ominus \lambda) \oplus 9 \right)$$

$$= \left(\underbrace{(7 \odot 3)^2}_{\lambda} \oplus 8, (7 \odot 3) \odot (7 \ominus \lambda) \oplus 9 \right)$$

$$= (9, 10 \odot (7 \ominus 9) \oplus 9) = (9, 10 \odot 9 \oplus 9) = (9, 0)$$

oder für die Verknüpfung von $(7,2) \in E_{3,3}(\mathbf{Z}_{11})$ mit $(8,0) \in E_{3,3}(\mathbf{Z}_{11})$ die Beziehung

$$(7,2) \boxplus (8,0) = \left(\left(\underbrace{\frac{0 \ominus 2}{8 \ominus 7}}_{\mu} \right)^2 \ominus 7 \ominus 8, \left(\frac{0 \ominus 2}{8 \ominus 7} \right) \odot (7 \ominus \mu) \ominus 2 \right)$$

$$= \left(\left(\underbrace{\frac{9}{1}}_{\mu} \right)^2 \oplus 4 \oplus 3, \left(\frac{9}{1} \right) \odot (7 \ominus \mu) \oplus 9 \right)$$

$$= \left(\underbrace{(9 \odot 1)^2}_{\mu} \oplus 7, (9 \odot 1) \odot (7 \ominus \mu) \oplus 9 \right)$$

$$= (0, 9 \odot (7 \ominus 0) \oplus 9) = (0, 9 \odot 7 \oplus 9) = (0, 6).$$

Man erhält auf diese Weise die Verknüpfungstabelle für $E_{3,3}(\mathbf{Z}_{11})$ mit der Operation $\boxplus$:

$\boxplus$	$\mathcal{O}$	$(0,5)$	$(0,6)$	$(7,2)$	$(7,9)$	$(5,0)$	$(8,0)$	$(9,0)$
$\mathcal{O}$	$\mathcal{O}$	$(0,5)$	$(0,6)$	$(7,2)$	$(7,9)$	$(5,0)$	$(8,0)$	$(9,0)$
$(0,5)$	$(0,5)$	$(9,0)$	$\mathcal{O}$	$(8,0)$	$(5,0)$	$(7,2)$	$(7,9)$	$(0,6)$
$(0,6)$	$(0,6)$	$\mathcal{O}$	$(9,0)$	$(5,0)$	$(8,0)$	$(7,9)$	$(7,2)$	$(0,5)$
$(7,2)$	$(7,2)$	$(8,0)$	$(5,0)$	$(9,0)$	$\mathcal{O}$	$(0,5)$	$(0,6)$	$(7,9)$
$(7,9)$	$(7,9)$	$(5,0)$	$(8,0)$	$\mathcal{O}$	$(9,0)$	$(0,6)$	$(0,5)$	$(7,2)$
$(5,0)$	$(5,0)$	$(7,2)$	$(7,9)$	$(0,5)$	$(0,6)$	$\mathcal{O}$	$(9,0)$	$(8,0)$
$(8,0)$	$(8,0)$	$(7,9)$	$(7,2)$	$(0,6)$	$(0,5)$	$(9,0)$	$\mathcal{O}$	$(5,0)$
$(9,0)$	$(9,0)$	$(0,6)$	$(0,5)$	$(7,9)$	$(7,2)$	$(8,0)$	$(5,0)$	$\mathcal{O}$

Basistext

5.18 EC-Diffie-Hellman-Verfahren (char K > 3) **

Beim EC-Diffie-Hellman-Verfahren ausgehend von einem **Körper** $K = \mathbf{Z}_p$ **mit großer Primzahl** $p > 3$ **handelt es sich um ein asymmetrisches Verfahren zum Austausch eines geheimen Schlüssels durch Anwendung einer geeignet definierten elliptischen Kurve** $E_{\alpha,\beta}(\mathbf{Z}_p)$. **Es nutzt die Assoziativität der mehrfachen Addition auf der entsprechenden elliptischen Kurve im Sinne von** $a(b(x,y)) = b(a(x,y))$ **aus und basiert in Hinblick auf seine Sicherheit auf Einwegfunktionen vom Typ** $f : \mathbf{Z}_q \to E_{\alpha,\beta}(\mathbf{Z}_p)$ **mit** $f(t) := t(x,y)$, **wobei** $(x,y) \in E_{\alpha,\beta}(\mathbf{Z}_p)$ **idealerweise so gewählt sein sollte, dass** $q(x,y)$ **erst für ein sehr großes** $q \in \mathbf{N}^*$ **erstmals gleich** $\mathcal{O}$ **wird.**

Als einzige kleine Anwendung der Verschlüsselung mit elliptischen Kurven wird im Folgenden das **EC-Diffie-Hellman-Verfahren (char K > 3)** skizziert. Wesentlich ist hier, wie auch bei allen anderen Adaptionen bekannter Verfahren auf elliptische Kurven, dass die klassische Potenzierung in den Körpern $\mathbf{Z}_p$ (oder auch $GF(2^n)$), d.h. die **mehrfache Multiplikation**, durch eine in der kommutativen Gruppe $E_{\alpha,\beta}(\mathbf{Z}_p)$ stattfindende **mehrfache Addition** ersetzt wird. Insbesondere ist für $t \in \mathbf{N}^*$ und $(x,y) \in E_{\alpha,\beta}(\mathbf{Z}_p)$ im Folgenden $t(x,y)$ stets als t-fache Addition von (x,y) mit sich selbst zu verstehen, also

$$t(x,y) := \underbrace{(x,y) \boxplus (x,y) \boxplus \cdots \boxplus (x,y)}_{t \text{ mal}}.$$

EC-Diffie-Hellman-Verfahren ($K = \mathbf{Z}_p$, $p > 3$) *Definition*
Es sei $p \in \mathbf{N}^*$ eine hinreichend große Primzahl, insbesondere größer als 3, und $E_{\alpha,\beta}(\mathbf{Z}_p)$ eine gegebene elliptische Kurve (also $4\alpha^3 \oplus 27\beta^2 \neq 0$). Das **EC-Diffie-Hellman-**

Verfahren ist ein asymmetrisches Verfahren zum Austausch eines geheimen Schlüssels $(k_1, k_2) \in E_{\alpha,\beta}(\mathbf{Z}_p)$ und wie folgt definiert:

Problem:	Alice und Bob möchten Schlüssel (k_1, k_2) vereinbaren
Öffentlich:	$p \in \mathbf{N}^*$ große Primzahl, $\alpha, \beta \in \mathbf{Z}_p$ geeignete EC-Parameter, $(x, y) \in E_{\alpha,\beta}(\mathbf{Z}_p)$ ebenfalls geeignet
Alice:	Wählt geheimes $a \in \mathbf{N}^*$ und sendet $a(x, y)$ an Bob
Bob:	Wählt geheimes $b \in \mathbf{N}^*$ und sendet $b(x, y)$ an Alice
Alice:	Berechnet Schlüssel $(k_1, k_2) = a(b(x, y))$
Bob:	Berechnet Schlüssel $(k_1, k_2) = b(a(x, y))$

Der prinzipielle Ablauf des EC-Diffie-Hellman-Verfahrens ist nochmals zusammenfassend in Abb. 5.18-1 skizziert.

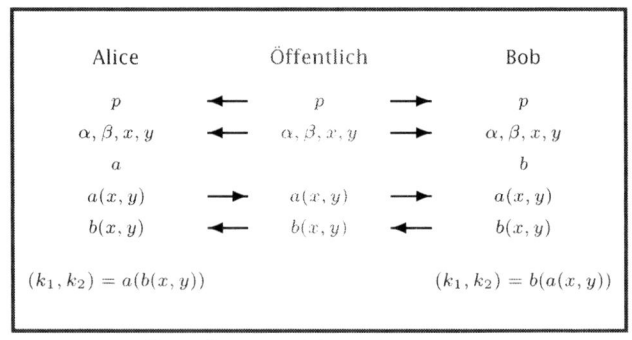

Alice		Öffentlich		Bob
p	←	p	→	p
α, β, x, y	←	α, β, x, y	→	α, β, x, y
a				b
$a(x, y)$	→	$a(x, y)$	→	$a(x, y)$
$b(x, y)$	←	$b(x, y)$	←	$b(x, y)$
$(k_1, k_2) = a(b(x, y))$				$(k_1, k_2) = b(a(x, y))$

Abb. 5.18-1: EC-Diffie-Hellman-Verfahren über $E_{\alpha,\beta}(Z_p)$.

Beispiel

Alice und Bob möchten einen geheimen Schlüssel (k_1, k_2) vereinbaren. Dabei legen sie die im Wissensbaustein »Elliptische Kurven (char K > 3)« (S. 271) bereits im Detail betrachtete elliptische Kurve $E_{2,1}(\mathbf{Z}_5)$ mit der Verknüpfungstabelle

Basistext

$\boxplus$	$\mathcal{O}$	$(0,1)$	$(0,4)$	$(1,2)$	$(1,3)$	$(3,2)$	$(3,3)$
$\mathcal{O}$	$\mathcal{O}$	$(0,1)$	$(0,4)$	$(1,2)$	$(1,3)$	$(3,2)$	$(3,3)$
$(0,1)$	$(0,1)$	$(1,3)$	$\mathcal{O}$	$(0,4)$	$(3,3)$	$(1,2)$	$(3,2)$
$(0,4)$	$(0,4)$	$\mathcal{O}$	$(1,2)$	$(3,2)$	$(0,1)$	$(3,3)$	$(1,3)$
$(1,2)$	$(1,2)$	$(0,4)$	$(3,2)$	$(3,3)$	$\mathcal{O}$	$(1,3)$	$(0,1)$
$(1,3)$	$(1,3)$	$(3,3)$	$(0,1)$	$\mathcal{O}$	$(3,2)$	$(0,4)$	$(1,2)$
$(3,2)$	$(3,2)$	$(1,2)$	$(3,3)$	$(1,3)$	$(0,4)$	$(0,1)$	$\mathcal{O}$
$(3,3)$	$(3,3)$	$(3,2)$	$(1,3)$	$(0,1)$	$(1,2)$	$\mathcal{O}$	$(0,4)$

zugrunde. Die Primzahl p ist hier also bewusst nicht groß, sondern sehr klein gewählt worden, um so eine Handrechnung zu ermöglichen:

Öffentlich: $p := 5, \alpha := 2, \beta := 1, (x,y) := (0,1)$
Alice: Wählt geheimes $a := 3$
Sendet $a(x,y) = (0,1) \boxplus (0,1) \boxplus (0,1) = (3,3)$ an Bob
Bob: Wählt geheimes $b := 2$
Sendet $b(x,y) = (0,1) \boxplus (0,1) = (1,3)$ an Alice
Alice: Berechnet Schlüssel $3(1,3) = (1,3) \boxplus (1,3) \boxplus (1,3) = (0,4)$
Bob: Berechnet Schlüssel $2(3,3) = (3,3) \boxplus (3,3) = (0,4)$

Also lautet der vereinbarte geheime Schlüssel in diesem Fall $(k_1, k_2) = (0,4)$.

Sicherheit des EC-Diffie-Hellman-Verfahrens über $E_{\alpha,\beta}(\mathbf{Z}_p)$: Das Verfahren ist sicher, falls ein Mitlesen von $a(x,y)$ oder $b(x,y)$ bei bekannten p, α, β, x und y keine Berechnung von a oder b ermöglicht. Dies ist für große Primzahlen p und geeignete Zahlen α, β, x und y der Fall, da die Funktionen $f : \mathbf{Z}_q \to E_{\alpha,\beta}(\mathbf{Z}_p)$ mit $f(t) := t(x,y)$ dann Einwegfunktionen sind, wobei

$$q := \min\{t \in \mathbf{N}^* \mid t(x,y) = \mathcal{O}\} \ .$$

Insbesondere sollte man bei der Festlegung von (x,y) darauf achten, dass das oben angegebene $q \in \mathbf{N}^*$, die so-

Bemerkung

Basistext

genannte **Ordnung des Punktes** (x,y), möglichst groß wird sowie möglichst eine Primzahl ist. Weitere Details findet man z.B. in /Koblitz 94/, /Menezes 99/ oder /Werner 02/.

5.19 Elliptische Kurven (char K = 2) ***

Eine elliptische Kurve $E_{\alpha,\beta}(K)$ **über einem Körper** $(K, \oplus, \odot)$ **mit** $\text{char } K = 2$ **zu den Parametern** $\alpha, \beta \in K$ **mit** $\beta \neq 0$ **ist definiert als**

$$E_{\alpha,\beta}(K) := \{(x,y) \in K \times K \mid y^2 \oplus x \odot y = x^3 \oplus \alpha \odot x^2 \oplus \beta\} \cup \{\mathcal{O}\}.$$

Die Elemente von $E_{\alpha,\beta}(K)$ **werden Punkte der elliptischen Kurve genannt**, wobei man sich den Punkt $\mathcal{O}$ zur Veranschaulichung als im Unendlichen liegend denken sollte. **Auf** $E_{\alpha,\beta}(K)$ **lässt sich eine Operation** $\boxplus$ **erklären, die** $E_{\alpha,\beta}(K)$ **zu einer kommutativen Gruppe macht.**

Im Wissensbaustein »Elliptische Kurven (char K > 3)« (S. 271) wurden lediglich elliptische Kurven über Körpern K mit $\text{char } K > 3$ betrachtet. Für die praktische Anwendung eignen sich aber insbesondere auch elliptische Kurven über Körpern K mit $\text{char } K = 2$ sehr gut, denn die in ihnen benötigten binären Operationen lassen sich außerordentlich effizient und performant implementieren. Genau um elliptische Kurven dieses Typs soll es im Folgenden gehen. Ab jetzt sei K also stets ein Körper mit $\text{char } K = 2$, also zum Beispiel $\mathbb{Z}_2 = GF(2)$ oder allgemein $GF(2^n)$ für $n \in \mathbb{N}^*$. Es werden nun im Detail **elliptische Kurven über einem Körper mit char K = 2** eingeführt.

Basistext

5.19 Elliptische Kurven (char K = 2) ***

Elliptische Kurve über K (char $K = 2$) *Definition*
Es sei $(K, \oplus, \odot)$ ein Körper mit char $K = 2$. Ferner seien $\alpha, \beta \in K$ mit $\beta \neq 0$ gegeben. Dann heißt $E_{\alpha,\beta}(K)$,

$$E_{\alpha,\beta}(K) := \{(x,y) \in K \times K \mid y^2 \oplus x \odot y = x^3 \oplus \alpha \odot x^2 \oplus \beta\} \cup \{\mathcal{O}\},$$

elliptische Kurve über K. Alle Tupel $(x,y) \in E_{\alpha,\beta}(K)$ sowie das spezielle Element $\mathcal{O} \in E_{\alpha,\beta}(K)$ heißen **Punkte der elliptischen Kurve** $E_{\alpha,\beta}(K)$.

Für $K := \mathbf{Z}_2 = GF(2)$, $\alpha := 0$ und $\beta := 1$ sind zunächst wegen *Beispiel*
char $K = 2$ und $\beta \neq 0$ die Voraussetzungen zur Definition der entsprechenden elliptischen Kurve erfüllt. Gemäß der allgemeinen Definition ergibt sich für $E_{0,1}(\mathbf{Z}_2)$ dann

$$E_{0,1}(\mathbf{Z}_2) := \{(x,y) \in \mathbf{Z}_2 \times \mathbf{Z}_2 \mid y^2 \oplus x \odot y = x^3 \oplus 1\} \cup \{\mathcal{O}\}.$$

Ein einfaches Durchtesten aller Tupel $(x,y) \in \mathbf{Z}_2 \times \mathbf{Z}_2$ liefert dann neben dem obligatorischen Punkt $\mathcal{O}$ die Punkte $(1,0)$, $(0,1)$ und $(1,1)$. Also lautet die elliptische Kurve explizit

$$E_{0,1}(\mathbf{Z}_2) = \{\mathcal{O}, (1,0), (0,1), (1,1)\}.$$

Man kann sich die Punkte dieser elliptischen Kurve gemäß Abb. 5.19-1 visualisieren, wobei man sich den Punkt $\mathcal{O}$ als im Unendlichen liegend vorstellen sollte.

Auf der elliptischen Kurve $E_{\alpha,\beta}(K)$ lässt sich nun wieder eine Operation $\boxplus$ erklären, die $E_{\alpha,\beta}(K)$ zu einer **kommutativen Gruppe** macht. Konkret wird die neue Operation $\boxplus$ wie folgt definiert:

- Für alle $(x,y) \in E_{\alpha,\beta}(K)$ und $\mathcal{O} \in E_{\alpha,\beta}(K)$ definiert man

$$\mathcal{O} \boxplus \mathcal{O} := \mathcal{O}, \qquad (x,y) \boxplus \mathcal{O} := (x,y),$$
$$(x,y) \boxplus (x, x \oplus y) := \mathcal{O}, \qquad \mathcal{O} \boxplus (x,y) := (x,y).$$

Basistext

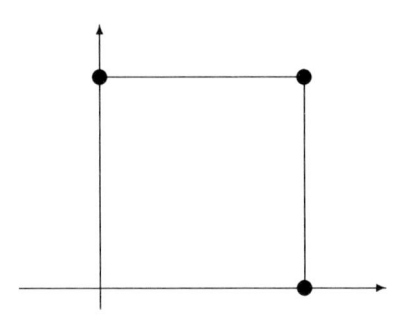

Abb. 5.19-1: Elliptische Kurve $E_{0,1}(\mathbf{Z}_2)$.

■ Für alle übrigen $(x_1, y_1), (x_2, y_2) \in E_{\alpha,\beta}(K)$ definiert man

$$(x_1, y_1) \boxplus (x_2, y_2) := (\underbrace{\mu^2 \oplus \mu \oplus x_1 \oplus x_2 \oplus \alpha}_{=:\lambda}, (\lambda \oplus x_1) \odot \mu \oplus \lambda \oplus y_1),$$

wobei $\mu := x_1 \oplus \dfrac{y_1}{x_1}$ falls $x_1 = x_2$,

$\mu := \dfrac{y_1 \oplus y_2}{x_1 \oplus x_2}$ falls $x_1 \neq x_2$.

Offenbar ist $\mathcal{O}$ also das neutrale Element dieser neuen Verknüpfung $\boxplus$ und zu

$$(x, y) \in E_{\alpha,\beta}(K)$$

ist stets

$$(x, x \oplus y) \in E_{\alpha,\beta}(K)$$

das jeweils inverse Element. Auch die Gültigkeit der übrigen Gesetze für kommutative Gruppen (Kommutativität, Assoziativität) lassen sich explizit nachweisen, wobei hier jedoch darauf verzichtet werden soll.

Beispiel

Für $K := \mathbf{Z}_2 = GF(2)$, $\alpha := 0$ und $\beta := 1$ ist die zugehörige elliptische Kurve bereits bekannt, nämlich

$$E_{0,1}(\mathbf{Z}_2) = \{\mathcal{O}, (1,0), (0,1), (1,1)\}.$$

Basistext

5.19 Elliptische Kurven (char K = 2) ***

Auf dieser Menge wird nun mit der gerade eingeführten Operation $\boxplus$ eine kommutative Gruppe etabliert. Konkret ergibt sich zum Beispiel für die Verknüpfung von $(1,1) \in E_{0,1}(\mathbf{Z}_2)$ mit sich selbst wegen $\mu = 1 \oplus \frac{1}{1} = 0$ die Identität

$$(1,1) \boxplus (1,1) = (\underbrace{0^2 \oplus 0 \oplus 1 \oplus 1 \oplus 0}_{=:\lambda}, (\lambda \oplus 1) \odot 0 \oplus \lambda \oplus 1)$$
$$= (0, 0 \oplus 1) = (0,1)$$

oder für die Verknüpfung von $(0,1) \in E_{0,1}(\mathbf{Z}_2)$ mit $(1,0) \in E_{0,1}(\mathbf{Z}_2)$ wegen $\mu = \frac{1 \oplus 0}{0 \oplus 1} = 1$ die Beziehung

$$(0,1) \boxplus (1,0) = (\underbrace{1^2 \oplus 1 \oplus 0 \oplus 1 \oplus 0}_{=:\lambda}, (\lambda \oplus 0) \odot 1 \oplus \lambda \oplus 1)$$
$$= (1, (1 \oplus 0) \oplus 1 \oplus 1) = (1,1).$$

Man erhält auf diese Weise eine Verknüpfungstabelle für $E_{0,1}(\mathbf{Z}_2)$ mit der Operation $\boxplus$ gemäß:

$\boxplus$	$\mathcal{O}$	$(1,0)$	$(0,1)$	$(1,1)$
$\mathcal{O}$	$\mathcal{O}$	$(1,0)$	$(0,1)$	$(1,1)$
$(1,0)$	$(1,0)$	$(0,1)$	$(1,1)$	$\mathcal{O}$
$(0,1)$	$(0,1)$	$(1,1)$	$\mathcal{O}$	$(1,0)$
$(1,1)$	$(1,1)$	$\mathcal{O}$	$(1,0)$	$(0,1)$

Beispiel

Man betrachte die elliptische Kurve $E_{\alpha,\beta}(GF(4))$ mit $\alpha := 00$ und $\beta := 01$, wobei man sich zunächst klar machen sollte, dass wegen $\mathrm{char}\, GF(4) = 2$ und $\beta \neq 00$ die Voraussetzungen zur Definition der entsprechenden elliptischen Kurve erfüllt sind. Gemäß der allgemeinen Definition ergibt sich also für $E_{00,01}(GF(4))$ die Menge

$$\{(x,y) \in GF(4) \times GF(4) \mid y^2 \oplus x \odot y = x^3 \oplus 01\} \cup \{\mathcal{O}\}.$$

Ein einfaches Durchtesten aller Tupel $(x,y) \in GF(4) \times GF(4)$ liefert dann unter Anwendung der entsprechenden Verknüpfungstabellen aus dem Wissensbaustein »Galois-Feld

Basistext

GF(4)« (S. 209) neben dem obligatorischen Punkt $\mathcal{O}$ die Punkte $(00, 01)$, $(01, 00)$, $(01, 01)$, $(10, 00)$, $(10, 10)$, $(11, 00)$ und $(11, 11)$. Also lautet die elliptische Kurve $E_{00,01}(GF(4))$ explizit

$$\{\mathcal{O}, (00, 01), (01, 00), (01, 01), (10, 00), (10, 10), (11, 00), (11, 11)\}.$$

Man kann sich die Punkte der elliptischen Kurve wieder gemäß Abb. 5.19-2 visualisieren, wobei hier die Punkte durch Vollkreise über $\{0, 1, 2, 3\}^2$ visualisiert wurden, indem jede ihrer Binärkoordinaten in ihren zugehörigen Zahlwert umgerechnet wurde. Den Punkt $\mathcal{O}$ kann man sich wieder als im Unendlichen liegend vorstellen.

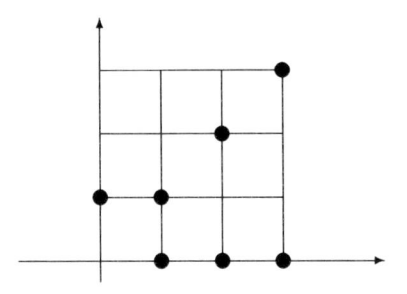

Abb. 5.19-2: *Elliptische Kurve $E_{00,01}(GF(4))$.*

Auf dieser Menge wird nun wieder die Operation $\boxplus$ eingeführt. Konkret ergibt sich zum Beispiel für die Verknüpfung von $(10, 10) \in E_{00,01}(GF(4))$ mit sich selbst wegen $\mu = 10 \oplus \frac{10}{10} = 11$ die Identität

$$(10, 10) \boxplus (10, 10) = (\underbrace{11^2 \oplus 11 \oplus 10 \oplus 10 \oplus 00}_{=:\lambda}, (\lambda \oplus 10) \odot 11 \oplus \lambda \oplus 10)$$
$$= (01, (01 \oplus 10) \odot 11 \oplus 01 \oplus 10) = (01, 01)$$

Basistext

oder für die Verknüpfung von $(10, 10) \in E_{00,01}(GF(4))$ mit $(11, 00) \in E_{00,01}(GF(4))$ wegen $\mu = \frac{10 \oplus 00}{10 \oplus 11} = 10$ die Beziehung

$$(10, 10) \boxplus (11, 00) = (\underbrace{10^2 \oplus 10 \oplus 10 \oplus 11 \oplus 00}_{=:\lambda}, (\lambda \oplus 10) \odot 10 \oplus \lambda \oplus 10)$$

$$= (00, (00 \oplus 10) \odot 10 \oplus 00 \oplus 10) = (00, 01).$$

Man erhält auf diese Weise Schritt für Schritt die bewusst noch nicht ganz vollständig angegebene Verknüpfungstabelle für die elliptische Kurve $E_{00,01}(GF(4))$ mit der Operation $\boxplus$:

$\boxplus$	$\mathcal{O}$	$(00,01)$	$(01,00)$	$(01,01)$	$(10,00)$	$(10,10)$	$(11,00)$	$(11,11)$
$\mathcal{O}$	$\mathcal{O}$	$(00,01)$	$(01,00)$	$(01,01)$	$(10,00)$	$(10,10)$	$(11,00)$	$(11,11)$
$(00,01)$	$(00,01)$		$(01,01)$	$(01,00)$	$(11,11)$	$(11,11)$	$(10,00)$	$(10,10)$
$(01,00)$	$(01,00)$	$(01,01)$	$(00,01)$	$\mathcal{O}$	$(11,11)$	$(10,00)$	$(10,10)$	$(11,00)$
$(01,01)$	$(01,01)$	$(01,00)$	$\mathcal{O}$					
$(10,00)$	$(10,00)$	$(11,11)$	$(11,11)$					
$(10,10)$	$(10,10)$	$(11,11)$	$(10,00)$			$(01,01)$	$(00,01)$	$(01,00)$
$(11,00)$	$(11,00)$	$(10,00)$	$(10,10)$			$(00,01)$	$(01,00)$	$\mathcal{O}$
$(11,11)$	$(11,11)$	$(10,10)$	$(11,00)$			$(01,00)$	$\mathcal{O}$	$(01,01)$

Vervollständigen Sie die obige Verknüpfungstabelle von $E_{00,01}(GF(4))$ bezüglich $\boxplus$.

5.20 EC-Diffie-Hellman-Verfahren (char K = 2) **

Beim EC-Diffie-Hellman-Verfahren ausgehend von einem Körper $K = GF(2^n)$ mit großem Exponenten $n \in \mathbb{N}^*$ handelt es sich um ein asymmetrisches Verfahren zum Austausch eines geheimen Schlüssels durch Anwendung einer geeignet definierten elliptischen Kurve $E_{\alpha,\beta}(GF(2^n))$. Es nutzt die Assoziativität der mehrfachen Addition auf der entsprechenden elliptischen Kurve im Sinne von $a(b(x,y)) = b(a(x,y))$ aus und basiert

Basistext

in Hinblick auf seine Sicherheit auf Einwegfunktionen vom Typ $f : Z_q \to E_{\alpha,\beta}(GF(2^n))$ mit $f(t) := t(x,y)$, wobei $(x,y) \in E_{\alpha,\beta}(GF(2^n))$ **idealerweise so gewählt sein sollte, dass** $q(x,y)$ **erst für ein sehr großes** $q \in N^*$ **erstmals gleich** $\mathcal{O}$ **wird.**

Als letzte kleine Anwendung der Verschlüsselung mit elliptischen Kurven wird im Folgenden das **EC-Diffie-Hellman-Verfahren (char K = 2)** skizziert. Das prinzipielle Vorgehen ist identisch mit dem in Wissensbaustein »EC-Diffie-Hellman-Verfahren (char K > 3)« (S. 279).

Definition

EC-Diffie-Hellman-Verfahren ($K = GF(2^n)$)
Es sei $n \in N^*$ eine hinreichend große Zahl und $E_{\alpha,\beta}(GF(2^n))$ eine gegebene elliptische Kurve (also $\beta \neq 0$). Das **EC-Diffie-Hellman-Verfahren** ist ein asymmetrisches Verfahren zum Austausch eines geheimen Schlüssels $(k_1, k_2) \in E_{\alpha,\beta}(GF(2^n))$ und wie folgt definiert:

Problem: Alice und Bob möchten Schlüssel (k_1, k_2) vereinbaren
Öffentlich: $n \in N^*$ große Zahl, $\alpha, \beta \in GF(2^n)$ geeignete EC-Parameter, $(x,y) \in E_{\alpha,\beta}(GF(2^n))$ ebenfalls geeignet
Alice: Wählt geheimes $a \in N^*$ und sendet $a(x,y)$ an Bob
Bob: Wählt geheimes $b \in N^*$ und sendet $b(x,y)$ an Alice
Alice: Berechnet Schlüssel $(k_1, k_2) = a(b(x,y))$
Bob: Berechnet Schlüssel $(k_1, k_2) = b(a(x,y))$

Der prinzipielle Ablauf des EC-Diffie-Hellman-Verfahrens ist nochmals zusammenfassend in Abb. 5.20-1 skizziert.

Beispiel

Alice und Bob möchten einen geheimen Schlüssel (k_1, k_2) vereinbaren. Dabei legen sie die im Wissensbaustein »Elliptische Kurven (char K = 2)« (S. 282) bereits im Detail betrachtete elliptische Kurve $E_{00,01}(GF(4))$ mit der Verknüpfungstabelle

Basistext

5.20 EC-Diffie-Hellman-Verfahren (char K = 2) **

Alice	Öffentlich	Bob
n ←	n →	n
α, β, x, y ←	α, β, x, y →	α, β, x, y
a		b
$a(x, y)$ →	$a(x, y)$ →	$a(x, y)$
$b(x, y)$ ←	$b(x, y)$ ←	$b(x, y)$
$(k_1, k_2) = a(b(x, y))$		$(k_1, k_2) = b(a(x, y))$

Abb. 5.20-1: EC-Diffie-Hellman-Verfahren über $E_{\alpha,\beta}(GF(2^n))$.

$\boxplus$	$\mathcal{O}$	(00, 01)	(01, 00)	(01, 01)	(10, 00)	(10, 10)	(11, 00)	(11, 11)
$\mathcal{O}$	$\mathcal{O}$	(00, 01)	(01, 00)	(01, 01)	(10, 00)	(10, 10)	(11, 00)	(11, 11)
(00, 01)	(00, 01)	$\mathcal{O}$	(01, 01)	(01, 00)	(11, 00)	(11, 11)	(10, 00)	(10, 10)
(01, 00)	(01, 00)	(01, 01)	(00, 01)	$\mathcal{O}$	(11, 11)	(10, 00)	(10, 10)	(11, 00)
(01, 01)	(01, 01)	(01, 00)	$\mathcal{O}$	(00, 01)	(10, 10)	(11, 00)	(11, 11)	(10, 00)
(10, 00)	(10, 00)	(11, 00)	(11, 11)	(10, 10)	(01, 00)	$\mathcal{O}$	(01, 01)	(00, 01)
(10, 10)	(10, 10)	(11, 11)	(10, 00)	(11, 00)	$\mathcal{O}$	(01, 01)	(00, 01)	(01, 00)
(11, 00)	(11, 00)	(10, 00)	(10, 10)	(11, 11)	(01, 01)	(00, 01)	(01, 00)	$\mathcal{O}$
(11, 11)	(11, 11)	(10, 10)	(11, 00)	(10, 00)	(00, 01)	(01, 00)	$\mathcal{O}$	(01, 01)

zugrunde. Die Zahl n ist hier also bewusst nicht groß, sondern sehr klein gewählt worden, um so eine Handrechnung zu ermöglichen:

Öffentlich: $n := 2, \alpha := 00, \beta := 01, (x, y) := (10, 10)$
   Alice: Wählt geheimes $a := 3$
           Sendet $a(x, y) = (10, 10) \boxplus (10, 10) \boxplus (10, 10) = (11, 00)$ an Bob
   Bob: Wählt geheimes $b := 2$
           Sendet $b(x, y) = (10, 10) \boxplus (10, 10) = (01, 01)$ an Alice
   Alice: Berechnet Schlüssel
           $3(01, 01) = (01, 01) \boxplus (01, 01) \boxplus (01, 01) = (01, 00)$
   Bob: Berechnet Schlüssel
           $2(11, 00) = (11, 00) \boxplus (11, 00) = (01, 00)$

Also lautet der vereinbarte geheime Schlüssel in diesem Fall $(k_1, k_2) = (01, 00)$.

Basistext

Bemerkung

Sicherheit des EC-Diffie-Hellman-Verfahrens über $E_{\alpha,\beta}(GF(2^n))$**:** Das Verfahren ist sicher, falls ein Mitlesen von $a(x,y)$ oder $b(x,y)$ bei bekannten n, α, β, x und y keine Berechnung von a oder b ermöglicht. Dies ist für große Exponenten n und geeignete Zahlen α, β, x und y der Fall, da die Funktionen $f : \mathbf{Z}_q \to E_{\alpha,\beta}(GF(2^n))$ mit $f(t) := t(x,y)$ dann Einwegfunktionen sind, wobei

$$q := \min\{t \in \mathbf{N}^* \mid t(x,y) = \mathcal{O}\}\,.$$

Insbesondere sollte man bei der Festlegung von (x,y) darauf achten, dass das oben angegebene $q \in \mathbf{N}^*$, die sogenannte **Ordnung des Punktes** (x,y), möglichst groß wird sowie möglichst eine Primzahl ist. Weitere Details findet man z.B. in /Koblitz 94/, /Menezes 99/ oder /Werner 02/.

Mit dem Diffie-Hellman-, dem RSA-, dem DES- und dem AES-Verfahren sowie den elliptischen Kurven sind einige der wichtigsten grundlegenden Verschlüsselungstechniken vorgestellt worden, auf deren Basis man sich leicht in weitere konkurrierende oder ergänzende Verfahren einarbeiten kann. Was im Prinzip noch fehlt, um das praktische Umfeld der Verschlüsselung einigermaßen abzudecken, sind die sogenannten **Hash-Verfahren**. Hierbei handelt es sich um Verfahren, die einer gegebenen Datei oder Nachricht eine eindeutige Hex- oder Binärzahl zuordnen, mit der verifiziert werden kann, dass die Information im Laufe der Übertragung nicht unbefugt verändert wurde. Der Sender stellt diese Zahl z.B. ins Netz, der Empfänger erhält die Datei, wendet den Hash-Algorithmus auf sie an und vergleicht die so erhaltene Hash-Zahl mit der durch den Sender veröffentlichten. Sind beide gleich, kann der Empfänger sicher sein, dass er die unverfälschte Nachricht des Senders erhalten hat. Will der Empfänger auch noch sicher sein, dass

Basistext

die Datei wirklich vom genannten Sender stammt, kann der Sender z.B. die Hash-Zahl der Datei mit seinem geheimen Schlüssel eines asymmetrischen Verfahrens wie etwa **RSA** oder einer Variante des auf elliptischen Kurven beruhenden **DSA** (*Digital Signature Algorithm*), dem sogenannten **ECDSA**, verschlüsseln und der Datei anhängen. Der Empfänger entschlüsselt dann diesen Anhang mit dem öffentlichen Schlüssel des Senders und kann so gleichzeitig die **Authentizität** des Senders sowie die **Integrität** der Nachricht verifizieren (**Signatur-Check**). Natürlich funktioniert das Ganze nur dann, wenn ausschließlich der Sender über seinen geheimen Schlüssel verfügt und wenn niemand in der Lage ist, zu einer gegebenen Hash-Zahl eine Datei zu konstruieren, die genau diese Hash-Zahl besitzt (quasi eine nicht injektive Einwegfunktion). Bekannte Algorithmen dieses Typs sind z.B. die sogenannten *Secure Hash Algorithms* (**SHA** und **SHA-1**) sowie die *Message Digests* (**MD4** und **MD5**; Details siehe /Bauer 00/, /Buchmann 04/, /Eckert 04/ oder /Wätjen 04/; bezüglich einer sehr schönen zusammenfassenden Darstellung des **ECDSA** siehe auch /Werner 02/).

Basistext

Glossar

Abstieg-Verfahren Iterationsverfahren zur näherungsweisen Berechnung eines Minimums einer differenzierbaren Funktion $f : \mathbf{R} \to \mathbf{R}$. Ausgehend von einem beliebigen Startwert $x_0 \in \mathbf{R}$ und einem beliebig gewählten Parameter $\lambda \in \mathbf{R}$, $\lambda > 0$, ist die Iterationsfolge des Abstieg-Verfahrens definiert als

$$x_{k+1} := x_k - \lambda f'(x_k)$$

für alle $k \in \mathbf{N}$. Unter gewissen Voraussetzungen konvergiert die Folge $(x_k)_{k \in \mathbf{N}}$ gegen ein Minimum der Funktion f.

AES-Verfahren Auf dem Rijndael-Verfahren basierendes symmetrisches Verfahren zum Ver- und Entschlüsseln einer geheimen Nachricht $\vec{m} \in \mathbf{Z}_2^{128}$. Es nutzt eine Fülle von bijektiven oder mindestens injektiven Abbildungen in unterschiedlichen Körpern aus und wechselt von einer vektorspezifischen Sicht auf die zu ver- und entschlüsselnde Nachricht $\vec{m}$ auf eine matrixorientierte Perspektive.

Approximation nach de Casteljau Berechnungsstrategie, bei der man das zu einem gegebenen Datensatz $(\frac{i}{n}, y_i)^T \in \mathbf{R}^2$, $0 \leq i \leq n$, gehörende approximierende Bézier-Polynom p vom Höchstgrad n an einer Stelle $x \in \mathbf{R}$ auswertet, ohne das Polynom p zuvor explizit berechnen zu müssen. Der dazu benötigte de Casteljau-Algorithmus wird initialisiert durch

$$c_{k,0}(x) := y_k, \quad 0 \leq k \leq n,$$

und berechnet dann die Größen

$$c_{k,l}(x) := (1-x) \cdot c_{k,l-1}(x) + x \cdot c_{k+1,l-1}(x)$$

für $0 \leq k \leq n-l$ und $1 \leq l \leq n$. Der finale Wert $c_{0,n}(x)$ liefert dann genau den gewünschten Funktionswert $p(x)$ des approximierenden Bézier-Polynoms p an der Stelle $x \in \mathbf{R}$, genauer

$$p(x) = \sum_{k=0}^{n} y_k b_{k,n}(x), \quad x \in \mathbf{R},$$

wobei $b_{k,n}(x) := \binom{n}{k} x^k (1-x)^{n-k}$, $0 \leq k \leq n$, die bekannten Bernstein-Grundpolynome bezeichnen.

b-adische Zahldarstellung Jeder Zahl $x \in \mathbf{R}^* := \mathbf{R} \setminus \{0\}$ in Bezug auf eine vorgegebene Basis $b \in \mathbf{N}$, $b \geq 2$, zugeordnete Zahldarstellung gemäß

$$x = \text{sign}(x) \sum_{n=0}^{\infty} z_n b^{k-n}.$$

294 Glossar

Banachscher Fixpunktsatz im Eindimensionalen Wichtiger Satz, der besagt, dass eine kontrahierende Selbstabbildung $\Phi : [a,b] \to [a,b]$ eines nichtleeren abgeschlossenen Intervalls $[a,b] \subseteq \mathbf{R}$ in sich einen Fixpunkt $x^* \in [a,b]$ besitzt, also $\Phi(x^*) = x^*$ gilt.

Banachscher Fixpunktsatz im Mehrdimensionalen Wichtiger Satz, der besagt, dass eine kontrahierende Selbstabbildung $\Phi : [\vec{a},\vec{b}] \to [\vec{a},\vec{b}]$ eines nichtleeren abgeschlossenen Intervalls $[\vec{a},\vec{b}] \subseteq \mathbf{R}^n$ in sich einen Fixpunkt $\vec{x}^* \in [\vec{a},\vec{b}]$ besitzt, also $\Phi(\vec{x}^*) = \vec{x}^*$ gilt.

Bernstein-Grundpolynome Spezielle ganzrationale Funktionen, die für alle $k, n \in \mathbf{N}$ mit $0 \leq k \leq n$ definiert sind als

$$b_{k,n} : \mathbf{R} \to \mathbf{R},$$
$$x \mapsto \binom{n}{k} x^k (1-x)^{n-k}.$$

Die Bernstein-Grundpolynome und aus ihnen zusammengesetzte Polynome haben interessante geometrische Eigenschaften und spielen eine zentrale Rolle im Bereich der Computer-Grafik. Ferner genügen sie für alle $n \in \mathbf{N}^*$ der folgenden einfachen Rekursionsbeziehung:

$$b_{0,n}(x) = (1-x) b_{0,n-1}(x),$$
$$b_{k,n}(x) = (1-x) b_{k,n-1}(x) + x b_{k-1,n-1}(x), \quad 0 < k < n,$$
$$b_{n,n}(x) = x b_{n-1,n-1}(x).$$

bilineare Interpolation über Rechtecken Einfache Interpolationsstrategie, die vier gegebenen Punkten $\vec{a}, \vec{b}, \vec{c}, \vec{d} \in \mathbf{R}^3$ eine Funktion BIR zuordnet mit

$$BIR : [0,1]^2 \to \mathbf{R}^3,$$
$$(u,v)^T \mapsto (1-u)(1-v)\vec{a} + u(1-v)\vec{b} + (1-u)v\vec{c} + uv\vec{d}.$$

Die Funktion BIR wird bilineare Interpolationsfunktion über $[0,1]^2$ bezüglich der gegebenen Punkte $\vec{a}, \vec{b}, \vec{c}, \vec{d}$ genannt und genügt den Interpolationsbedingungen

$$BIR(0,0) = \vec{a}, \quad BIR(1,0) = \vec{b}, \quad BIR(0,1) = \vec{c}, \quad BIR(1,1) = \vec{d}.$$

Charakteristik eines Körpers Einem Körper $(K, \oplus, \odot)$ wie folgt zugeordnete und mit char K bezeichnete natürliche Zahl: Falls es ein $r \in \mathbf{N}^*$ gibt mit $r1 = 0$, dann definiert man

$$\text{char } K := \min\{r \in \mathbf{N}^* \mid r1 = 0\}.$$

Falls für alle $r \in \mathbf{N}^*$ stets $r1 \neq 0$ gilt, dann definiert man char $K := 0$.

de Casteljau-Algorithmus Siehe **Approximation nach de Casteljau**.

DES-Verfahren Symmetrisches Verfahren zum Ver- und Entschlüsseln einer geheimen Nachricht $\vec{m} \in \mathbf{Z}_2^{64}$. Es nutzt die einfache Tatsache aus, dass für alle $m, k \in \mathbf{Z}_2$ die Kongruenz $(m+k) + k \equiv m \pmod{2}$ gilt, ist aufgebaut über die geschickte Verkettung mehrerer bijektiver Funktionen auf $\mathbf{Z}_2^{64}$ und kann in seinen erweiterten Varianten als relativ sicher gelten, wenn der benutzte Schlüssel hinreichend zufällig und geheim ist.

Diffie-Hellman-Verfahren Asymmetrisches Verfahren zum Austausch eines geheimen Schlüssels. Es nutzt die Assoziativität der mehrfachen Multiplikation im Sinne von $(n^a)^b \equiv (n^b)^a \pmod{p}$ aus und basiert in Hinblick auf seine Sicherheit auf Einwegfunktionen vom Typ $f: \mathbf{Z}_p^* \to \mathbf{Z}_p^*$ mit $x \mapsto n^x \pmod{p}$, wobei $p \in \mathbf{N}^*$ eine große Primzahl und $n \in \mathbf{Z}_p^*$ idealerweise eine primitive Wurzel in $\mathbf{Z}_p$ sein sollte.

Dividierte-Differenzen-Verfahren Iteratives Verfahren, das einer Menge von Punkten $(x_k, y_k)^T \in \mathbf{R}^2$, $0 \leq k \leq n$, mit eng benachbarten und etwa äquidistanten Stützstellen $x_0 < x_1 < \cdots < x_n$ Näherungen für die Ableitungen verschiedener Ordnung einer Funktion f zuordnet, die man sich durch diese Punkte verlaufend denken kann. Genauer gilt

$$f^{(l)}(x_k) \approx l! \, [y_k, y_{k+1}, \ldots, y_{k+l}] \ , \quad 0 \leq k \leq n-l, \, 0 \leq l \leq n \ .$$

EC-Diffie-Hellman-Verfahren (char K = 2) Asymmetrisches Verfahren zum Austausch eines geheimen Schlüssels durch Anwendung einer geeignet definierten elliptischen Kurve $E_{\alpha,\beta}(GF(2^n))$ über einem Körper $GF(2^n)$ mit großem Exponenten $n \in \mathbf{N}^*$. Es nutzt die Assoziativität der mehrfachen Addition auf der entsprechenden elliptischen Kurve im Sinne von $a(b(x,y)) = b(a(x,y))$ aus und basiert in Hinblick auf seine Sicherheit auf Einwegfunktionen vom Typ $f: \mathbf{Z}_q \to E_{\alpha,\beta}(GF(2^n))$ mit $f(t) := t(x,y)$, wobei $(x,y) \in E_{\alpha,\beta}(GF(2^n))$ idealerweise so gewählt sein sollte, dass $q(x,y)$ erst für ein sehr großes $q \in \mathbf{N}^*$ erstmals gleich $\mathcal{O}$ wird.

EC-Diffie-Hellman-Verfahren (char K > 3) Asymmetrisches Verfahren zum Austausch eines geheimen Schlüssels durch Anwendung einer geeignet definierten elliptischen Kurve $E_{\alpha,\beta}(\mathbf{Z}_p)$ über einem Körper $\mathbf{Z}_p$ mit großer Primzahl $p > 3$. Es nutzt die Assoziativität der mehrfachen Addition auf der entsprechenden elliptischen Kurve im Sinne von $a(b(x,y)) = b(a(x,y))$ aus und basiert in Hinblick auf seine Sicherheit auf Einwegfunktionen vom Typ $f: \mathbf{Z}_q \to E_{\alpha,\beta}(\mathbf{Z}_p)$ mit $f(t) := t(x,y)$, wobei $(x,y) \in E_{\alpha,\beta}(\mathbf{Z}_p)$ idealerweise so gewählt sein sollte, dass $q(x,y)$ erst für ein sehr großes $q \in \mathbf{N}^*$ erstmals gleich $\mathcal{O}$ wird.

Einwegfunktion Injektive Funktion $f: D \to W$ mit den beiden Eigenschaften, dass $f(x)$ für alle $x \in D$ sehr effizient berechenbar ist, jedoch $f^{-1}(y)$ für alle $y \in f(D)$ sehr schwer berechenbar ist.

Einwegfunktion mit Falltür Injektive Funktion $f: D \to W$ mit den drei Eigenschaften, dass $f(x)$ für alle $x \in D$ sehr effizient berechenbar ist, dass $f^{-1}(y)$ für alle $y \in f(D)$ ohne geheime Zusatzinformationen sehr schwer berechenbar ist und schließlich dass $f^{-1}(y)$ für alle $y \in f(D)$ mit geheimen Zusatzinformationen wieder sehr effizient berechenbar ist.

Einzelschritt-Verfahren Verfahren zur näherungsweisen Berechnung der Lösung eines durch eine reguläre Matrix $A \in \mathbf{R}^{n \times n}$ und einen Vektor $\vec{b} \in \mathbf{R}^n$ gegebenen linearen Gleichungssystems $A\vec{x} = \vec{b}$. Hat die Matrix A nur Einsen in der Hauptdiagonale, dann iteriert man ausgehend von einem beliebigen Startvektor $\vec{x}^{(0)} \in \mathbf{R}^n$ gemäß

$$x_i^{(k+1)} := -\sum_{j=1}^{i-1} a_{ij} x_j^{(k+1)} - \sum_{j=i+1}^{n} a_{ij} x_j^{(k)} + b_i$$

für $1 \leq i \leq n$ und $k \in \mathbf{N}$. Falls A das Zeilensummenkriterium erfüllt, ist die Konvergenz der so entstehenden Vektorfolge $(\vec{x}^{(k)})_{k \in \mathbf{N}}$ gegen die gesuchte Lösung $\vec{x}$ des linearen Gleichungssystems gesichert. Das Einzelschritt-Verfahren wird auch Gauß-Seidel-Verfahren genannt.

elliptische Kurve (char K = 2) Eine Menge $E_{\alpha,\beta}(K)$ über einem Körper $(K, \oplus, \odot)$ mit char $K = 2$ zu den Parametern $\alpha, \beta \in K$ mit $\beta \neq 0$ definiert als

$$E_{\alpha,\beta}(K) := \{(x, y) \in K \times K \mid y^2 \oplus x \odot y = x^3 \oplus \alpha \odot x^2 \oplus \beta\} \cup \{\mathcal{O}\}.$$

Die Elemente von $E_{\alpha,\beta}(K)$ werden Punkte der elliptischen Kurve genannt, wobei man sich den Punkt $\mathcal{O}$ zur Veranschaulichung als im Unendlichen liegend denken sollte. Auf $E_{\alpha,\beta}(K)$ lässt sich eine Operation $\boxplus$ erklären, die $E_{\alpha,\beta}(K)$ zu einer kommutativen Gruppe macht.

elliptische Kurve (char K > 3) Eine Menge $E_{\alpha,\beta}(K)$ über einem Körper $(K, \oplus, \odot)$ mit char $K > 3$ zu den Parametern $\alpha, \beta \in K$ mit $4\alpha^3 \oplus 27\beta^2 \neq 0$ definiert als

$$E_{\alpha,\beta}(K) := \{(x, y) \in K \times K \mid y^2 = x^3 \oplus \alpha \odot x \oplus \beta\} \cup \{\mathcal{O}\}.$$

Die Elemente von $E_{\alpha,\beta}(K)$ werden Punkte der elliptischen Kurve genannt, wobei man sich den Punkt $\mathcal{O}$ zur Veranschaulichung als im Unendlichen liegend denken sollte. Auf $E_{\alpha,\beta}(K)$ lässt sich eine Operation $\boxplus$ erklären, die $E_{\alpha,\beta}(K)$ zu einer kommutativen Gruppe macht.

Euklidischer Algorithmus Algorithmus zur effizienten Bestimmung des größten gemeinsamen Teilers zweier gegebener natürlicher Zahlen $m, n \in \mathbf{N}^*$, also zur Berechnung von $\mathrm{ggT}(m, n)$. In seiner erweiterten Variante liefert er außerdem zwei natürliche Zahlen $x, y \in \mathbf{N}$ mit

$$\mathrm{ggT}(m, n) \equiv x \cdot n \pmod{m} \quad \text{und} \quad \mathrm{ggT}(m, n) \equiv y \cdot m \pmod{n}.$$

Eulersche Phi-Funktion Für eine gegebene natürliche Zahl $m \in \mathbf{N}^*$ definiert als

$$\varphi(n) := \#\{m \in \mathbf{N}^* \mid ((0 < m < n) \wedge (\mathrm{ggT}(m, n) = 1))\}.$$

In Worten die Anzahl der teilerfremden natürlichen Zahlen zu n, die zwischen 0 und n liegen. Gilt speziell $\varphi(n) = n - 1$, dann ist n eine Primzahl.

Fehlerarten Auftauchende Fehler bei Darstellungen von Zahlen und Rechnungen mit ihnen durch die Beschränkung auf die Maschinenzahlen und durch den Abbruch von mathematischen Grenzwertprozessen. Die wichtigsten Fehler dieses Typs sind die Eingabefehler, die Formelfehler sowie die Rundungsfehler. Durch geeignete Maßnahmen wird erreicht, diese Fehler in Grenzen zu halten bzw. zu kontrollieren (z.B. durch Erhöhung der Mantissenlänge, Optimierung der mathematischen Funktionsaufrufe, numerische Fehlerfortpflanzungsanalyse).

Folge von Vektoren Eine Abbildung $f : \mathbf{N} \to \mathbf{R}^n$, die man auch kurz durch die Angabe der Bilder in der kompakten Form $(\vec{f}^{(k)})_{k \in \mathbf{N}} := (f(0), f(1), f(2), \ldots)$ notiert. Die Folge nennt man konvergent gegen $\vec{a} \in \mathbf{R}^n$, falls für alle $\epsilon > 0$ ein $k_\epsilon \in \mathbf{N}$ existiert, so dass für alle $k \in \mathbf{N}$ mit $k \geq k_\epsilon$ gilt: $\|\vec{f}^{(k)} - \vec{a}\| < \epsilon$. Man schreibt dann $\lim_{k \to \infty} \vec{f}^{(k)} := \vec{a}$. Eine nichtkonvergente Folge wird divergent genannt.

Galois-Feld GF(16) Das Galois-Feld der Ordnung 16 ist ein Körper und besteht genau aus den sechzehn Polynomen vom Höchstgrad 3 mit Koeffizienten aus $\mathbf{Z}_2$, also

$$GF(16) := \{ax^3 + bx^2 + cx + d \mid a,b,c,d \in \mathbf{Z}_2\} \ .$$

Addition und Multiplikation in $GF(16)$ sind wie die normale Addition und Multiplikation von Polynomen erklärt, wobei hier natürlich bei der Berechnung der Koeffizienten modulo 2 gerechnet wird und die bei der Multiplikation entstehenden Polynome höheren Grades modulo des irreduziblen Polynoms $i(x) := x^4 + x + 1$ reduziert werden, um wieder in $GF(16)$ zu liegen.

Galois-Feld GF(2) Der Restklassenkörper $\mathbf{Z}_2$ bzw. das Galois-Feld $GF(2)$ besteht genau aus den beiden Elementen 0 und 1 und ist der Körper mit der kleinsten Anzahl von Elementen, also

$$GF(2) := \mathbf{Z}_2 := \{0, 1\} \ .$$

Addition und Multiplikation in $GF(2) = \mathbf{Z}_2$ sind exakt die gewöhnliche Addition und Multiplikation modulo 2.

Galois-Feld GF(4) Das Galois-Feld der Ordnung 4 ist ein Körper und besteht genau aus den vier Polynomen vom Höchstgrad 1 mit Koeffizienten aus $\mathbf{Z}_2$, also

$$GF(4) := \{ax + b \mid a, b \in \mathbf{Z}_2\} \ .$$

Addition und Multiplikation in $GF(4)$ sind wie die normale Addition und Multiplikation von Polynomen erklärt, wobei hier natürlich bei der Berechnung der Koeffizienten modulo 2 gerechnet wird und die bei der Multiplikation entstehenden Polynome höheren Grades modulo des irreduziblen Polynoms $i(x) := x^2 + x + 1$ reduziert werden, um wieder in $GF(4)$ zu liegen.

Galois-Feld GF(8) Das Galois-Feld der Ordnung 8 ist ein Körper und besteht genau aus den acht Polynomen vom Höchstgrad 2 mit Koeffizienten aus $\mathbf{Z}_2$, also

$$GF(8) := \{ax^2 + bx + c \mid a,b,c \in \mathbf{Z}_2\}\ .$$

Addition und Multiplikation in $GF(16)$ sind wie die normale Addition und Multiplikation von Polynomen erklärt, wobei hier natürlich bei der Berechnung der Koeffizienten modulo 2 gerechnet wird und die bei der Multiplikation entstehenden Polynome höheren Grades modulo des irreduziblen Polynoms $i(x) := x^3 + x^2 + 1$ reduziert werden, um wieder in $GF(8)$ zu liegen.

Gesamtschritt-Verfahren Verfahren zur näherungsweisen Berechnung der Lösung eines durch eine reguläre Matrix $A \in \mathbf{R}^{n \times n}$ und einen Vektor $\vec{b} \in \mathbf{R}^n$ gegebenen linearen Gleichungssystems $A\vec{x} = \vec{b}$. Hat die Matrix A nur Einsen in der Hauptdiagonale, dann iteriert man ausgehend von einem beliebigen Startvektor $\vec{x}^{(0)} \in \mathbf{R}^n$ gemäß

$$x_i^{(k+1)} := -\sum_{j=1}^{i-1} a_{ij} x_j^{(k)} - \sum_{j=i+1}^{n} a_{ij} x_j^{(k)} + b_i$$

für $1 \leq i \leq n$ und $k \in \mathbf{N}$. Falls A das Zeilensummenkriterium erfüllt, ist die Konvergenz der so entstehenden Vektorfolge $(\vec{x}^{(k)})_{k \in \mathbf{N}}$ gegen die gesuchte Lösung $\vec{x}$ des linearen Gleichungssystems gesichert. Das Gesamtschritt-Verfahren wird auch Jacobi-Verfahren genannt.

Gouraud-Schattierung über Dreiecken Einfache Schattierungsstrategie, die drei z.B. durch rgb-Farbwerte erweiterten Punkten $\vec{a}_f, \vec{b}_f, \vec{c}_f \in \mathbf{R}^3 \times [0,1]^3$ eine Funktion GSD zuordnet mit

$$GSD : \{(u,v,w)^T \in [0,1]^3 \mid u+v+w = 1\} \to \mathbf{R}^3 \times [0,1]^3,$$
$$(u,v,w)^T \mapsto u\vec{a}_f + v\vec{b}_f + w\vec{c}_f\ .$$

Die Funktion GSD wird Gouraud-Schattierungsfunktion über $\{(u,v,w)^T \in [0,1]^3 \mid u+v+w = 1\}$ bezüglich der erweiterten Punkte $\vec{a}_f, \vec{b}_f, \vec{c}_f$ genannt und genügt den Interpolationsbedingungen

$$GSD(1,0,0) = \vec{a}_f,\quad GSD(0,1,0) = \vec{b}_f,\quad GSD(0,0,1) = \vec{c}_f.$$

Gouraud-Schattierung über Rechtecken Einfache Schattierungsstrategie, die vier z.B. durch rgb-Farbwerte erweiterten Punkten $\vec{a}_f, \vec{b}_f, \vec{c}_f, \vec{d}_f \in \mathbf{R}^3 \times [0,1]^3$ eine Funktion GSR zuordnet mit

$$GSR : [0,1]^2 \to \mathbf{R}^3 \times [0,1]^3,$$
$$(u,v)^T \mapsto (1-u)(1-v)\vec{a}_f + u(1-v)\vec{b}_f + (1-u)v\vec{c}_f + uv\vec{d}_f\ .$$

Die Funktion GSR wird Gouraud-Schattierungsfunktion über $[0,1]^2$ bezüglich der erweiterten Punkte $\vec{a}_f, \vec{b}_f, \vec{c}_f, \vec{d}_f$ genannt und genügt den Interpolationsbedingungen

$$GSR(0,0) = \vec{a}_f,\ GSR(1,0) = \vec{b}_f,\ GSR(0,1) = \vec{c}_f,\ GSR(1,1) = \vec{d}_f.$$

größter gemeinsamer Teiler Für zwei gegebene natürliche Zahlen $m, n \in \mathbf{N}^*$ definiert als

$$\mathrm{ggT}(m,n) := \max\{t \in \mathbf{N}^* \mid \exists r, s \in \mathbf{N}^* : ((m = r \cdot t) \wedge (n = s \cdot t))\}\,.$$

In Worten die größte natürliche Zahl, die beide gegebene Zahlen ganzzahlig teilt. Gilt speziell $\mathrm{ggT}(m,n) = 1$, dann bezeichnet man die natürlichen Zahlen m und n als teilerfremd.

Gruppe Eine nichtleere Menge mit einer inneren Verknüpfung, die das Assoziativgesetz erfüllt und ein neutrales sowie jeweils für jedes Element ein entsprechendes inverses Element enthält. Erfüllt die innere Verknüpfung auch noch das Kommutativgesetz, dann bezeichnet man die Gruppe als kommutative oder abelsche Gruppe.

Heron-Verfahren Iterationsverfahren zur näherungsweisen Berechnung der positiven Nullstelle eines quadratischen Polynoms $p : \mathbf{R} \to \mathbf{R}$ mit $p(x) := x^2 - a$ und $a \in \mathbf{R}$, $a > 0$. Es basiert auf dem Newton-Verfahren und generiert in seiner einfachsten Variante, ausgehend von einem beliebigen Startwert $x_0 \in \mathbf{R}$, $x_0 > 0$, die Iterationsfolge als

$$x_{k+1} := \frac{1}{2}\left(x_k + \frac{a}{x_k}\right)$$

für alle $k \in \mathbf{N}$. Die Folge $(x_k)_{k \in \mathbf{N}}$ konvergiert unter den gegebenen Bedingungen stets gegen die positive Nullstelle von p.

Interpolation mit Monomen Berechnungsstrategie für das Interpolationspolynom, bei der man für einen gegebenen Datensatz $(x_i, y_i)^T \in \mathbf{R}^2$, $0 \leq i \leq n$, mit Stützstellen $x_0 < x_1 < \cdots < x_n$ das gesuchte Interpolationspolynom p vom Höchstgrad n ansetzt als

$$p(x) = a_n x^n + a_{n-1} x^{n-1} + \cdots + a_1 x + a_0\,.$$

Die insgesamt $(n+1)$ Interpolationsbedingungen $p(x_i) = y_i$ für $0 \leq i \leq n$ führen zu einem regulären linearen Gleichungssystem mit $(n+1)$ Gleichungen für die $(n+1)$ Unbekannten $a_n, a_{n-1}, \ldots, a_0$. Die reguläre Koeffizientenmatrix dieses Gleichungssystems wird Vandermonde-Matrix genannt und das Gleichungssystem ist für große n numerisch problematisch.

Interpolation nach Aitken-Neville Berechnungsstrategie, bei der man das zu einem gegebenen Datensatz $(x_i, y_i)^T \in \mathbf{R}^2$, $0 \leq i \leq n$, mit Stützstellen $x_0 < x_1 < \cdots < x_n$ gehörende Interpolationspolynom p vom Höchstgrad n an einer Stelle $x \in \mathbf{R}$ auswertet, ohne das Polynom p zuvor explizit berechnen zu müssen. Der dazu benötigte Aitken-Neville-Algorithmus wird initialisiert durch

$$p_{k,0}(x) := y_k\,, \quad 0 \leq k \leq n\,,$$

und berechnet dann die Größen

$$p_{k,l}(x) := \frac{x_{k+l} - x}{x_{k+l} - x_k} p_{k,l-1}(x) + \frac{x - x_k}{x_{k+l} - x_k} p_{k+1,l-1}(x)$$

für $0 \leq k \leq n - l$ und $1 \leq l \leq n$. Der finale Wert $p_{0,n}(x)$ liefert dann genau den gewünschten Funktionswert $p(x)$ des Interpolationspolynoms p an der Stelle $x \in \mathbf{R}$.

Interpolation nach Lagrange Berechnungsstrategie für das Interpolationspolynom, bei der man für einen gegebenen Datensatz $(x_i, y_i)^T \in \mathbf{R}^2$, $0 \leq i \leq n$, mit Stützstellen $x_0 < x_1 < \cdots < x_n$ das gesuchte Interpolationspolynom p vom Höchstgrad n ansetzt als

$$p(x) = y_0 l_{0,n}(x) + y_1 l_{1,n}(x) + \cdots + y_n l_{n,n}(x) \,.$$

Dabei bezeichnen $l_{i,n}$ für $0 \leq i \leq n$ genau die $(n+1)$ zugehörigen Lagrange-Grundpolynome,

$$l_{i,n}(x) := \prod_{\substack{j=0 \\ j \neq i}}^{n} \frac{x - x_j}{x_i - x_j} \,, \quad x \in \mathbf{R} \,.$$

Interpolation nach Newton Berechnungsstrategie für das Interpolationspolynom, bei der man für einen gegebenen Datensatz $(x_i, y_i)^T \in \mathbf{R}^2$, $0 \leq i \leq n$, mit Stützstellen $x_0 < x_1 < \cdots < x_n$ das gesuchte Interpolationspolynom p vom Höchstgrad n ansetzt als

$$p(x) = d_0 w_0(x) + d_1 w_1(x) + \cdots + d_n w_n(x) \,.$$

Dabei bezeichnen w_i für $0 \leq i \leq n$ genau die $(n+1)$ zugehörigen Newton-Grundpolynome,

$$w_i(x) := \prod_{j=0}^{i-1} (x - x_j) \,, \quad x \in \mathbf{R} \,,$$

und die Newton-Koeffizienten $d_0, d_1, \ldots, d_n$ entnimmt man der oberen Schrägzeile des zum Datensatz gehörenden Dividierte-Differenzen-Schemas.

iterierte Simpson-Regel Näherungsverfahren, welches einer integrierbaren Funktion $f : [a, b] \to \mathbf{R}$ eine Näherung für ihr Integral über $[a, b]$ zuordnet gemäß

$$\int_a^b f(x)\,dx \approx \frac{b-a}{6n} \left(f(a) + 4 \sum_{k=0}^{n-1} f(x_{2k+1}) + 2 \sum_{k=1}^{n-1} f(x_{2k}) + f(b) \right) ,$$

wobei $n \in \mathbf{N}^*$ ist und $x_k := a + \frac{k}{2n}(b-a)$ für $0 \leq k \leq 2n$ die sogenannten Stützstellen sind. Für $n = 1$ erhält man die (nicht-iterierte) Simpson-Regel.

iterierte Trapez-Regel Näherungsverfahren, welches einer integrierbaren Funktion $f : [a, b] \to \mathbf{R}$ eine Näherung für ihr Integral über $[a, b]$ zuordnet gemäß

$$\int_a^b f(x)\,dx \approx \frac{b-a}{2n} \left(f(a) + 2 \sum_{k=1}^{n-1} f(x_k) + f(b) \right) ,$$

wobei $n \in \mathbf{N}^*$ ist und $x_k := a + \frac{k}{n}(b-a)$ für $0 \leq k \leq n$ die sogenannten Stützstellen sind. Für $n = 1$ erhält man die (nicht-iterierte) Trapez-Regel.

Körper Eine nichtleere Menge mit zwei inneren Verknüpfungen, von denen die erste die Menge zu einer kommutativen Gruppe macht, die zweite, außer für das neutrale Element der ersten Verknüpfung, ebenfalls die Rechengesetze für kommutative Gruppen erfüllt und beide zusammen dem Distributivgesetz genügen.

lineare Interpolation über Dreiecken Einfache Interpolationsstrategie, die drei gegebenen Punkten $\vec{a}, \vec{b}, \vec{c} \in \mathbf{R}^3$ eine Funktion LID zuordnet mit

$$LID : \{(u, v, w)^T \in [0, 1]^3 \mid u + v + w = 1\} \to \mathbf{R}^3,$$
$$(u, v, w)^T \mapsto u\vec{a} + v\vec{b} + w\vec{c}.$$

Die Funktion LID wird lineare Interpolationsfunktion über $\{(u, v, w)^T \in [0, 1]^3 \mid u+v+w = 1\}$ bezüglich der gegebenen Punkte $\vec{a}, \vec{b}, \vec{c}$ genannt und genügt den Interpolationsbedingungen

$$LID(1, 0, 0) = \vec{a}, \quad LID(0, 1, 0) = \vec{b}, \quad LID(0, 0, 1) = \vec{c}.$$

Maschinenzahl Spezielle Konvention zur Repräsentation gewisser, endlich vieler rationaler Zahlen in Bezug auf eine fest vorgegebene Basis $b \in \mathbf{N}^*, b \geq 2$, sowie beschränkter Mantissen- und Exponentengrößen. Die verbreitetste Darstellung dieses Typs ist die auf der normalisierten Gleitpunktdarstellung beruhende.

Newton-Verfahren Iterationsverfahren zur näherungsweisen Berechnung einer Nullstelle einer differenzierbaren Funktion $f : \mathbf{R} \to \mathbf{R}$. Ausgehend von einem beliebigen Startwert $x_0 \in \mathbf{R}$ ist die Iterationsfolge des Newton-Verfahrens definiert als

$$x_{k+1} := x_k - \frac{f(x_k)}{f'(x_k)}$$

für alle $k \in \mathbf{N}$. Unter gewissen Voraussetzungen konvergiert die Folge $(x_k)_{k \in \mathbf{N}}$ gegen eine Nullstelle der Funktion f.

Norm Eine Abbildung $\| \ \| : \mathbf{R}^n \to [0, \infty)$, die man zum Messen von Längen und Abständen in $\mathbf{R}^n$ benutzt und die für alle $\vec{x}, \vec{y} \in \mathbf{R}^n$ und alle $\alpha \in \mathbf{R}$ den folgenden drei Bedingungen genügen muss:

(1) $\|\vec{x}\| = 0 \Leftrightarrow \vec{x} = \vec{0}$ **(positive Definitheit)**

(2) $\|\alpha \vec{x}\| = |\alpha| \|\vec{x}\|$ **(absolute Homogenität)**

(3) $\|\vec{x} + \vec{y}\| \leq \|\vec{x}\| + \|\vec{y}\|$ **(Dreiecksungleichung)**

Die wichtigsten Normen sind die Euklidische Norm oder 2-Norm $\| \ \|_2$, die Maximum-Norm oder ∞-Norm $\| \ \|_\infty$ und die Betragsummen-Norm oder 1-Norm $\| \ \|_1$.

normalisierte Gleitpunktdarstellung Jeder Zahl $x \in \mathbf{R}^* := \mathbf{R} \setminus \{0\}$ in Bezug auf eine vorgegebene Basis $b \in \mathbf{N}$, $b \geq 2$, zugeordnete Zahldarstellung gemäß

$$x = \text{sign}(x)\left(\sum_{n=0}^{\infty} z_n b^{-n}\right) \cdot b^k.$$

Phong-Schattierung über Dreiecken Aufwendige Schattierungsstrategie, die drei durch Normalenvektoren erweiterten Punkten $\vec{a}_n, \vec{b}_n, \vec{c}_n \in \mathbf{R}^3 \times [-1,1]^3$ eine Funktion PSD zuordnet mit

$$PSD : \{(u,v,w)^T \in [0,1]^3 \mid u+v+w = 1\} \to \mathbf{R}^3 \times [-1,1]^3,$$
$$(u,v,w)^T \mapsto u\vec{a}_n + v\vec{b}_n + w\vec{c}_n.$$

Die Funktion PSD wird Phong-Schattierungsfunktion über $\{(u,v,w)^T \in [0,1]^3 \mid u+v+w=1\}$ bezüglich der erweiterten Punkte $\vec{a}_n, \vec{b}_n, \vec{c}_n$ genannt und genügt den Interpolationsbedingungen

$$PSD(1,0,0) = \vec{a}_n, \quad PSD(0,1,0) = \vec{b}_n, \quad PSD(0,0,1) = \vec{c}_n.$$

Phong-Schattierung über Rechtecken Aufwendige Schattierungsstrategie, die vier durch Normalenvektoren erweiterten Punkten $\vec{a}_n, \vec{b}_n, \vec{c}_n, \vec{d}_n \in \mathbf{R}^3 \times [-1,1]^3$ eine Funktion PSR zuordnet mit

$$PSR : [0,1]^2 \to \mathbf{R}^3 \times [-1,1]^3,$$
$$(u,v)^T \mapsto (1-u)(1-v)\vec{a}_n + u(1-v)\vec{b}_n + (1-u)v\vec{c}_n + uv\vec{d}_n.$$

Die Funktion PSR wird Phong-Schattierungsfunktion über $[0,1]^2$ bezüglich der erweiterten Punkte $\vec{a}_n, \vec{b}_n, \vec{c}_n, \vec{d}_n$ genannt und genügt den Interpolationsbedingungen

$$PSR(0,0) = \vec{a}_n, \quad PSR(1,0) = \vec{b}_n, \quad PSR(0,1) = \vec{c}_n, \quad PSR(1,1) = \vec{d}_n.$$

polynomiale Approximation über Dreiecken Im einfachsten Fall eine Approximationsstrategie, bei der man einem gegebenen dreidimensionalen Datensatz über einem baryzentrischen Gitter $(\frac{i}{n}, \frac{j}{n}, \frac{k}{n}, z_{ijk})^T \in [0,1]^3 \times \mathbf{R}$ mit $n \in \mathbf{N}^*$ und $i+j+k = n$ das sogenannte baryzentrische Bézier-Polynom BBP_n vom Höchstgrad n,

$$BBP_n : \{(u,v,w)^T \in [0,1]^3 \mid u+v+w=1\} \to \mathbf{R},$$
$$(u,v,w)^T \mapsto \sum_{\substack{i,j,k \geq 0 \\ i+j+k=n}} z_{ijk} b_{i,j,k,n}(u,v,w),$$

zuordnet. Dabei bezeichnen die Funktionen $b_{i,j,k,n}$,

$$b_{i,j,k,n} : \{(u,v,w)^T \in [0,1]^3 \mid u+v+w=1\} \to \mathbf{R},$$
$$(u,v,w)^T \mapsto \frac{n!}{i!j!k!} u^i v^j w^k,$$

die sogenannten baryzentrischen Bernstein-Grundpolynome. Als Auswertungsalgorithmus kommt eine verallgemeinerte Variante des de Casteljau-Algorithmus zur Anwendung.

polynomiale Approximation über Rechtecken Im einfachsten Fall eine Approximationsstrategie, bei der man einem gegebenen dreidimensionalen Datensatz über einem quadratischen Gitter $(\frac{i}{n}, \frac{j}{n}, z_{ij})^T \in [0,1]^2 \times \mathbf{R}$ mit $n \in \mathbf{N}^*$ und $0 \leq i, j \leq n$ das sogenannte Tensorprodukt-Bézier-Polynom TBP_n vom Höchstgrad n,

$$TBP_n : [0,1]^2 \to \mathbf{R},$$

$$(x,y)^T \mapsto \sum_{i=0}^{n} \sum_{j=0}^{n} z_{ij} b_{i,j,n}(x,y),$$

zuordnet. Dabei bezeichnen die Funktionen $b_{i,j,n}(x,y) := b_{i,n}(x) b_{j,n}(y)$ die Tensorprodukt-Bernstein-Grundpolynome, die ihrerseits aus den bekannten Bernstein-Grundpolynomen $b_{k,n}(t) := \binom{n}{k} t^k (1-t)^{n-k}$, $0 \leq k \leq n$, aufgebaut sind. Als Auswertungsalgorithmus kommt eine naheliegende Verallgemeinerung des de Casteljau-Algorithmus zur Anwendung.

Rijndael-Verfahren Symmetrisches Verfahren zum Ver- und Entschlüsseln einer geheimen Nachricht $\vec{m}$ aus $\mathbf{Z}_2^{128}$, $\mathbf{Z}_2^{192}$ oder $\mathbf{Z}_2^{256}$. Es nutzt eine Fülle von bijektiven oder mindestens injektiven Abbildungen in unterschiedlichen Körpern aus und wechselt von einer vektorspezifischen Sicht auf die zu ver- und entschlüsselnde Nachricht $\vec{m}$ auf eine matrixorientierte Perspektive.

Ring Eine nichtleere Menge mit zwei inneren Verknüpfungen, von denen die erste die Menge zu einer kommutativen Gruppe macht, die zweite das Assoziativgesetz erfüllt und beide zusammen den beiden Distributivgesetzen genügen. Erfüllt die zweite innere Verknüpfung auch noch das Kommutativgesetz, dann bezeichnet man den Ring als kommutativen Ring. Gibt es bezüglich der zweiten inneren Verknüpfung auch noch ein beidseitig neutrales Element, dann bezeichnet man den Ring als Ring mit Einselement.

RSA-Verfahren Asymmetrisches Verfahren zum Ver- und Entschlüsseln einer geheimen Nachricht. Es nutzt die Folgerung aus dem Satz von Fermat und Euler aus und basiert in Hinblick auf seine Sicherheit auf der Einwegfunktion $f : \mathbf{PQ} \to \mathbf{N}^*$ mit $(p,q)^T \mapsto p \cdot q$ und dem Definitionsbereich

$$\mathbf{PQ} := \{(p,q)^T \in \mathbf{N} \times \mathbf{N} \mid ((p < q) \wedge (p, q \text{ große Primz.}))\}$$

sowie den Einwegfunktionen $f : \mathbf{Z}_{p \cdot q} \to \mathbf{Z}_{p \cdot q}$ mit $x \mapsto x^b \pmod{p \cdot q}$, wobei $p, q \in \mathbf{N}^*$, $p \neq q$, zwei große Primzahlen sein müssen und $b \in \mathbf{N}^*$ der entscheidenden Bedingung $\mathrm{ggT}(b, (p-1) \cdot (q-1)) = 1$ genügen muss.

Satz von Fermat und Euler Er besagt, dass für zwei gegebene natürliche Zahlen $m, n \in \mathbf{N}^*$ gilt

$$\mathrm{ggT}(m,n) = 1 \implies m^{\varphi(n)} \equiv 1 \pmod{n}.$$

In Worten heißt dies, dass für zwei teilerfremde natürliche Zahlen m und n die Potenz $m^{\varphi(n)}$ stets mit Rest 1 durch n teilbar ist.

Sekanten-Verfahren Iterationsverfahren zur näherungsweisen Berechnung einer Nullstelle einer stetigen Funktion $f : \mathbf{R} \to \mathbf{R}$. Ausgehend von zwei beliebigen verschiedenen Startwerten $x_0, x_1 \in \mathbf{R}$ ist die Iterationsfolge des Sekanten-Verfahrens definiert als

$$x_{k+1} := x_k - \left(\frac{f(x_k) - f(x_{k-1})}{x_k - x_{k-1}}\right)^{-1} f(x_k)$$

für alle $k \in \mathbf{N}^*$. Unter gewissen Voraussetzungen konvergiert die Folge $(x_k)_{k \in \mathbf{N}}$ gegen eine Nullstelle der Funktion f.

Simpson-Regel Näherungsverfahren, welches einer integrierbaren Funktion $f : [a, b] \to \mathbf{R}$ eine Näherung für ihr Integral über $[a, b]$ zuordnet gemäß

$$\int_a^b f(x)\,dx \approx (b - a)\left(\frac{1}{6}f(a) + \frac{2}{3}f\left(\frac{a+b}{2}\right) + \frac{1}{6}f(b)\right) .$$

SOR-Verfahren Verfahren zur näherungsweisen Berechnung der Lösung eines durch eine reguläre Matrix $A \in \mathbf{R}^{n \times n}$ und einen Vektor $\vec{b} \in \mathbf{R}^n$ gegebenen linearen Gleichungssystems $A\vec{x} = \vec{b}$. Hat die Matrix A nur Einsen in der Hauptdiagonale, dann iteriert man ausgehend von einem beliebigen Startvektor $\vec{x}^{(0)} \in \mathbf{R}^n$ und vorgegebenem Relaxationsparameter $\omega \in (0, 2)$ gemäß

$$\tilde{x}_i^{(k+1)} := -\sum_{j=1}^{i-1} a_{ij} x_j^{(k+1)} - \sum_{j=i+1}^{n} a_{ij} x_j^{(k)} + b_i$$

$$x_i^{(k+1)} := x_i^{(k)} + \omega(\tilde{x}_i^{(k+1)} - x_i^{(k)}) ,$$

für $1 \leq i \leq n$ und $k \in \mathbf{N}$. Falls A symmetrisch ist und das Zeilensummenkriterium erfüllt, ist die Konvergenz der so entstehenden Vektorfolge $(\vec{x}^{(k)})_{k \in \mathbf{N}}$ gegen die gesuchte Lösung $\vec{x}$ des linearen Gleichungssystems gesichert.

Subdivision nach Chaikin Berechnungsstrategie, bei der man für einen gegebenen Datensatz $\vec{f}_i^{(0)} := (x_i^{(0)}, y_i^{(0)})^T \in \mathbf{R}^2$, $0 \leq i \leq n$, mit Stützstellen $x_0^{(0)} < x_1^{(0)} < \cdots < x_n^{(0)}$ eine Folge von Punkten konstruiert, die gegen eine differenzierbare Funktion mit stetiger Ableitung konvergieren, die die ursprünglich gegebenen Punkte approximiert. Die neuen Punkte der Stufe $k + 1$ berechnen sich dabei aus den alten Punkten der Stufe k gemäß der Subdivision-Vorschrift

$$\vec{f}_{2i}^{(k+1)} := \frac{1}{4}\vec{f}_{i-1}^{(k)} + \frac{3}{4}\vec{f}_i^{(k)} ,$$

$$\vec{f}_{2i+1}^{(k+1)} := \frac{3}{4}\vec{f}_i^{(k)} + \frac{1}{4}\vec{f}_{i+1}^{(k)} ,$$

wobei am Rand noch jeweils zwei einfache Korrekturen hinzu kommen.

Subdivision nach Dubuc Berechnungsstrategie, bei der man für einen gegebenen Datensatz $\vec{f}_i^{(0)} := (x_i^{(0)}, y_i^{(0)})^T \in \mathbf{R}^2$, $0 \leq i \leq n$, mit Stützstellen $x_0^{(0)} < x_1^{(0)} < \cdots < x_n^{(0)}$ eine Folge von Punkten konstruiert, die gegen eine differenzierbare Funktion mit stetiger Ableitung konvergieren, die die ursprünglich gegebenen Punkte interpoliert. Die neuen Punkte der Stufe $k+1$ berechnen sich dabei aus den alten Punkten der Stufe k gemäß der Subdivision-Vorschrift

$$\vec{f}_{2i}^{(k+1)} := \vec{f}_i^{(k)},$$
$$\vec{f}_{2i+1}^{(k+1)} := -\frac{1}{16}\vec{f}_{i-1}^{(k)} + \frac{9}{16}\vec{f}_i^{(k)} + \frac{9}{16}\vec{f}_{i+1}^{(k)} - \frac{1}{16}\vec{f}_{i+2}^{(k)},$$

wobei am Rand noch jeweils zwei einfache Korrekturen hinzu kommen.

transfinite Interpolation über Dreiecken Einfache Interpolationsstrategien, bei denen es um die Bestimmung von Flächen über dreieckigen Parametergebieten geht, die am Rand mit vorgegebenen Kurven übereinstimmen.

Im ersten, einfachen Fall ordnet man zwei gegebenen Kurven $c_1, c_2 : [0,1] \to \mathbf{R}^3$, die die Schnittpunktbedingung $c_1(0) = c_2(0)$ erfüllen, eine Funktion TID zu mit

$$TID : \{(u,v,w)^T \in [0,1]^3 \mid u+v+w = 1\} \to \mathbf{R}^3,$$
$$(u,v,w)^T \mapsto \frac{u}{u+v}c_1(u) + \frac{v}{u+v}c_2(v).$$

Die Funktion TID wird transfinite Interpolationsfunktion über $\{(u,v,w)^T \in [0,1]^3 \mid u+v+w = 1\}$ bezüglich der gegebenen Kurven c_1, c_2 genannt und genügt den Interpolationsbedingungen

$$TID(u, 0, 1-u) = c_1(u), \quad u \in [0,1],$$
$$TID(0, v, 1-v) = c_2(v), \quad v \in [0,1].$$

Im zweiten, komplizierteren Fall ordnet man drei gegebenen Kurven $c_1, c_2, c_3 : [0,1] \to \mathbf{R}^3$, die die Schnittpunktbedingungen $c_1(0) = c_2(1)$, $c_1(1) = c_3(0)$ und $c_3(1) = c_2(0)$ erfüllen, eine Funktion CID zu mit

$$CID : \{(u,v,w)^T \in [0,1]^3 \mid u+v+w = 1\} \to \mathbf{R}^3,$$
$$(u,v,w)^T \mapsto \frac{uw}{v+w}c_3(w) + \frac{uv}{v+w}c_1(u) + \frac{vu}{u+w}c_1(u)$$
$$+ \frac{vw}{u+w}c_2(v) + \frac{wu}{u+v}c_3(w) + \frac{wv}{u+v}c_2(v).$$

Die Funktion CID wird Coons-Interpolationsfunktion über $\{(u,v,w)^T \in [0,1]^3 \mid u+v+w = 1\}$ bezüglich der gegebenen Kurven c_1, c_2, c_3 genannt und genügt den Interpolationsbedingungen

$$CID(u, 1-u, 0) = c_1(u), \quad u \in [0,1],$$
$$CID(0, v, 1-v) = c_2(v), \quad v \in [0,1],$$
$$CID(1-w, 0, w) = c_3(w), \quad w \in [0,1].$$

transfinite Interpolation über Rechtecken Einfache Interpolationsstrategien, bei denen es um die Bestimmung von Flächen über rechteckigen Parametergebieten geht, die am Rand mit vorgegebenen Kurven übereinstimmen.

Im ersten, einfachen Fall ordnet man zwei gegebenen Kurven $c_1, c_2 : [0,1] \to \mathbf{R}^3$ eine Funktion TIR zu mit

$$TIR : [0,1]^2 \to \mathbf{R}^3 \, ,$$
$$(u,v)^T \mapsto (1-u)c_1(v) + uc_2(v) \, .$$

Die Funktion TIR wird transfinite Interpolationsfunktion über $[0,1]^2$ bezüglich der gegebenen Kurven c_1, c_2 genannt und genügt den Interpolationsbedingungen

$$TIR(0,v) = c_1(v) \, , \quad v \in [0,1] \, ,$$
$$TIR(1,v) = c_2(v) \, , \quad v \in [0,1] \, .$$

Im zweiten, komplizierteren Fall ordnet man vier gegebenen Kurven $c_1, c_2, c_3, c_4 : [0,1] \to \mathbf{R}^3$, die die Schnittpunktbedingungen $c_1(0) = c_2(0)$, $c_2(1) = c_3(0)$, $c_3(1) = c_4(1)$ und $c_4(0) = c_1(1)$ erfüllen, eine Funktion CIR zu mit

$$CIR : [0,1]^2 \to \mathbf{R}^3 \, ,$$
$$(u,v)^T \mapsto (1-v)c_1(u) + vc_3(u) + (1-u)c_2(v) + uc_4(v)$$
$$-(1-u)(1-v)c_1(0) - u(1-v)c_1(1) - (1-u)vc_3(0) - uvc_3(1) \, .$$

Die Funktion CIR wird Coons-Interpolationsfunktion über $[0,1]^2$ bezüglich der gegebenen Kurven c_1, c_2, c_3, c_4 genannt und genügt den Interpolationsbedingungen

$$CIR(u,0) = c_1(u) \, , \quad u \in [0,1] \, ,$$
$$CIR(u,1) = c_3(u) \, , \quad u \in [0,1] \, ,$$
$$CIR(0,v) = c_2(v) \, , \quad v \in [0,1] \, ,$$
$$CIR(1,v) = c_4(v) \, , \quad v \in [0,1] \, .$$

Trapez-Regel Näherungsverfahren, welches einer integrierbaren Funktion $f : [a,b] \to \mathbf{R}$ eine Näherung für ihr Integral über $[a,b]$ zuordnet gemäß

$$\int_a^b f(x)\,dx \approx (b-a)\left(\frac{1}{2}f(a) + \frac{1}{2}f(b)\right) \, .$$

Vernam-Verfahren Symmetrisches Verfahren zum Ver- und Entschlüsseln einer geheimen Nachricht. Es nutzt die einfache Tatsache aus, dass für alle $m, k \in \mathbf{Z}_2$ die Kongruenz $(m+k)+k \equiv m \pmod 2$ gilt und kann als sicher gelten, wenn der benutzte Schlüssel so lang wie die Nachricht ist, geheim und gemäß einer Gleichverteilung von 0 und 1 zufällig gewählt ist sowie lediglich einmal benutzt wird.

Von-Mises-Geiringer-Verfahren Verfahren zur näherungsweisen Berechnung des betragsgrößten Eigenwerts einer diagonalisierbaren Matrix $A \in \mathbf{R}^{n \times n}$ und eines zugehörigen Eigenvektors. Ausgehend von einem geeignet zu wählenden Startvektor $\vec{x}^{(0)} \in \mathbf{R}^n$ iteriert man gemäß

$$\underline{\vec{x}}^{(k+1)} := A\vec{x}^{(k)}, \qquad \vec{x}^{(k+1)} := \frac{\underline{\vec{x}}^{(k+1)}}{\|\underline{\vec{x}}^{(k+1)}\|_2},$$

für $k \in \mathbf{N}$. Unter bestimmten Bedingungen ist die Konvergenz gewisser, aus der Vektorfolge $(\vec{x}^{(k)})_{k \in \mathbf{N}}$ gebildeter Teil- oder Quotientenfolgen gesichert, aus denen dann die gewünschten Rückschlüsse auf den betragsgrößten Eigenwert und einen zugehörigen Eigenvektor gezogen werden können.

Zahldarstellung Spezielle Konvention zur Repräsentation beliebiger reeller Zahlen in Bezug auf eine fest vorgegebene Basis $b \in \mathbf{N}^*$, $b \geq 2$, auch b-adische Darstellung oder, nach geeigneter Normierung, auch normalisierte Gleitpunktdarstellung zur Basis $b \in \mathbf{N}^*$, $b \geq 2$, genannt.

Glossar

Literatur

/Bauer 00/
Bauer, F.L.; *Entzifferte Geheimnisse, Methoden und Maximen der Kryptologie*, 3, Berlin, Heidelberg, New York, Springer, 2000.
Kryptografie-Buch für Fortgeschrittene.

/Beutelspacher 05/
Beutelspacher, A.; *Kryptologie*, 7, Wiesbaden, Vieweg, 2005.
Kryptografie-Buch für Fortgeschrittene.

/Buchmann 04/
Buchmann, J.; *Einführung in die Kryptographie*, 3, Berlin, Heidelberg, New York, Springer, 2004.
Kryptografie-Buch für Fortgeschrittene.

/Bungartz 02/
Bungartz, H.J.; Griebel, M.; Zenger, C.; *Einführung in die Computergraphik*, 2, Wiesbaden, Vieweg, 2002.
Grafik-Buch für Einsteiger.

/Eckert 04/
Eckert, C.; *IT-Sicherheit*, 3, München, Wien, Oldenbourg, 2004.
IT-Sicherheit-Buch für Fortgeschrittene.

/Ertel 03/
Ertel, W.; *Angewandte Kryptographie*, 2, München, Wien, Fachbuchverlag Leipzig, Carl Hanser, 2003.
Kryptografie-Buch für Fortgeschrittene.

/Farin 02/
Farin, G.E.; *Curves and Surfaces for CAGD*, 5, San Diego, Academic Press, 2002.
Grafik-Buch für Fortgeschrittene.

/Farin 94/
Farin, G.E.; *Kurven und Flächen im Computer Aided Geometric Design*, 2, Wiesbaden, Vieweg, 1994.
Grafik-Buch für Fortgeschrittene.

/Hermann 01/
Hermann, M.; *Numerische Mathematik*, 1, München, Oldenbourg, 2001.
Numerik-Buch für Fortgeschrittene.

/Huckle 02/
Huckle, T.; Schneider, S.; *Numerik für Informatiker*, 1, Berlin, Heidelberg, New York, Springer, 2002.
Numerik-Buch für Fortgeschrittene.

/Iske 02/
    Iske, A.; Quak, E.; Floater, M.S.; *Tutorials on Multiresolution in Geometric Modelling*, 1, Berlin, Heidelberg, New York, Springer, 2002.
    Grafik-Buch für Fortgeschrittene.

/Knorrenschild 03/
    Knorrenschild, M.; *Numerische Mathematik*, 1, München, Wien, Fachbuchverlag Leipzig, Carl Hanser, 2003.
    Numerik-Buch für Einsteiger.

/Koblitz 94/
    Koblitz, N.; *A Course in Number Theory and Cryptography*, 2, Berlin, Heidelberg, New York, Springer, 1994.
    Kryptografie-Buch für Fortgeschrittene.

/Lenze 06a/
    Lenze, B.; *Basiswissen Analysis*, 1, Herdecke, Bochum, W3L-Verlag, 2006.
    Grundlagen-Buch zum Einstieg in die Analysis.

/Lenze 06b/
    Lenze, B.; *Basiswissen Lineare Algebra*, 1, Herdecke, Bochum, W3L-Verlag, 2006.
    Grundlagen-Buch zum Einstieg in die lineare Algebra.

/Locher 93/
    Locher, F.; *Numerische Mathematik für Informatiker*, 2, Berlin, Heidelberg, New York, Springer, 1993.
    Numerik-Buch für Fortgeschrittene.

/Menezes 99/
    Menezes, A.J.; *Elliptic Curve Public Key Cryptosystems*, 7, Boston, Dordrecht, London, Kluwer, 1999.
    Kryptografie-Buch für Fortgeschrittene.

/Poguntke 07/
    Poguntke, W.; *Basiswissen IT-Sicherheit*, 1, Herdecke, Bochum, W3L-Verlag, 2007.
    Kryptografie-Buch für Einsteiger.

/Prautzsch 02/
    Prautzsch, H.; Boehm, W.; Paluszny, M.; *Bézier and B-Spline Techniques*, 1, Berlin, Heidelberg, New York, Springer, 2002.
    Grafik-Buch für Fortgeschrittene.

/Remmert 95/
    Remmert, R.; Ullrich, P.; *Elementare Zahlentheorie*, 2, Basel, Boston, Berlin, Birkhäuser, 1995.
    Zahlentheorie-Buch für Einsteiger.

/Salomon 05/
Salomon, D.; *Curves and Surfaces for Computer Graphics*, 1, Berlin, Heidelberg, New York, Springer, 2005.
Grafik-Buch für Fortgeschrittene.

/Schaback 05/
Schaback, R.; Wendland, H.; *Numerische Mathematik*, 5, Berlin, Heidelberg, New York, Springer, 2005.
Numerik-Buch für Fortgeschrittene.

/Schmeh 04/
Schmeh, K.; *Die Welt der geheimen Zeichen*, 1, Herdecke, Bochum, W3L-Verlag, 2004.
Kryptografie-Buch für Einsteiger.

/Schwarz 04/
Schwarz, H.-R.; Köckler, N.; *Numerische Mathematik*, 5, Stuttgart, Leipzig, B.G. Teubner, 2004.
Numerik-Buch für Fortgeschrittene.

/Stoer 05a/
Stoer, J.; *Numerische Mathematik 1*, 9, Berlin, Heidelberg, New York, Springer, 2005.
Numerik-Buch für Fortgeschrittene.

/Stoer 05b/
Stoer, J.; Bulirsch, R.; *Numerische Mathematik 2*, 5, Berlin, Heidelberg, New York, Springer, 2005.
Numerik-Buch für Fortgeschrittene.

/Warren 02/
Warren, J.; Weimer, H.; *Subdivision Methods for Geometric Design: A Constructive Approach*, 1, San Diego, Academic Press, 2002.
Grafik-Buch für Fortgeschrittene.

/Wätjen 04/
Wätjen, D.; *Kryptographie*, 1, Heidelberg, Berlin, Spektrum, 2004.
Kryptografie-Buch für Fortgeschrittene.

/Werner 02/
Werner, A.; *Elliptische Kurven in der Kryptographie*, 1, Berlin, Heidelberg, New York, Springer, 2002.
Kryptografie-Buch für Fortgeschrittene.

/Wüstholz 04/
Wüstholz, G.; *Algebra*, 1, Wiesbaden, Vieweg, 2004.
Mathematik-Buch für Fortgeschrittene.

/Zeppenfeld 04/
Zeppenfeld, K.; *Lehrbuch der Grafikprogrammierung*, 1, Heidelberg, Berlin, Spektrum, 2004.
Grafik-Buch für Fortgeschrittene.

Namens- und Organisationsindex

Abel, Niels Henrik; norwegischer Mathematiker, 1802-1829 **196**
Adleman, Leonard; amerikanischer Informatiker, geb. 1945 **247**
Aitken, Alexander Craig; neuseeländischer Mathematiker, 1895-1967 **121**

Bézier, Pierre Etienne; französischer Mathematiker, 1910-1999 **126**
Banach, Stefan; polnischer Mathematiker, 1892-1945 **27**
Bernstein, Sergej Natanowitsch; sowjetischer Mathematiker, 1880-1968 **127**

Casteljau, Paul de Fage de; französischer Mathematiker, geb. 1930 **127**
Chaikin, George Merrill; amerikanischer Mathematiker **141**

Daemen, Joan; belgischer Elektrotechniker, geb. 1965 **259**
Diffie, Bailey Whitfield; amerikanischer Mathematiker, geb. 1944 **245**
Dirac, Paul Andrien Maurice; englischer Mathematiker, 1902-1984 **108**
Dubuc, Serge; kanadischer Mathematiker **134**

Euklid von Alexandria; griechischer Mathematiker, um 300 v. Chr. **229**

Euler, Leonard; schweizer Mathematiker, 1707-1783 **223**

Fermat, Pierre de; französischer Mathematiker, 1601-1665 **223**

Galois, Évariste; französischer Mathematiker, 1811-1832 **207**
Gauß, Carl Friedrich; deutscher Mathematiker, 1777-1855 **84**
Geiringer von Mises, Hilda; österreichische Mathematikerin, 1893-1973 **91**
Gouraud, Henri; französischer Informatiker, geb. 1944 **150**

Hellman, Martin E.; amerikanischer Elektrotechniker, geb. 1945 **245**
Heron von Alexandria; griechischer Mathematiker, um 100 **37**

Jacobi, Carl Gustav Jacob; deutscher Mathematiker, 1804-1851 **77**

Kerckhoffs, Auguste; niederländischer Kryptologe, 1835-1903 **193**

Lagrange, Joseph Louis; französischer Mathematiker, 1736-1813 **106**

Mises, Richard von; österreichischer Mathematiker, 1883-1953 **91**

Neville, Eric Harold; englischer Mathematiker, 1889-1961 **121**
Newton, Sir Isaac; englischer Mathematiker, 1643-1727 **34, 112**

Ostrowski, Alexander Markowich; russischer Mathematiker, 1893-1986 **89**

Phong, Bui Tuong; vietnamesischer Informatiker, 1942-1975 **153**

Rijmen, Vincent; belgischer Elektrotechniker, geb. 1970 **259**
Rivest, Ronald Linn; amerikanischer Mathematiker, geb. 1947 **247**

Sarrus, Pierre Frédéric; französischer Mathematiker, 1798-1861 **207**
Seidel, Philipp Ludwig von; deutscher Mathematiker, 1821-1896 **84**
Shamir, Adi; israelischer Informatiker, geb. 1952 **247**
Simpson, Thomas; englischer Mathematiker, 1710-1761 **64**

Vernam, Gilbert Sandford; amerikanischer Elektrotechniker, 1890-1960 **251**

Sachindex

abelsche Gruppe 196
Abstieg-Verfahren 46, **49**
AES-Verfahren **259**
Aitken-Neville-Algorithmus 122
Aitken-Neville-Schema 122
Approximation nach de Casteljau **126**
asymmetrische Verschlüsselungsverfahren 191
Auslöschungseffekt 19
Authentizität 291

b-adische Zahldarstellung **9**
Bézier-Polynom 126
babylonische Methode 37
Banachscher Fixpunktsatz im Eindimensionalen 27, **30**
Banachscher Fixpunktsatz im Mehrdimensionalen 74, **75**
baryzentrische Bézier-Polynome 186
baryzentrische Bernstein-Grundpolynome 184
baryzentrische Koordinaten 168
baryzentrisches Gitter 183
Basis 9
Bernstein-Grundpolynome **127**, 164
Betragsummen-Norm 70
bilineare Interpolation über Rechtecken **147**
bilineare Interpolationsfunktion 148
bitweises XOR 213, 218, 221, 236
Blocktauschfunktion 254

Charakteristik eines Körpers **272**
Chiffretext 190
ciphertext 190
Coons-Interpolation 161, 180
Coons-Interpolationsfunktion 162, 181
corner cutting 141

de Casteljau-Algorithmus **129**, 130
de Casteljau-Schema 131
DES-Verfahren **254**
Dezimaldarstellung 12
diagonaldominant 78
Diffie-Hellman-Verfahren 244, **245**
Diskrete-Logarithmus-Problem 240, 247
Diskrete-Wurzel-Problem 243, 250
Divergenz 73
Dividierte-Differenzen-Schema 56
Dividierte-Differenzen-Verfahren 53, **56**, 113
double-Datentyp 10
Dualdarstellung 12
dyadische Darstellung 12

Ebene 168
EC-Diffie-Hellman-Verfahren (char K = 2) 287, **288**
EC-Diffie-Hellman-Verfahren (char K > 3) **279**
Eckschnitt 141
Eingangsfehler 15, 17
Einheitskreis 71
Einwegfunktion **237**
Einwegfunktion mit Falltür **240**
Einzelschritt-Verfahren **83**

Sachindex

elliptische Kurve (char K = 2) **282**, 283
elliptische Kurve (char K > 3) 271, **273**
erweiterter Punkt 150, 155, 172, 175
Euklidische Norm 70
Euklidischer Algorithmus 228, **229**
Eulersche Phi-Funktion **224**
Exponent 10

Faktorisierungsproblem 239, 243, 250
Fehlerarten **15**
Fixpunktgleichung 23, 25
float-Datentyp 10
Folgenglieder 73
Folge von Vektoren 69, **72**
Formelfehler 16, 17

Galois-Feld 206
Galois-Feld GF(16) **220**
Galois-Feld GF(2) 206, **207**
Galois-Feld GF(4) **209**
Galois-Feld GF(8) **216**
Gauß-Seidel-Verfahren 84
Gesamtschritt-Verfahren 76, 77, **78**
Gleitpunktdarstellung 9
Gouraud-Schattierung über Dreiecken **171**
Gouraud-Schattierung über Rechtecken 149, **150**
Gouraud-Schattierungsfunktion 151, 173
größter gemeinsamer Teiler **224**
Gruppe 195, **196**

Hash-Verfahren 290
Heron-Verfahren 37, **38**
Hexadezimaldarstellung 12

Integrität 291
Interpolation mit Monomen **101**
Interpolation nach Aitken-Neville 120, **121**
Interpolation nach Lagrange 105, **106**
Interpolation nach Newton **111**
Interpolationsbedingungen 102, 107, 112
irreduzibles Polynom 210, 217, 220
Iterationsverfahren 21
iterierte Simpson-Regel 65, **68**
iterierte Trapez-Regel 65, **67**

Jacobi-Verfahren 77

Körper **202**
key 190
Klartext 190
kommutative Gruppe 196
kommutativer Ring 199
Kongruenz 210, 226
kontrahierende Abbildung 27, 29, 75
Kontraktionsbedingung 29
Kontraktionszahl 29, 30, 75
Konvergenz 72, 73
Kryptografie 189

Lagrange-Grundpolynome 106, 107
lineare Interpolation über Dreiecken **168**
lineare Interpolationsfunktion 169
logistische Wachstumsgleichung 23

Mantisse 10
Maschinengenauigkeit 10
Maschinenzahl 7, **10**
mask 139, 146
Maske der Subdivision 139, 146

Sachindex

Maximum-Norm 70
message 190
modulare Arithmetik 201, 204
modulo-Beziehung 210, 226
modulo-Reduktion 210, 227

Newton-Grundpolynome 112, 115
Newton-Horner-Algorithmus 117
Newton-Koeffizienten 112, 114, 117
Newton-Verfahren 33, **35**
Norm 69, **70**
Normalenvektor 153
normalisierte Gleitpunktdarstellung **9**

Oktaldarstellung 12
Ordnung eines Punktes 282, 290

Parameterintervall 148, 159
Phong-Schattierung über Dreiecken 174, **175**
Phong-Schattierung über Rechtecken 153, **154**
Phong-Schattierungsfunktion 156, 176
Phong-Vektor 154, 175
polynomiale Approximation über Dreiecken **183**
polynomiale Approximation über Rechtecken 163, **164**
primitive Wurzel 238
Primzahl 225
Prinzip von Kerckhoffs 193
public key 192

quadratisches Gitter 164

Räuber-Beute-Modell 21
Reduktion 210, 227
Regula Falsi 45
Relaxationsparameter 90

Relaxationsverfahren 90
Restklassenkörper 204
Restklassenring 200
Rijndael-Verfahren **259**
Ring 198, **199**
RSA-Verfahren **247**
Rundungsfehler 16, 17

Satz von Fermat und Euler 223, **226**
Schablone der Subdivision 139, 146
Schlüssel 190
Schlüsselfunktion 254
Schlüsseltausch 191
Schlüsselvereinbarung 191
secret key 192
Sekanten-Verfahren 42–**44**
Selbstabbildung 27, 28, 75
Signatur-Check 291
Simpson-Regel 60, **64**
SOR-Verfahren 88, **89**
Stützstellen 56, 67, 68
stencil 139, 146
Subdivision-Matrix 138, 145
Subdivision nach Chaikin 140, **141**
Subdivision nach Dubuc **134**
symmetrische Verschlüsselungsverfahren 190

teilerfremd 224
Tensorprodukt-Bézier-Polynome 166
Tensorprodukt-Bernstein-Grundpolynome 165
transfinite Interpolation über Dreiecken 177, **178**, **180**
transfinite Interpolation über Rechtecken 157, **158**, **161**
transfinite Interpolationsfunktion 159, 179
Trapez-Regel 60, **61**
Triple-DES-Verfahren 258

Vandermonde-Matrix 104
Verarbeitungsfunktion 255
Vernam-Verfahren **251**
Von-Mises-Geiringer-Verfahren 90, **91**
Vorzeichenfunktion 9

Wechselwegnahme 233

Zahldarstellung 7, **9**
Zeilensummenkriterium 77

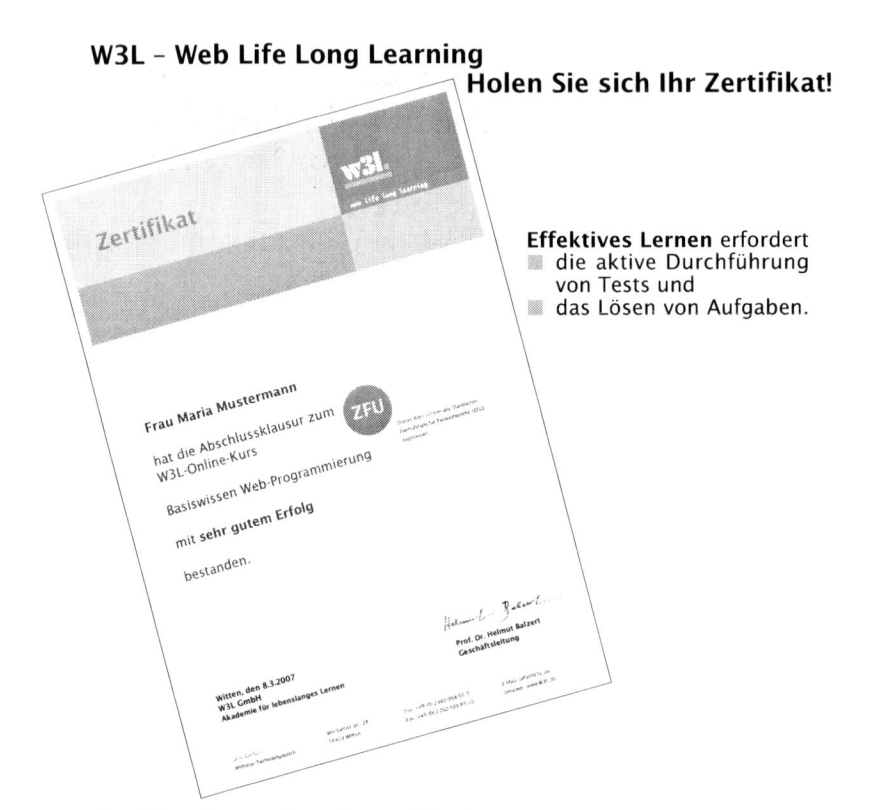

W3L – Web Life Long Learning
Holen Sie sich Ihr Zertifikat!

Effektives Lernen erfordert
- die aktive Durchführung von Tests und
- das Lösen von Aufgaben.

Zertifikatskurse gibt es in zwei Versionen:

- **mit Mentorunterstützung**

Für jeden Wissensbaustein können Sie Ihren Lernerfolg mit Tests kontrollieren, die automatisch ausgewertet werden. Mit dem erfolgreichen Bestehen der Einzeltests erhalten Sie die Zulassung zum **Abschlusstest**. Das erfolgreiche Bestehen dieses Abschlusstests wird durch ein **Testzertifikat** dokumentiert. Beim E-Learning sind Sie trotz aller Automatisierung nicht allein – ein menschlicher Mentor steht Ihnen für allgemeine Fragen zur Seite.

- **mit Mentor- und Tutorunterstützung**

Zusätzlich zu den Tests erhalten Sie Aufgaben, die von Ihnen bearbeitet werden. Ihre Lösungen werden von einem menschlichen Tutor korrigiert. Ihr Tutor hilft Ihnen auch bei speziellen Fragen zum Kursinhalt weiter. Nach erfolgreicher Bearbeitung der Einzelaufgaben erhalten Sie die Zulassung zur **Abschlussklausur**, die individuell korrigiert wird. Die bestandene Klausur wird durch ein weiteres Zertifikat – das **Klausurzertifikat** – dokumentiert.

Studierende können nach einer bestandenen Präsenzklausur ein Zertifikat mit **ECTS Credit Points** erhalten.
Lernen und studieren Sie an der W3L-Akademie!

Weitere Informationen: **www.W3L.de**